建筑防水技术系列丛书

U0188773

建筑防水工程施工技术

沈春林◎主编

中国建材工业出版社

图书在版编目（CIP）数据

建筑防水工程施工技术/沈春林主编. —北京：
中国建材工业出版社，2019.5（2020.1 重印）
（建筑防水技术系列丛书）
ISBN 978-7-5160-2535-2

Ⅰ. ①建… Ⅱ. ①沈… Ⅲ. ①建筑防水-工程施工
Ⅳ. ①TU761.1

中国版本图书馆 CIP 数据核字（2019）第 070634 号

内容简介

《建筑防水工程施工技术》是《建筑防水技术系列丛书》中的一个分册。全书
共 5 章，详细介绍了建筑防水卷材、建筑防水涂料、建筑防水密封材料和刚性防水
材料的基本施工方法、作业条件以及施工工艺。

本书可供从事建筑防水工程设计、施工、工程质量验收和监理的工程技术人员
阅读，亦可供大、中院校相关专业的师生参考。

建筑防水工程施工技术

Jianzhu Fangshui Gongcheng Shigong Jishu

沈春林　主编

出版发行：中国建材工业出版社
地　　址：北京市海淀区三里河路 1 号
邮　　编：100044
经　　销：全国各地新华书店
印　　刷：北京雁林吉兆印刷有限公司
开　　本：787mm×1092mm　1/16
印　　张：14.75
字　　数：360 千字
版　　次：2019 年 5 月第 1 版
印　　次：2020 年 1 月第 2 次
定　　价：68.00 元

本书编委会

主　　　　编：沈春林

常务副主编：杜　昕　　丁培祥　　薛玉梅　　白玉清　　潘明霞

　　　　　　陈学志　　宫　安　　高　岩　　冯　永　　贺行洋

副　主　编：何志敏　　王健丰　　李建涛　　夏红伟　　刘浩杰

　　　　　　刘世波　　黄高伟　　易开全　　李　芳　　苏立荣

　　　　　　王玉峰　　康杰分　　李　伟　　成协钧　　陈森森

　　　　　　褚建军　　杨炳元　　吴祥根　　赵灿辉　　金荣根

编　　　　委：杜京定　　张义国　　徐长福　　刘振平　　王福州

　　　　　　张金根　　高德财　　孙　锐　　邱钰明　　李　伟

　　　　　　张吉栋　　车　娟　　王继飞　　王新民　　汪　雨

　　　　　　徐文海　　刘冠麟　　方铖琛　　喻仁和　　袁余粮

　　　　　　麦华茂　　刘俊侠　　余美佑　　郑　丽　　郑家玉

　　　　　　郑凤礼　　钱禹诚　　邓思荣　　孟宪龙　　马　静

　　　　　　骆建军　　张俊良　　郑庆明　　黄德全　　汤小兵

　　　　　　俞岳峰　　岑　英　　程文涛　　季静静　　邵增峰

　　　　　　卫向阳　　徐海鹰　　周建国　　刘少东　　李　崇

　　　　　　吴　冬　　赖伟彬　　韩惠林　　张怀党　　范德胜

　　　　　　王海龙　　徐　晨　　王昌祥　　张国星　　王　勇

范德顺　朱清岩　岳晓红　金　人　周　康
任绍志　李文芳　蒋飞益　邢光仁　位国喜
王文立　廖翔鹏　韩维忠　王荣柱　张天舒
李　旻　谭克俊　谭建国　王　力　朱　荣
刘国宁　孙卫磊　吴连国　陈乐舟　杨伟华
李跃水　曹云良　张成周　吴桂焕　喻幼卿
梁智博　隋玉豪　江　强　洪继政　余建平
王宝柱　王洪波　袁开文　彭松涛　刘爱燕
李清洪　黄尚文　范　杰　田从建　王　杰
周丕开　任福全　王　新　靳海风　刘远全
李国雄　刘水华　杨宪伟　耿晓滨

建筑防水工程是建筑工程中的一项重要工程。"材料是基础、设计是前提、施工是关键、管理是保证",如能在防水工程诸多方面做到科学先进、经济合理、确保质量,这对整个建筑工程意义非凡。为了适应建筑防水事业的发展,满足防水界广大工程技术人员的需要,中国建材工业出版社建筑防水编辑部特组织相关人员编写了这套以简明、实用为特点的《建筑防水技术系列丛书》。丛书计划分辑出版,每辑为一个主题,并由若干分册组成。本系列丛书可供从事防水材料科研和生产,建筑防水工程的设计、施工、材料选购、工程质量验收和监理、工程造价等方面的工程技术人员阅读和使用,亦可供大、中院校相关专业的师生参考。

本系列丛书是以国家、行业颁布的现行防水材料基础标准、产品标准、方法标准、工程技术规范以及国家建筑标准设计图集为依据，结合工程实践和有关著述，以防水材料的工业生产技术、防水工程的设计、防水工程的施工应用技术和防水工程管理为重点。各分册内容既互相补充、共为一体，又具有相对的独立性。丛书将全面系统地阐述建筑防水的各个要素，并尽可能将当前已成熟的新工艺、新材料、新技术、新方法作详尽的介绍。其宗旨是帮助广大读者迅速、及时、准确地解决各类技术问题，可为建筑防水从业人员在材料生产、防水设计、防水施工、工程管理诸多方面提供实用性指导。

笔者在编写本系列丛书过程中，结合自己平时工作实际，参考和采用了众多专家和学者的专著、论述及相关的标准、标准设计图集、产品介绍、工具书等资料，并得到了许多单位和同仁的支持和帮助，在此对有关的作者、编者致以诚挚的谢意，并衷心希望能继续得到各位同仁的帮助和指正。本系列丛书由中国硅酸盐学会房建材料分会防水保温材料专业委员会主任、苏州中材非金属矿工业设计研究院有限公司防水材料设计研究所所长、教授级高级工程师沈春林同志任主编并定稿总成。由于编者在本系列丛书的编写过程中，所掌握的资料和信息不够全面，加之水平有限，书中难免存在不足之处，敬请读者批评指正。

2019 年 1 月

C O N T E N T S

目 录

Chapter **03**　第3章

第1章 概　　论

建筑防水工程的施工是指运用先进的科学技术方法，采取材料、构造设计、施工工艺、管理等一系列手段，设置科学合理的防水层，阻止水对建（构）筑物的危害并进行防治的一门施工技术。随着建筑科学技术的快速发展，建（构）筑物正在向高、深两个方面扩展，就空间的利用和开发而言，设施不断增多，规模不断扩大，对建（构）筑物的防水要求也就越来越高，防水功能在建筑功能中已占有十分重要的地位，建筑防水工程及其施工技术也随之日益显示出其重要性。

1.1　建筑防水工程

建筑防水工程是指为了防止水对人类建造工程的危害而采取一定的材料和构造形式对其进行设防、治理方式的总称。

概括而言，建筑防水就是防止雨水、地下水、工业和民用的给水排水、腐蚀性液体以及空气中的湿气、蒸汽等侵入建筑物的方法，有的要防止其从地下室墙体、外墙体、屋面渗入室内，有的要防止水的流失、渗出，如蓄水池、泳池、水渠等。建筑防水的方法：一是采取"导"，将水排除，如采用设置疏水泄水层、排水沟，加大排水坡度等方法，以减少对工程的危害；二是采取"防"，即采取各种方法，将水拒之于建筑物需干燥的部位之外，如采用卷材防水层涂膜防水层等。实施这些手段的工程称之为建筑防水工程。

1.1.1　建筑防水工程的分类

建筑防水工程可依据土木工程类别设防部位、设防方法、所采用的设防材料品种和性能的不同进行分类。建筑防水工程的分类，参见图1-1。

（1）建筑防水工程按土木工程的类别可分为建筑物防水工程和构筑物防水工程。

（2）建筑防水工程依据房屋建筑的基本构成及各构件所起的作用，按建筑物、构筑物工程设防的部位可划分为地上防水工程和地下防水工程。地上防水工程包括屋面防水工程、墙体防水工程和地面防水工程。地下防水工程是指地下室、地下管沟、地下铁道、隧道、地下建筑物和构筑物等处的防水。

屋面防水是指各类建筑物、构筑物屋面部位的防水。

墙体防水是指外墙立面、坡面、板缝、门窗、框架梁底、柱边等处的防水。

地面防水是指楼面、地面以及卫生间、浴室、盥洗间、厨房、开水间楼地面、管道等处的防水。

特殊建筑物、构筑物等部位的防水是指水池、水塔、室内游泳池、喷水池、四季厅、室内花园、储油罐、路桥等处的防水。

（3）建筑防水工程按设防方法可分为材料防水工程和构造自防水工程。

材料防水工程是指采用各种防水材料进行防水的一种新型防水做法。在设防中采用多种

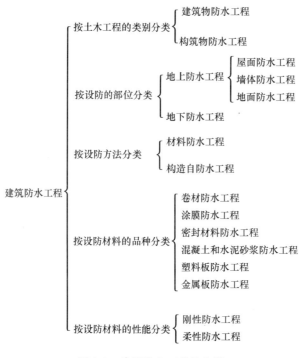

图 1-1 建筑防水工程的分类

不同性能的防水材料，利用各自具有的特性，在防水工程中复合使用，发挥各种防水材料的优势，以提高防水工程的整体性能，做到"刚柔结合，多道设防，综合治理"。如在节点部位，可用密封材料或性能各异的防水材料与大面积的一般防水材料配合使用，形成复合防水。

构造自防水工程是指采用一定形式或方法进行构造自防水或结合排水的一种防水做法。如地铁车站为防止侧墙渗水采用的双层侧墙内衬墙（补偿收缩防水钢筋混凝土）。为防止顶板结构产生裂纹而设置的诱导缝和后浇带。为解决地铁结构漂浮而在底板下设置的倒滤层（渗排水层）等。

（4）建筑防水工程按设防材料的品种可分为卷材防水工程、涂膜防水工程、密封材料防水工程、混凝土和水泥砂浆防水工程、塑料板防水工程、金属板防水工程等。

（5）建筑防水工程按设防材料的性能进行分类，可分为刚性防水工程和柔性防水工程。

刚性防水是指依靠结构构件自身的密实性或采用防水混凝土和防水砂浆等防水材料做防水层。防水砂浆防水层是利用抹压均匀、密实的素灰和水泥砂浆分层交替施工，以构成一个整体防水层。由于是分层交替抹压，各层残留的毛细孔道相互弥补，从而阻塞了渗漏水的通道，因此具有较高的抗渗能力。

柔性防水则是采用起防水作用的柔性材料做防水层，即在建筑物的基层上铺贴防水卷材或涂刷防水涂料，从而形成卷材防水层或涂膜防水层等防水隔离层。

1.1.2 建筑防水工程的功能和基本内容

建筑防水工程是建筑工程中的一个重要组成部分。建筑防水技术是保证建筑物和构筑物的结构不受水的侵袭，内部空间不受水的危害所取的专门措施。具体而言，建筑防水工程是指为防止雨水、生产或生活用水、地下水、滞水、毛细管水以及人为因素引起的水文地质改变而产生的水渗入建筑物、构筑物内部或防止蓄水工程向外渗漏所采取的一系列结构、构造和建筑措施。概括地讲，防水工程包括防止外水向建筑内部渗透、蓄水结构内的水向外渗漏及建筑物和构筑物内部相互止水。

建筑防水工程涉及建筑物、构筑物的地下室、楼地面、墙面、屋面等诸多部位，其功能就是要使建筑物或构筑物在设计耐久年限内，防止各类水的侵蚀，确保建筑结构及内部空间不受污损，为人们提供一个安全舒适的生活和工作环境。不同部位的防水，对防水功能的要求也有所不同。

屋面防水的功能是防止雨水或人为因素产生的水从屋面渗入建筑物内部。对于屋面有综合利用要求的，如用作活动场所、屋顶花园，则对其防水要求更高。屋面防水工程的做法很多，大体上可分为卷材防水屋面、涂膜防水屋面、刚性防水屋面、保温隔热屋面、瓦材防水屋面等。

墙体防水的功能是防止风雨袭击时，雨水通过墙体渗透到室内。墙面是垂直的，雨水虽无法停留，但墙面有施工构造缝以及毛细孔等，雨水在风力作用下产生渗透压力可达到室内。

楼地面防水的功能是防止生活、生产用水和其产生的污水渗漏到楼下或通过隔墙渗入其他房间。这些场所管道多，用水量集中，飞溅严重。有时不但要防止渗漏，还要防止酸碱液体的侵蚀，尤其是化工生产车间。

储水池和储液池等结构的防水功能是防止水或液体往外渗漏，设在地下时还要考虑地下水向里渗漏。储水池和储液池等结构除本身具有防水能力外，一般还将防水层设在内部，并且要求所使用的防水材料不能污染水质或液体，同时又不能被储液所腐蚀。这些防水材料多数采用无机类材料，如聚合物砂浆等。

建筑防水工程的主要内容见表 1-1。

表 1-1　建筑防水工程的主要内容

类别			建筑防水工程的主要内容
建筑物地上工程防水	屋面防水		混凝土结构自防水、卷材防水、涂膜防水、砂浆防水、瓦材防水、金属屋面防水、屋面接缝密封防水
	墙地面防水	墙体防水	混凝土结构自防水、砂浆防水、卷材防水、涂膜防水、接缝密封防水
		地面防水	混凝土结构自防水、砂浆防水、卷材防水、涂膜防水、接缝密封防水
建筑物地下工程防水			混凝土结构自防水、砂浆防水、卷材防水、涂膜防水、接缝密封防水、注浆防水、排水、塑料板防水、金属板防水、特殊施工法防水
特种工程防水			特种构筑物防水、市政工程防水、水工建筑物防水等

1.1.3　建筑防水材料的类别

建筑物和构筑物的防水是依靠具有防水性能的材料来实现的，防水材料质量的优劣直接关系到防水层的耐久年限。随着石油、化工、建材工业的快速发展和科学技术的进步，防水材料已从少数材料品种迈向多类型、多品种的阶段。防水材料的品种越来越多，性能各异。依据建筑防水材料的性能特性，一般可分为柔性防水材料和刚性防水材料两大类；依据建筑防水材料的外观形态以及性能特性，一般可分为防水卷材、防水涂料、防水密封材料、刚性防水材料、堵漏止水材料五大类。这五大类材料根据其组成的不同又可分为上百个品种。建筑防水材料的大类品种分类如图1-2所示。

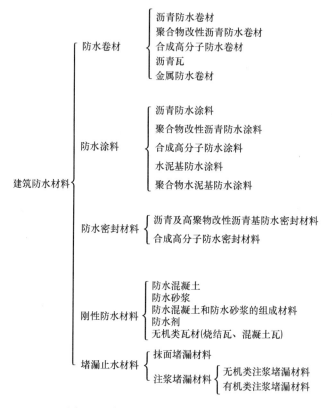

图1-2　建筑防水材料的大类品种分类

在建筑物基层上铺贴防水卷材或涂刷沥青防水涂料、聚合物改性沥青防水涂料、合成高分子防水涂料，使之形成的防水层，称之为柔性防水；依靠结构构件自身的密实性或采用刚性防水材料形成的防水层，称之为刚性防水。

1.2　建筑防水材料的施工

建筑防水材料的施工，是建筑施工技术的一个重要组成部分，是保证建（构）筑物不受水侵蚀、内部空间不受到水危害的分项工程施工。其任务是通过防水材料的合理使用，防止渗漏水的发生，从而确保建筑物的使用功能，延长建筑物的使用寿命。建筑防水材料的施工质量直接影响到建筑物的使用年限和人们生活、生产、工作的进行。

建筑防水材料的施工是一个系统工程，涉及各个方面，须综合材料、设计、施工、管理等方面的因素，精心组织、精心施工，确保其防水、防渗的质量，方可满足建（构）筑物在合理的设计耐久年限内的使用功能。

1.2.1　防水材料施工的类型

防水材料的施工若按其防水材料的形态，可分为防水卷材的施工、防水涂料的施工、防水密封材料的施工以及刚性防水材料的施工。

防水卷材是建筑防水材料中的重要品种，通常可分为沥青防水卷材、高聚物改性沥青防水卷材和合成高分子防水卷材等类别。其中前一类是传统的防水卷材，而后两类则代表了防水卷材的发展方向。由于具有优越的性能，高聚物改性沥青防水卷材和合成高分子防水卷材是我国今后大力开发和应用的新型防水材料。防水卷材常用的施工方法根据是否采用加热操作，分为热施工法和冷施工法。热施工法可进一步分为热熔法、热玛琋脂粘结法、热风焊接法等；冷施工法可进一步分为冷粘法（冷玛琋脂粘结法、冷胶粘剂粘结法）、自粘法、机械固定法、空铺法、湿铺法、预铺法等。

防水涂料又称涂膜防水材料，通常可分为沥青基防水涂料、高聚物改性沥青防水涂料和合成高分子防水涂料。近年来高聚物改性沥青防水涂料和合成高分子防水涂料等新型防水涂料发展很快，已有高、中、低档系列产品上市，产品和品种丰富。涂膜防水施工按涂膜的厚度不同，可分为薄质涂料施工和厚质涂料施工。薄质涂料常采用涂刷法和喷涂法施工，厚质涂料常采用抹压法和刮涂法施工。由于涂料本身性能不同，所采用的工具和工艺也有所不同，根据工程的需要，涂膜防水可做成单纯涂膜层或加胎体增强涂膜层（如一布二涂、二布三涂、多布多涂）。

建筑防水密封材料是指填充于建筑物的接缝、裂缝、门窗框以及管道接头或其他结构的连接处，起到水密、气密作用的一类材料。常用的密封材料主要有高聚物改性沥青防水密封材料和合成高分子防水密封材料，常用的施工方法有热灌法和冷嵌法。

刚性防水材料是指由胶凝材料、颗粒状的粗细骨料和水，必要时掺入一定数量的外加剂、高分子聚合物材料，通过合理调整水泥砂浆或混凝土配合比，减少或抑制孔隙率，改善孔隙结构特性，增加各材料界面间的密实性方法配制而成的具有一定抗渗能力的水泥砂浆、混凝土类的防水材料。刚性防水材料的施工主要是指防水砂浆、防水混凝土的施工。

堵漏止水材料是指能在短时间内迅速凝结从而堵住水渗出的一类防水材料。建筑防水工程的渗漏水主要形式有点、缝和面的渗漏。根据渗漏水量的不同，又可分为慢渗、快渗、漏水和涌水。防水工程修补堵漏，要根据工程特点，针对不同的渗漏部位，选用不同的材料和工艺技术进行施工。孔洞渗漏水可选用促凝灰浆、高效无机防水粉、膨胀水泥等进行堵漏；裂缝渗漏水则可采用促凝灰浆（砂浆）、注浆材料等进行堵漏；大面积渗漏水最常用的修补材料则是水泥砂浆抹面、膨胀水泥砂浆、氯化铁防水砂浆、有机硅防水砂浆、水泥基渗透结晶型防水材料等；细部构造的防水堵漏可采用止水带、遇水膨胀橡胶止水材料、建筑防水密封胶、混凝土建筑接缝防水体系等。

1.2.2　保证防水材料施工质量的因素

防水材料的施工质量与施工条件、准备工作、管理制度、质量检验、工艺水平、操作人员的技术水平和工作态度、相关层次的质量、成品保护工作等诸多因素有关，只有认真做好施工过程中各环节相关方面的工作，把好施工的每道关，才能确保施工质量的优良。

建筑防水材料所具有的优良防水性能最终还是要通过施工来实现的，而目前建筑防水施工多以手工作业为主，操作人员稍一疏忽，便可能会出现渗漏。由此可见，施工是至关重要的，是确保防水工程质量最为重要的因素。

做好建筑防水材料施工的关键，概括来说，主要有以下五个方面。

（1）专业施工队施工屋面防水工程中，浇筑、抹压、涂刷、粘贴等大都是手工操作。一支没有经过专业理论与实际操作培训的队伍，是不可能把防水工程做好的。纵观以往失败的防水工程，大多是因施工队伍技术素质低劣所致。因此，防水工程必须由防水专业队伍或防水工施工，严禁非防水专业队伍或非防水工进行防水施工。

（2）防水工的技术素质。建筑物渗漏是当前防水工程突出的质量通病。要确保建筑防水工程的质量，施工是关键。对于施工，提高防水工人的技术素质尤为重要。

（3）施工图会审。施工图会审既是施工单位和有关各方审阅施工图时发现问题、集思广益、完善设计的过程，也是设计人员介绍设计意图并向施工人员作技术交底的过程。会审图纸能使施工人员吃透图纸及说明，从而有利于制订针对性的施工方案和保证防水工程质量所应采取的技术措施。

图纸会审内容，应逐条记录并整理成文，经设计和有关各方核定签署，作为施工图的重要补充部分。

（4）编制施工方案。施工单位应根据设计要求编制施工方案。施工方案一般包括概要、工程质量目标、组织与管理和防水施工操作等部分，明确规定防水材料的质量要求、施工程序、工作管理与质量措施、自防水结构和防水层的施工准备、操作要点以及一些细部做法等。同时，明确分部分项工程施工责任人。施工方案制订后，需经设计单位及有关各方签认。

（5）施工技术的监理。现场监理人员应紧密配合施工技术部门、施工质检员和技术监督部门，做好下列工作：

① 原材料、半成品质量的检验。现场使用的各种原材料和半成品须有三证一书，即现场外观质量检验合格证、现场抽样复验合格证（法定单位检测、试验）、材料出厂质量合格证和使用说明书。没有三证的材料和半成品，应坚决禁止使用。不合格的材料和半成品，应及时清理出场，以免混淆。为不误工期，此项工作应在用料之前做好。

② 抽查操作人员上岗证。防水工上岗证应是上级建设主管部门核发的有效证件。防水工还应包括防水结构施工操作人员。如发现非防水工作业，应责令施工单位停工整改。

③ 工序检查。检查内容包括：防水混凝土、UEA 混凝土、预应力混凝土、纤维混凝土、防水砂浆和沥青玛琋脂等施工配合比的可靠性（施工配合比必须由法定试验室通过现场取料试配试验合格）；自防水结构混凝土施工时，模板、预埋件、变形缝、施工缝、止水片、原材料计量及混凝土搅拌、振捣、抹压和养护的工序检查；防水层施工时，找平层、防水层、保护层、细部构造及其他防水工程的工序，均须逐一检查。为防止上道工序存在的问题被下道工序覆盖，给防水工程留下隐患，以卷材防水层为例，第一层卷材检查合格后，才能做第二层防水卷材，直至最后检查验收。如发现上道工序质量不合格，必须返工补救，达到合格标准后，才允许下道工序施工。

施工现场班组应有严格的自检、互检、交接检制度。施工企业应有专职质检员跟班检查监督，各道工序施工前，质检记录应齐全，经现场监理签认；工序完工后，有关人员验收签字，不得事后补办或走过场。

④ 严格执行分项工程验收制度。一个项目竣工后，有关技术监督各方必须进行竣工验收检查，然后综合评定，办理竣工验收手续，不达标的项目应不予验收。待加固处理经检查合格后，重新验收。

第2章　建筑防水卷材的施工

以原纸、纤维毡、纤维布、金属箔、塑料膜或纺织物等一种或数种材料复合为胎基，浸涂石油沥青、煤沥青、高聚物改性沥青制成，或以合成高分子材料为基料加入助剂、填充剂经过多种工艺加工而成的长条片状成卷供应并起防水作用的产品，称为防水卷材。

2.1　建筑防水卷材的施工工艺

2.1.1　建筑防水卷材及施工方法的分类

1. 建筑防水卷材的分类

常用的建筑防水卷材按其材料的组成不同，一般可分为沥青基防水卷材、合成高分子防水卷材和金属防水卷材三大类。建筑防水卷材的分类如图2-1所示。

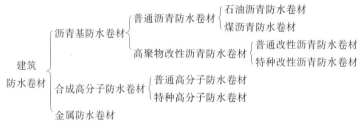

图 2-1　建筑防水卷材的分类

采用沥青作浸涂材料的沥青基防水卷材根据所采用的沥青材料不同，可进一步分为普通沥青防水卷材和高分子聚合物改性沥青防水卷材两大类。

普通沥青防水卷材是以原纸、纤维布、纤维毡、塑料膜、金属箔等材料为胎基，以石油沥青、煤沥青、页岩沥青或非高聚物材料改性的沥青为基料，以滑石粉、板岩粉、碳酸钙等为填充料进行浸涂或滚压，并在其表面撒布粉状、片状、粒状矿质材料或合成高分子薄膜、金属膜等材料制成的可卷曲的片状类防水材料。普通沥青防水卷材的分类如图2-2所示。

图 2-2　普通沥青防水卷材的分类

高分子聚合物改性沥青防水卷材，简称高聚物改性沥青防水卷材，是以玻纤胎、聚酯胎、黄麻布、聚乙烯膜、聚酯无纺布、金属箔或两种材料复合为胎基，以掺量不少于10%的合成高分子聚合物改性沥青、氧化沥青为浸涂材料，以粉状、片状、粒状矿物质材料、合成高分子薄膜、金属膜为覆面材料制成的可卷曲的一类片状防水材料。目前国内广泛应用的高聚物改性沥青防水卷材主要品种的分类如图 2-3 所示。

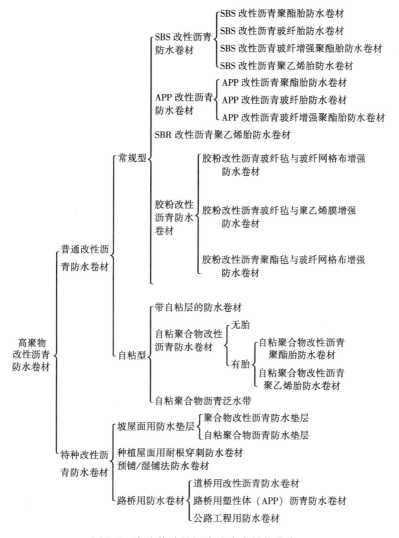

图 2-3　高聚物改性沥青防水卷材的分类

合成高分子防水卷材，又称高分子防水片材，是以合成橡胶、合成树脂或两者的共混体为基料，加入适量的化学助剂、填充剂等，采用混炼、塑炼、压延或挤出成形、硫化、定型等橡胶或塑料的加工工艺所制成的无胎加筋或不加筋的弹性或塑性的片状可卷曲的建筑防水材料。合成高分子防水卷材的分类如图 2-4 所示。

2. 建筑防水卷材施工方法的分类

建筑防水卷材按其施工方法分为热施工法和冷施工法两大类。热施工法包括热风焊接法、热熔法、热玛𧑷脂粘结法等；冷施工法包括冷粘法（冷玛𧑷脂粘结法、冷胶粘剂粘结法）、自粘法、机械固定法、空铺法、湿铺法、预铺法等。热玛𧑷脂粘结法、冷粘法（包括冷玛𧑷脂粘结法、冷胶粘剂粘结法）可统称为胶粘剂粘结法。采用胶粘剂粘贴卷材，根据卷材与基层的粘贴面积和形式的不同，可分为满粘法、点粘法和条粘法，满粘法的涂油可采用

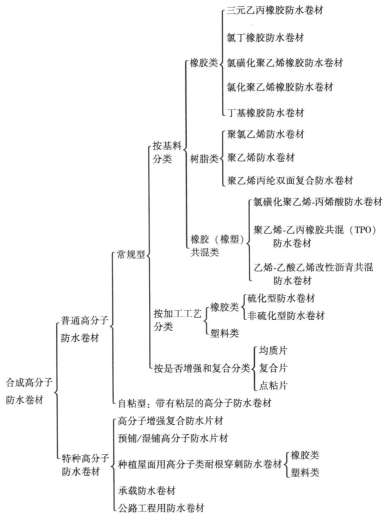

图 2-4 合成高分子防水卷材的分类

浇油法、刷油法和刮油法，点粘法和条粘法的涂油可采用撒油法。

这些不同的施工工艺各有不同的适用范围，大体而言，热施工法多用于沥青类防水卷材的铺贴，冷施工法多用于高分子防水卷材的铺贴。热风焊接法主要用于卷材与卷材的粘贴工艺，热熔法、胶粘剂粘贴法、自粘法主要用于卷材与卷材、卷材与基层的粘贴；机械固定法、空铺法、湿铺法、预铺法主要用于卷材与基层的粘贴。条粘法、点粘法、空铺法更适合于防水层上有重物覆盖或基层变形较大的场合，是一种克服基层变形导致拉裂卷材防水层的有效措施，在工程应用中则应根据建筑部位、使用条件、施工情况采用一种或几种方式，一般通常采用满粘法。

防水卷材施工工艺的分类如图 2-5 所示。

2.1.2 卷材防水层的设置做法

地下防水工程一般把卷材防水层设置在建筑结构的外侧，称为外防水。外防水与卷材防

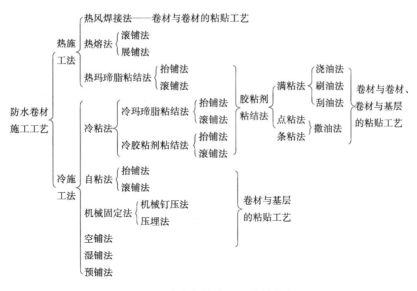

图 2-5　防水卷材施工工艺的分类

水层设在结构内侧相比具有以下特点：外防水的防水层在迎水面，受压力水的作用而紧压在混凝土结构上，防水的效果良好；而内防水的卷材防水层在背水面，受压力水的作用而易局部脱开。外防水造成渗漏的机会要比内防水少，故一般卷材防水层多采用外防水。地下工程卷材外防水的铺贴按其保护墙施工先后顺序及卷材设置方法可分为"外防外贴法"和"外防内贴法"。外防外贴法是待结构边墙施工完成后，直接把防水层贴在防水结构的外墙外表面，最后砌保护墙。外防内贴法是在结构边墙施工前，先砌保护墙，然后将卷材防水层贴在保护墙上，最后浇筑边墙混凝土。这两种设置方法的优缺点参见表 2-1，施工时可据具体情况选用。

表 2-1　外防外贴法和外防内贴法的优缺点比较

名称	优　　点	缺　　点
外防外贴法	1. 因绝大部分卷材防水层均直接贴在结构的外表面，故其防水层受结构沉降变形影响小 2. 由于是后贴立面防水层，故在浇筑混凝土结构时不会损坏防水层，只需要注意底板与留槎部位防水层的保护即可 3. 便于检查混凝土结构及卷材防水层的质量且容易修补	1. 工序多、工期长，需要一定的工作面 2. 土方量大，模板需用量亦较大 3. 卷材接头不易保护好，施工烦琐，影响防水层质量
外防内贴法	1. 工序简便、工期短 2. 节省施工占地，土方量较小 3. 节约外墙外侧模板 4. 卷材防水层无须临时固定留槎，可连续铺贴，质量容易保证	1. 受结构沉降变形影响，容易断裂，产生漏水现象 2. 卷材防水层及混凝土结构抗渗质量不易检验；如产生渗漏修补较困难

1. 外防外贴法

外防外贴法先在垫层上铺贴底层卷材，四周留出接头，待底板混凝土和立面混凝土浇筑完毕，将立面卷材防水层直接铺设在防水结构的外墙表面。具体施工顺序如下：

（1）浇筑防水结构底板混凝土垫层，在垫层上抹 1∶3 水泥砂浆找平层，抹平压光。

（2）在底板垫层上砌永久性保护墙，保护墙的高度为 $B+(200\sim500)$mm（B 为底板厚度），墙下平铺油毡条一层。

（3）在永久性保护墙上砌临时性保护墙，保护墙的高度为 150mm×（油毡层数＋1），临时性保护墙应用石灰砂浆砌筑。

（4）在永久性保护墙和垫层上抹 1∶3 水泥砂浆找平层，转角要抹成圆弧形；在临时性保护墙上抹石灰砂浆找平层，并刷石灰浆；若用模板代替临时性保护墙，应在其上涂刷隔离剂。保护墙找平层基本干燥后，满涂冷底子油一道，但临时性保护墙不涂冷底子油。

（5）在垫层及永久性保护墙上铺贴卷材防水层，转角处加贴卷材附加层；铺贴时应先底面、后立面，四周接头甩槎部分应交叉搭接，并贴于保护墙上；从垫层折向立面的卷材永久性保护墙的接触部位，应用胶结材料紧密贴严，与临时性保护墙（或围护结构模板）接触部位应分层临时固定在该墙（或模板）上。

（6）油毡铺贴完毕，在底板垫层和永久性保护墙上抹热沥青或玛蹄脂，并趁热撒上干净的热砂，冷却后在垫层、永久性保护墙和临时性保护墙上抹 1∶3 水泥砂浆，作为卷材防水层的保护层。浇筑防水结构的混凝土底板和墙身混凝土时，保护墙作为墙体外侧的模板。

（7）防水结构混凝土浇筑完工并检查验收后，拆除临时性保护墙，清理出甩槎接头的卷材，如有破损处，应进行修补后，再依次分层铺贴防水结构外表面的防水卷材。此处卷材可错槎接缝，上层卷材盖过下层卷材不应小于 150mm，接缝处加盖条，卷材防水层甩槎、接槎的构造做法如图 2-6 所示。

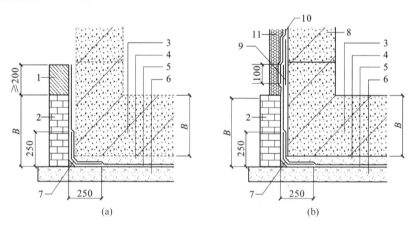

图 2-6　卷材防水层甩槎、接槎构造
（a）甩槎；（b）接槎
1—临时保护墙；2—永久保护墙；3—细石混凝土保护层；
4—卷材防水层；5—水泥砂浆找平层；6—混凝土垫层；7—卷材加强层；
8—结构墙体；9—卷材加强层；10—卷材防水层；11—卷材保护层

（8）卷材防水层铺贴完毕，立即进行渗漏检验，如有渗漏立即修补，无渗漏时砌永久性保护墙；永久性保护墙每隔 5～6m 及转角处应留缝，缝宽不小于 20mm，缝内用油毡条或沥青麻丝填塞；保护墙与卷材防水层之间的缝隙，边砌边用 1∶3 水泥砂浆填满。保护墙留缝做法如图 2-7 所示。保护墙施工完毕后，随即回填土。

（9）采用外防外贴法铺贴卷材防水层时，应符合下列规定：

① 铺贴卷材应先铺平面，后铺立面，交接处应交叉搭接。

② 临时性保护墙应用石灰砂浆砌筑，内表面应用石灰砂浆做找平层，并刷石灰浆。如用模板代替临时性保护墙，应在其上涂刷隔离剂。

③ 从底面折向立面的卷材与永久性保护墙的接触部位，应采用空铺法施工。与临时保护墙或围护结构模板接触的部位，应临时贴附在该墙或模板上。卷材铺好后，顶端应临时固定。

④ 当不设保护墙时，从底面折向立面的卷材的接槎部位应采取可靠的保护措施。

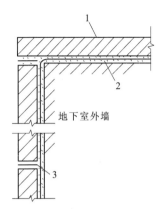

图 2-7 保护墙留缝做法
1—保护墙；2—卷材防水层；
3—油毡条或沥青麻丝

⑤ 主体结构完成后，铺贴立面卷材时，应先将接槎部位的各层卷材揭开，并将其表面清理干净，如卷材有局部损伤，应及时进行修补。卷材接槎的搭接长度，高聚物改性沥青卷材为 150mm，合成高分子卷材为 100mm。当使用两层卷材时，卷材应错槎接缝，上层卷材应盖过下层卷材。

2. 外防内贴法

外防内贴法先浇筑混凝土垫层，在垫层上将永久性保护墙全部砌好，抹水泥砂浆找平层，将卷材防水层直接铺贴在垫层和永久性保护墙上。其施工顺序如下：

（1）做混凝土垫层，如保护墙较高，可采取加大永久性保护墙下垫层厚度的做法，必要时可配置加强钢筋。

（2）在混凝土垫层上砌永久性保护墙，保护墙厚度可采用一砖厚，其下干铺油毡一层。

（3）保护墙砌好后，在垫层和保护墙表面抹 1：3 水泥砂浆找平层，阴阳角处应抹成钝角或圆角。

（4）找平层干燥后，刷冷底子油 1～2 遍。冷底子油干燥后，将卷材防水层直接铺贴在保护墙和垫层上。铺贴卷材防水层时应先铺立面，后铺平面。铺贴立面时，应先转角后大面。

（5）卷材防水层铺贴完毕后，及时做好保护层。平面上可浇一层 30～50mm 的细石混凝土或抹一层 1：3 水泥砂浆；立面保护层可在卷材表面刷一道沥青胶结料，趁热撒一层热砂，冷却后再在其表面抹一层 1：3 水泥砂浆层找平面，并搓成麻面，以利于与混凝土墙体的粘结。

（6）浇筑防水结构的底板和墙体混凝土。

（7）回填土。

（8）当施工条件受到限制时，可采用外防内贴法铺贴卷材防水层并应符合下列规定：

① 主体结构的保护墙内表面应抹 20mm 厚的 1：3 水泥砂浆找平层，然后铺贴卷材，并根据卷材特性选用保护层。

② 卷材宜先铺立面，后铺平面。铺贴立面时，应先转角后大面。

2.1.3 防水卷材的铺贴顺序、方向和搭接方法

1. 防水卷材的铺贴顺序

防水卷材的铺贴顺序及技术要求如下：

（1）卷材铺贴应按"先高后低"的顺序施工，即高低跨屋面，后铺低跨屋面；在同高度大面积的屋面，应先铺离上料点较远的部位，后铺较近部位。这样，施工人员操作和运料时，对已完工屋面的防水层就不会踩踏破坏。

（2）卷材大面积铺贴前，应先做好节点密封处理、附加层和屋面排水较集中部位（屋面与水落口连接处、檐口、屋面转角处、板端缝等）的处理、分格缝的空铺条处理等，然后方可由屋面最低标高处向上施工。

（3）在相同高度的大面积屋面上铺贴卷材，要分成若干施工流水段。施工流水段分段的界限宜设在屋脊、天沟、变形缝等处。根据操作要求，再确定各施工流水段的先后次序。如在包括檐口在内的施工流水段中，应先贴檐口，再往上贴到屋脊或天窗的边墙；在包括天沟在内的施工流水段中，应先贴水落口，再向两边贴到分水岭并往上贴到屋脊或天窗的边墙，以减少搭接，如图2-8所示。在铺贴时，接缝应顺当地年最大频率风向（主导风向）搭接。

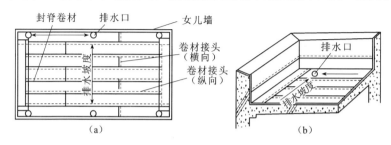

图2-8 卷材配置示意图

（a）平面图；（b）剖面图

上述施工顺序的基本原则，适用于各种防水卷材的操作工艺。

2．卷材的铺贴方向

卷材的铺贴方向应根据屋面坡度、防水卷材的种类和屋面是否有震动确定。当屋面坡度小于3%时，卷材宜平行于屋脊铺贴；屋面坡度在3%～15%时，卷材可平行或垂直于屋脊铺贴；屋面坡度大于15%或受震动时，沥青卷材应垂直于屋脊铺贴。高聚物改性沥青防水卷材和合成高分子防水卷材可根据屋面坡度、屋面是否受震动、防水层的粘结方式、粘结强度、是否机械固定等因素综合考虑采用平行或垂直于屋脊铺贴。上下层卷材不得相互垂直铺贴。屋面坡度大于25%时，卷材宜垂直于屋脊方向铺贴，并应采取固定措施，固定点还应密封。

3．卷材搭接的方法和宽度要求

（1）搭接的方法。

铺贴卷材采用搭接方法，其搭接缝的技术要求如下：

① 上下层卷材不得相互垂直铺贴。垂直铺贴的卷材重缝多，容易漏水。

② 平行于屋脊的搭接缝应顺流水方向搭接；垂直于屋脊的搭接缝应顺当地年最大频率风向搭接。如图2-9、图2-10所示。

③ 相邻两幅卷材的接头应相互错开300mm以上，以免多层接头重叠而使得卷材粘贴不平。

④ 叠层铺贴时，上下层卷材间的搭接缝应错开。两层卷材铺设时，应使上下两层的长边搭接缝错开1/2幅宽，如图2-11所示。三层卷材铺设时，应使上下层的长边搭接缝错开

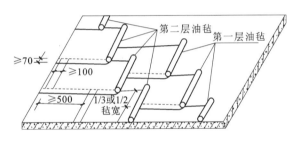

图 2-9　油毡平行于屋脊铺贴搭接示意图

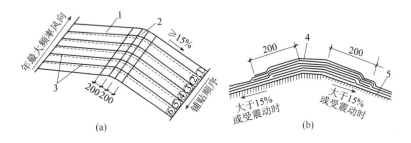

图 2-10　油毡垂直于屋脊铺贴搭接示意图

(a) 平面；(b) 剖面

1—卷材；2—屋脊；3—顺风接槎；4—沥青油毡；5—找平层

1/3 幅宽，如图 2-12 所示。

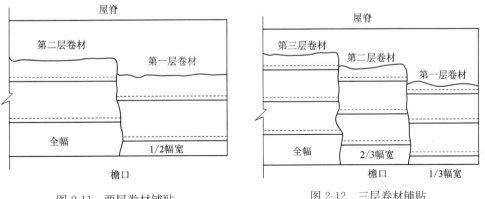

图 2-11　两层卷材铺贴　　　　　图 2-12　三层卷材铺贴

⑤ 垂直于屋脊铺贴时，每幅卷材都应铺过屋脊不小于 200mm，屋脊处不得留设短边搭接缝。

⑥ 叠层铺设的各层卷材，在天沟与屋面的连接处应采取叉接法搭接，搭接缝应错开；接缝处宜留在屋面或天沟侧面，不宜留在沟底。

⑦ 在铺贴卷材时，不得污染檐口的外侧和墙面。

⑧ 高聚物改性沥青防水卷材和合成高分子防水卷材的搭接缝，宜用材料性能相容的密封材料封严。

（2）搭接的宽度。

建筑防水卷材的接缝应采用搭接缝，各种卷材的搭接宽度应符合相关标准的规定。国家标准《屋面工程技术规范》（GB 50345—2012）对卷材搭接宽度的规定见表 2-2。

表 2-2　卷材搭接宽度

卷材类别		搭接宽度/mm
合成高分子防水卷材	胶粘剂	80
	胶粘带	50
	单缝焊	60，有效焊接宽度不小于 25
	双缝焊	80，有效焊接宽度 10×2＋空腔宽
高聚物改性沥青防水卷材	胶粘剂	100
	自粘	80

2.1.4　防水卷材的粘结施工方法

防水卷材的粘结施工方法有热风焊接法、热熔法、胶粘剂粘结法（热玛琋脂粘结法、冷粘法）、自粘法、机械固定法、空铺法、湿铺法、预铺法等。

1. 热风焊接法

热风焊接法是指采用热空气焊枪进行卷材与卷材搭接结合的一种卷材粘结施工方法，常用于高分子卷材，如 PVC 卷材等的接缝施工，一般还要辅以其他施工方法。

铺贴 PVC 卷材，接缝若采用焊接法施工，应符合下列规定：

（1）卷材的搭接缝可以采用单焊缝或双焊缝。单焊缝的搭接宽度应为 60mm，有效焊接宽度不应小于 30mm；双焊缝的搭接宽度应为 80mm，中间应留设 10～20mm 的空腔，有效焊接宽度不应小于 10mm。

（2）焊接缝的结合面应清理干净，焊缝应严密。

（3）应先焊长边搭接缝，后焊短边搭接缝。

2. 热熔法

热熔法铺贴时采用火焰加热器熔化热熔型防水卷材底层的胶进行粘贴，常用于 SBS 改性沥青防水卷材、APP 改性沥青防水卷材、氯磺化聚乙烯防水卷材、热熔橡胶复合防水卷材等与基层的施工。

（1）操作工艺流程。

清理基层→涂刷基层处理剂→节点附加增强处理→定位、弹线→热熔铺贴卷材→搭接缝粘结→蓄水试验→保护层施工→检查验收。

（2）操作要点。

① 清理基层。剔除基层上的隆起异物，彻底清扫、清除基层表面的灰尘。

② 涂刷基层处理剂。基层处理剂采用溶剂型改性沥青防水涂料或橡胶改性沥青胶结材料，用长柄辊刷将其涂刷在基层表面，要求涂刷均匀、厚薄一致，不得漏刷或露底。经 8h 以上干燥后，方可进行热熔法施工，以避免失火。

③ 节点附加增强处理。基层处理剂干燥后，按设计节点构造图做好节点附加增强处理。

④ 定位、弹线。在基层上按规范要求排布卷材，弹出基准线。

⑤ 热熔铺贴卷材。热熔铺贴卷材有滚铺法和展铺法之分。大面积铺贴以"滚铺法"为佳，先铺大面，后粘结搭接缝。"展铺法"用于条粘，将热熔型卷材展开平铺在基层上，然

后沿卷材周边掀起加热熔融进行粘铺。满铺滚铺法施工程序是：熔粘端部卷材→滚粘大面卷材→粘贴立面卷材→卷材搭接施工→保护层接缝收头处理。

a. 熔粘端部卷材。将整卷卷材置于铺贴起始端（勿打开），对准缝线，滚展长约 1m 并拉起，用手持液化气火焰喷枪，点燃并对准卷材面（有热熔胶的面）与基层面加热，如图 2-13（a）所示，待卷材底层胶呈熔融状即进行铺贴，并用手持压辊对铺贴好的卷材进行排气压实。铺到卷材端头剩下 30cm 时，将端头翻在隔热板上，再行烘烤并铺牢压实，如图 2-13（b）所示。

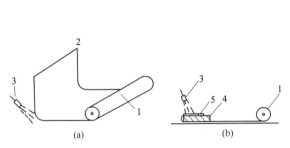

图 2-13　热熔卷材端部铺贴示意
（a）卷材起始端加热；（b）卷材末端加热
1—卷材；2—起始端；3—喷灯；4—末端；5—隔热板

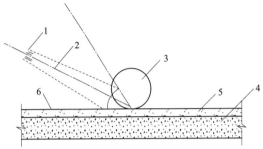

图 2-14　熔焊火焰与卷材和基层表面的相对位置
1—喷嘴；2—火焰；3—改性沥青卷材；
4—水泥砂浆找平层；5—混凝土层；6—卷材防水层

b. 滚粘大面卷材。起始端卷材粘牢后，持火焰枪人站滚铺前方，对着待铺整卷卷材，点燃喷枪使火焰对准卷材与基层面的夹角（图 2-14），喷枪距加热处 0.3～0.5m，往复烘烤，至卷材底面胶呈黑色光泽并伴有微泡（不得出现大量气泡），即及时推滚卷材进行粘铺，后随一人施行排气压实工序。

c. 粘贴立面卷材。采用外防外贴法从底面（平面）转到立面（墙面）铺贴的卷材，恰为有热熔胶的底面背对立面，因此这部分卷材应使用氯丁橡胶改性沥青胶粘剂（为 SBS 卷材的配套材料），以冷粘法将卷材粘贴在立墙面上。后面继续向上铺贴的热熔型卷材仍用热熔法进行，且上层卷材盖过下层卷材应不小于 150mm。

⑥ 搭接缝粘结。搭接缝粘结之前，先熔烧下层卷材上表面搭接宽度内的防粘隔离层。处理时，操作者一手持烫板、一手持喷枪，使喷枪靠近烫板并距卷材 50～100mm，边熔烧边沿搭接线后退。为防止火焰烧伤卷材其他部位，烫板与喷枪应同步移动。处理完毕隔离层，即进行接缝粘结，其操作方法与卷材和基层的粘结相同。

施工时应注意：在滚压时，以卷材边缘溢出少量的热熔胶为宜，溢出的热熔胶应用灰刀刮平，并沿边封严接缝口；烘烤时间不宜过长，防止烧坏面层材料。整个防水层粘贴完毕后，所有搭接缝边用密封材料予以严密封涂。

⑦ 蓄水试验。防水层完工后，按卷材热玛琦脂粘结施工的相同要求做蓄水试验。

⑧ 保护层施工。蓄水试验合格后，按设计要求进行保护层施工。

3. 热玛琦脂粘结法

热玛琦脂粘结法是指将熬制好的玛琦脂趁热浇洒在基层或已铺贴好的卷材上，并立即在其上再铺贴后一层卷材的卷材粘结施工方法。此为一种传统的施工方法，主要适用于沥青防水卷材的施工。

4. 冷粘法

卷材冷粘法施工包括冷胶粘剂粘结法和冷玛琦脂粘结法。

（1）冷胶粘剂粘结法。

合成高分子防水卷材大多可用于屋面单层防水，卷材的厚度宜为 1.2～2mm。冷胶粘剂粘结法工艺施工是合成高分子防水卷材的主要施工方法。各种合成高分子防水卷材的冷粘贴施工除由于配套胶粘剂引起的差异外，大致相同。

① 材料准备。合成高分子防水卷材的外观质量和取样复验其技术性能指标应合格；合成高分子防水卷材的每平方米施工面积用量为 1.15～1.20m²，可参考此值备料。合成高分子防水卷材的胶粘剂一般由厂家随卷材配套供应或由厂家指定产品，并应经现场复验合格。

② 操作工艺流程。清理基层→涂刷基层处理剂→节点附加增强处理→定位、弹基准线→涂刷基层胶粘剂→粘贴卷材→卷材接缝粘结→卷材接缝密封→蓄水试验→保护层施工→检查验收。

③ 操作要点。以三元乙丙橡胶防水卷材的冷粘贴施工为例。

a. 清理基层。剔除基层上的隆起异物，彻底清扫、清除基层表面的灰尘。

b. 涂刷基层处理剂。将聚氨酯底胶按甲料：乙料＝1：3 的比例（质量比）配合，搅拌均匀，用长柄刷涂刷在基层上，涂布一般以 0.15～0.2kg/m² 为宜。底胶涂刷 4h 以后才能进行下道工序施工。

c. 节点附加增强处理。阴阳角、排水口、管子根部周围等构造节点部位，加刷一遍聚氨酯防水涂料（按甲料：乙料＝1：1 的比例配合，搅拌均匀，涂刷宽度距节点中心不少于 200mm，厚约 2mm，固化时间不少于 24h）做加强层，然后铺贴一层卷材。天沟宜粘贴两层卷材。

d. 定位、弹基准线。按卷材排布配置，弹出定位和基准线。

e. 涂刷基层胶粘剂。需将基层胶粘剂分别涂刷在基层及防水卷材的表面。基层按事先弹好的位置线用长柄辊刷涂刷，同时，将卷材平置于施工面旁边的基层上，用湿布除去卷材表面的浮灰，露出搭接边（满粘法不小于 80mm，其他不小于 100mm），然后在其表面均匀涂刷基层胶粘剂。涂刷时，按一个方向进行，厚薄均匀，不露底、不堆积。

f. 粘贴卷材。基层及防水卷材分别涂胶后，晾干约 20min，手触不粘即可进行粘贴。操作人员将刷好胶粘剂的卷材抬起，使刷胶面朝下，将始端粘贴在定位线部位，然后沿基准线向前粘贴。粘贴时，卷材不得拉伸。随即用胶辊用力向前、向两侧滚压（图 2-15），排除空气，使两者粘结牢固。

图 2-15　排气滚压方法

g. 卷材接缝粘结。卷材接缝宽度范围内（80mm 或 100mm），采用丁基橡胶胶粘剂（按 A：B＝1：1 的比例配制，搅拌均匀），用油漆刷均匀涂刷在卷材接缝部位的两个粘结面上，涂胶后 20min 左右，指触不粘，随即进行粘结。粘结从一端顺卷材长边方向至短边方向进行，用手持压辊滚压，使卷材粘牢。

h. 卷材接缝密封。卷材末端的接缝及收头处，可用聚氨酯密封胶或氯磺化聚乙烯密封膏封严密，以防止接缝、收头处剥落。

i. 蓄水试验。

j. 保护层施工。屋面经蓄水试验合格后，放水待面层干燥，按设计构造图立即进行保护层施工，以避免防水层受损。

（2）冷玛琦脂粘结法。

沥青基防水卷材冷粘贴施工，除所用的胶结材料为冷玛琦脂外，其他与卷材热粘贴施工相同，不另赘述。要注意的是，冷玛琦脂使用时应搅匀，稠度太高时可加入少量溶剂稀释搅匀。粘贴卷材时，冷玛琦脂的厚度宜为 0.5～1mm，面层的厚度宜为 1～1.5mm。冷玛琦脂一般采用刮涂法施工。

以下仅就高聚物改性沥青卷材的冷粘贴施工工艺作简要概述。

高聚物改性沥青防水卷材单层卷材厚度不宜小于 4mm，复合防水时不宜小于 3mm。

① 材料准备。进场卷材经现场复验其外观质量和技术性能指标应合格；基层处理剂、胶粘剂等必须与卷材的材性相容，并应经现场抽验合格。常用的胶粘剂为改性沥青胶粘剂、橡胶沥青玛琦脂等，而基层处理剂可为相应胶粘剂的稀释液。

② 操作工艺流程。同合成高分子防水卷材冷粘施工的工艺流程。

③ 操作要点。

a. 清理基层。同合成高分子防水卷材冷粘施工。

b. 涂刷基层处理剂。高聚物改性沥青防水卷材的基层处理剂可选用氯丁沥青胶乳、橡胶改性沥青溶液、沥青溶液等。将基层处理剂搅拌均匀，先行涂刷节点部位一遍，然后进行大面积涂刷，涂刷应均匀，不得过厚或过薄。一般涂刷 4h 左右，方可进行下道工序的施工。

c. 节点附加增强处理。在构造节点部位及周边扩大 200mm 范围内，均匀涂刷一层厚度不小于 1mm 的弹性沥青胶粘剂，随即粘贴一层聚酯纤维无纺布，并在布面上再涂一层厚 1mm 的胶粘剂，构成无接缝的增强层。

d. 定位、弹基准线。同高分子防水卷材冷粘施工。

e. 涂刷基层胶粘剂。基层胶粘剂的涂刷可用胶皮刮板进行，要求涂刷在基层上，厚薄均匀，不露底、不堆积，厚度约为 0.5mm。空铺法、条粘法、点粘法应按规定的位置和面积涂刷胶粘剂。

f. 粘贴防水卷材。胶粘剂涂刷后，根据其性能，控制其涂刷的间隔时间。一人在后均匀用力，推赶铺贴卷材，并注意排除卷材下面的空气；一人用手持压辊，滚压卷材面，使之与基层更好地粘结。

卷材与立面的粘结，应从下面均匀用力往上推赶，使之粘结牢固。当气温较低时，可考虑用热熔法施工。

整个卷材的铺贴应平整顺直，不得扭曲、有皱褶等。

g. 卷材接缝粘结。卷材接缝处应满涂胶粘剂（与基层胶粘剂是同一品种），在合适的间隔时间后，使接缝处卷材粘结，并滚压之，将溢出的胶粘剂随即刮平、封口。

卷材与卷材搭接缝也可用热熔法粘结。

h. 卷材接缝密封。接缝口应用密封材料封严，宽度不小于 10mm。

i. 蓄水试验。

j. 保护层施工。同高分子防水卷材冷粘施工。

（3）冷粘法施工的注意事项。

① 与卷材配套的胶粘剂（如基层处理剂、卷材搭接胶粘剂等）性能不同，不能混用，而应专用。

② 胶粘剂必须涂刷均匀，涂刷速度不宜太慢；涂完胶粘剂与粘铺卷材之间的间隔时间一定要掌握好，要求准确判断胶粘剂涂刷后的干燥程度，一般是涂刷后干燥 20～30min，待手感不粘时为好。

③ 高分子卷材及其配套辅助材料多属易燃物，进场后应放在通风干燥的仓库。仓库和施工现场均应严禁烟火，且须备有消防器材。

④ 每次用完的机具须及时用有机溶剂（如二甲苯）清洗干净，以便再用。

⑤ 做好对已完工的防水层的保护。

5. 自粘法

防水卷材自粘法施工有滚铺法、抬铺法等工艺。滚铺法适用于立面、平面等大面积铺贴；抬铺法除适用于复杂部位或节点外，还适宜于小面积铺贴。

（1）操作工艺流程。

清理基层→涂刷基层处理剂→节点附加增强处理→定位、弹基准线→铺贴大面卷材→卷材封边→嵌缝→蓄水试验→检查验收。

（2）操作要点。

① 清理基层。同其他施工方法。

② 涂刷基层处理剂。基层处理剂可用稀释的乳化沥青或其他沥青基防水涂料。涂刷要薄而均匀，不漏刷、不凝滞。干燥 6h 后，即可铺贴防水卷材。

③ 节点附加增强处理。按设计要求，在构造节点部位铺贴附加层或在做附加层之前，再涂刷一遍增强胶粘剂，在此上做附加层。

④ 定位、弹基准线。按卷材排铺布置，弹出定位线、基准线。

⑤ 滚铺法铺贴大面自粘型防水卷材。以自粘型彩色三元乙丙橡胶防水卷材为例，三人一组，一人撕纸，一人滚铺卷材，一人随后将卷材压实。铺贴卷材时，应按基准线的位置，缓缓剥开卷材背面的防粘隔离纸，将卷材直接粘贴于基层上，随撕隔离纸，随将卷材向前滚铺。铺贴卷材时，卷材应保持自然松弛状态，不得拉得过紧或过松，不得出现皱褶。每当铺好一段卷材，应立即用胶皮压滚压实粘牢。自粘型卷材铺贴方法如图 2-16 所示。

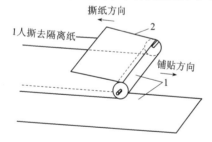

图 2-16　自粘型卷材铺贴
1—卷材；2—隔离纸

⑥ 抬铺法铺贴防水卷材。

a. 根据待铺部位的基层形状进行丈量，按量测尺寸裁剪卷材，留够搭接长度。

b. 掀剥隔离纸。使剥起的隔离纸与卷材粘结面呈 45°～60°锐角，这样不易拉断隔离纸。如有小片隔离纸无法剥去，可用密封粘结材料涂盖。

c. 对折卷材。将剥掉隔离纸的卷材抬起，将胶结面朝外沿长向对折好，接着抬到待铺位置，胶结面朝向对准基层面弹好的长短向粉线放铺卷材，再拎住对折的另半幅卷材缓缓放铺，最后以压辊将卷材排气压实贴牢。

⑦ 搭接缝粘贴。

a. 搭接缝在粘结前用手持汽油喷灯沿搭接缝处的粉线将下层卷材上表面的防粘层（聚乙烯薄膜等）熔掉，准备与上层卷材底面的自粘胶结合。

b. 粘贴搭接缝。一人掀开搭接部位卷材，用手持扁头热风枪加热上层卷材底面的胶粘剂，边加热熔化胶粘剂边向前推移；另一人将接缝处予以排气压平；最后一人手持压辊滚压搭接卷材，使其平实粘牢。施工中防止粘结不牢或熔烧过分损坏卷材。

c. 骑缝增强处理。要求在接缝贴好后，再加粘一层宽 120mm 的防水卷材。对三重重叠部分再做密封处理，方法同冷粘法。

⑧ 卷材封边。自粘型彩色三元乙丙橡胶防水卷材的长、短向一边宽 50～70mm 不带自粘胶，故搭接缝处需刷胶封边，以确保卷材搭接缝处能粘结牢固。施工时，将卷材搭接部位翻开，用油漆刷将基层胶粘剂均匀地涂刷在卷材接缝的两个粘结面上。涂胶 20min 后，指触不粘时，随即进行粘贴。粘结后用手持压辊仔细滚压密实使之粘结牢固。

⑨ 嵌缝。大面积卷材铺贴完毕后，所有卷材接缝处应用丙烯酸密封胶仔细嵌缝。嵌缝时，胶封不得宽窄不一，做到严实毋疵。

⑩ 蓄水试验。

6. 机械固定法

机械固定法是采用螺钉将卷材固定在屋面结构层上的一种卷材铺贴方法。这种铺贴方法和点粘法相似，施工复杂，造价略高。在我国东南沿海地区，由于台风多、风力大，故不宜采用机械固定法铺贴卷材。机械固定法一般采用镀锌钉或铜钉等固定卷材防水层，多用于在木基层上铺设高聚物改性沥青防水卷材。

7. 空铺法

空铺法是铺贴卷材防水层时，卷材与基层仅在四周一定宽度内粘结，其余部分采取不粘结的一种施工方法，如图 2-17 所示。

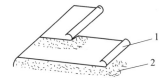

图 2-17 空铺法铺贴工艺
1—首层卷材；2—粘结材料

卷材不粘结在基层上，只是浮铺在基层上面。空铺法有下列优点：施工速度快，施工方便；卷材不受基层断裂的制约；卷材不因基层含水率高而拖延工期；能降低防水造价。

上人屋面因铺砌地砖，地砖足以压住卷材不被风吹揭，所以宜采用空铺法施工。地下室底板下的防水层，空铺法最好。

卷材可以空铺，而防水涂料只能满粘，不能空铺。若基层裂缝，涂膜极易拉断，造成渗漏，这是涂膜防水的一大缺点。补救措施：使用抗拉强度高的加筋材料，使防水涂膜抗拉强度大于粘结强度，避免在基层裂缝处出现剥离。传统的三毡四油做法，就是以强大的抗拉强度对抗基层裂缝，从而弥补自身无延伸率的缺点。

8. 湿铺法和预铺法

（1）水泥（砂）浆湿铺法。

水泥（砂）浆湿铺法工艺（简称湿铺法）铺贴防水卷材属冷粘法施工范畴，其施工工艺流程如图 2-18 所示。

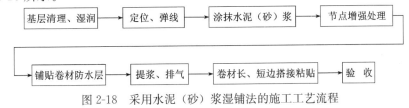

图 2-18 采用水泥（砂）浆湿铺法的施工工艺流程

采用水泥（砂）浆湿铺法工艺铺设防水卷材，其施工要点如下：

① 基层清理、湿润。基层应坚实、洁净，用扫帚、铁铲等工具将基层表面的灰尘、杂物清理干净，干燥的基面需预先洒水润湿，但不应残留积水。

② 按铺设卷材的范围定位、弹线。

③ 抹 1∶3 水泥砂浆，其厚度可视基层平整情况而定，一般为 10～20mm。铺抹水泥（砂）浆时应注意压实、抹平，在阴角部位，应采用水泥砂浆分层抹成半径为 50mm 以上的圆弧。铺抹水泥（砂）浆的宽度应比卷材的长、短边各宽出 100～300mm，并应在铺抹过程中注意保证其平整度。

④ 在大面积卷材铺贴前，应对节点部位（如阴阳角、施工缝、后浇带、变形缝、穿墙管道等）按照施工技术规范的要求进行加强处理。

⑤ 在大面积铺贴自粘防水卷材时，应先揭去防水卷材下表面的隔离膜，将卷材平铺在已抹好的水泥（砂）浆基层上，卷材与相邻卷材之间可采用平行对接方式的工艺进行铺贴，亦可将两幅卷材采用上下搭接的工艺进行铺贴。对接缝宽宜控制在 3～5mm 之间。若采用搭接工艺，其搭接宽度应不小于 60mm。卷材上的搭接隔离膜可待长、短边搭接时再揭除。

⑥ 粘贴好卷材后，可采用木抹子或橡胶板拍打卷材的上表面，提浆、排出卷材下面的空气，使卷材与水泥砂浆层紧密粘结牢固。

⑦ 卷材铺贴完成后，应养护 48h（其具体时间可视环境温度而定，一般情况下，温度越高所需时间越短）。

⑧ 卷材的对接缝可采用自粘封口条压盖在对接部位。操作时，应先将卷材搭接部位上表面的搭接隔离膜或硅油隔离纸揭除，然后再粘贴自粘封口条；若两幅卷材间采用上下搭接的工艺铺贴，可先将上下卷材的搭接隔离膜揭除，使上下搭接边自粘搭接在一起，无须自粘封口条。若搭接部位被污染，则需先清理干净。

⑨ 铺贴立面时，卷材的收头处应采用胶带或加厚水泥浆进行临时密封，以防止收头处水分过快散失。

（2）预铺反粘法。

预铺反粘法工艺（简称预铺法）铺贴防水卷材属冷粘法施工范畴，其地下室底板的基本构成包括基层、细部附加防水层、主体部位卷材防水层、收头和边缘密封、混凝土底板（现场浇筑）或粘贴在卷材防水层上的其他构造层次。其施工工艺流程如图 2-19 所示。

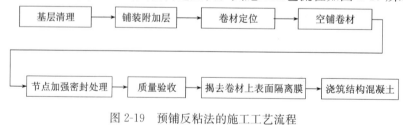

图 2-19　预铺反粘法的施工工艺流程

采用预铺反粘法工艺铺贴防水卷材的施工要点如下：

① 清理基层。基层应坚实、平整、无明水。

② 细部节点部位应做附加防水处理。地下室底板阴阳角、后浇带、变形缝、桩头等部位应进行加强处理，梁槽、涵台坑等凹陷部位可采用湿铺法先行铺贴卷材。

③ 地下工程若采用预铺法工艺铺贴卷材防水层，应先铺平面、后铺立面。临时性保护墙宜采用石灰砂浆砌筑，内表面应涂刷隔离剂。

④ 根据设计要求应对铺贴卷材的部位进行定位弹线。铺贴卷材时，应先按基准线采用空铺工艺铺好第一幅卷材，然后再铺设第二幅卷材。采用预铺法工艺铺设防水卷材时，应将搭接边重叠，然后揭开两幅卷材搭接部位的隔离膜，可用压辊重压排出空气，以确保两幅卷材的搭接边能粘结牢固。若铺贴卷材时遇到低温，则可采用热风焊枪辅助加热后黏合。采用自粘搭接的方式，卷材长、短边搭接宽度不小于 60mm。铺贴卷材时卷材不得用力拉伸，需随时注意与基准线对齐，以防止出现偏差难以纠正。

⑤ 卷材长边采用自粘搭接边搭接，卷材的短边则可采用橡胶沥青冷胶粘剂粘结搭接，卷材端搭接区应相互错开。立面施工时，应在自粘搭接边位置距离卷材边缘 10～20mm 的范围内，每隔 400～600mm 进行机械固定，确保固定结构被卷材完全覆盖。

⑥ 从底面折向立面的卷材与永久性保护墙的接触部位，应采用空铺法工艺施工；卷材与临时性保护墙或围护结构模板的接触部位，应将卷材临时粘贴在该墙体或模板上，并将顶端临时固定。若不设保护墙，从底面折向立面的卷材接槎部位应采取可靠的保护措施。

⑦ 在卷材防水层质量验收合格后，方可将防水卷材上表面隔离膜揭除干净。为防止卷材粘脚，可在卷材上撒水泥粉进行隔离，然后浇筑结构混凝土。若防水卷材隔离层为砂面，则可直接在卷材上浇筑结构混凝土。在浇筑钢筋混凝土时，应注意卷材防水层的后续保护，钢筋笼要本着轻放的原则，不能在防水层上拖动，以避免破坏卷材防水层。在绑扎钢筋过程中，移动钢筋需要用撬棒，并应在其下设木垫板，作临时保护，以免破坏防水层。若不慎破坏了防水层，则应及时进行修补。

高分子自粘防水卷材宜采用预铺反粘法施工，并应符合下列规定：

① 卷材宜单层铺设。

② 在潮湿基面上铺设卷材时，其基面应平整坚固，无明显积水。

③ 卷材的长边应采用自粘边搭接，短边应采用胶粘带搭接，卷材端部搭接区应相互错开。

④ 立面施工时，在自粘边位置距离卷材边缘 10～20mm 内，应每隔 400～600mm 进行机械固定，以保证固定位置被卷材完全覆盖。

⑤ 浇筑结构混凝土时不得损伤防水层。

9. 卷材粘贴的技术要求

沥青防水卷材屋面均采用三毡四油或二毡三油叠层铺贴，用热玛琋脂或冷玛琋脂进行粘结，其粘结层的厚度见表 2-3。高聚物改性沥青防水卷材屋面一般为单层铺贴，随其施工工艺不同，有不同的粘结要求，见表 2-4。合成高分子防水卷材屋面一般为单层铺贴，随其施工工艺不同，有不同的粘结要求，见表 2-5。

表 2-3　玛琋脂粘结层厚度

粘结部位	粘结层厚度/mm	
	热玛琋脂	冷玛琋脂
卷材与基层粘结	1～1.5	0.5～1
卷材与卷材粘结	1～1.5	0.5～1
保护层粒料粘结	2～3	1～1.5

表 2-4　高聚物改性沥青防水卷材粘结技术要求

热 熔 法	冷 粘 法	自 粘 法
1. 幅宽内应均匀加热，熔融至呈光亮黑色为度； 2. 不得过分加热，以免烧穿卷材； 3. 热熔后立即滚铺； 4. 滚压排气，使之平展、粘牢，不得皱褶； 5. 搭接部位溢出热熔胶后，随即刮封接口	1. 均匀涂刷胶粘剂，不露底、不堆积； 2. 根据胶粘剂性能及气温，控制涂胶后黏合的最佳时间； 3. 滚压、排气、粘牢； 4. 溢出的胶粘剂随即刮平封口	1. 基层表面应涂刷基层处理剂； 2. 自粘胶底面的隔离纸应全部撕净； 3. 滚压、排气、粘牢； 4. 搭接部分用热风焊枪加热，溢出自粘胶随即刮平封口； 5. 铺贴立面及大坡面时，应先加热后粘贴牢固

表 2-5　合成高分子防水卷材粘结技术要求

冷 粘 法	自 粘 法	热风焊接法
1. 在找平层上均匀涂刷基层处理剂； 2. 在基层或基层和卷材底面涂刷配套的胶粘剂； 3. 控制胶粘剂涂刷后的黏合时间； 4. 黏合时不得用力拉伸卷材，避免卷材铺贴后处于受拉状态； 5. 滚压、排气、粘牢； 6. 清理干净卷材搭接缝处的搭接面，涂刷接缝专用配套胶粘剂，滚压、排气、粘牢	同高聚物改性沥青防水卷材的粘结方法和要求	1. 将卷材结合面清洗干净； 2. 卷材铺放平整顺直，搭接尺寸准确； 3. 控制热风加热温度和时间； 4. 滚压、排气、粘牢； 5. 先焊长边搭接缝，后焊短边搭接缝

2.1.5　胶粘剂粘贴法的涂刷工艺

卷材与卷材、卷材与基层之间若采用胶粘剂粘贴施工法进行粘贴，其涂刷胶粘剂的工艺有满粘法、条粘法和点粘法等，在铺贴卷材时，应按设计的规定，选择合理的粘贴工艺。在确定了卷材的铺贴工艺后，还需选用正确的操作方法。

1. 卷材的涂刷工艺

（1）满粘法。

满粘法施工卷材是传统的习惯做法，参见图 2-20（a）。卷材满粘在砂浆基层上，可以防止被大风掀起。大风作用在屋面上的负压力为 $800\sim1000Pa$，合成高分子卷材采用胶粘剂黏合，粘结强度为 $1\sim5MPa$，每 $1m^2$ 粘结力达 $1\times10^6\sim5\times10^6N$；防水涂料与砂浆基层粘结力为 $20\sim30kPa$，每 $1m^2$ 粘结力达 20kN 以上，沥青卷材与基层的粘结力可视作与涂料相同。因此不上人屋面不必满粘，只需点粘或条粘即可，也可以采用机械固定或压重法。但女儿墙部位，距泛水边 800mm 处周围要满粘。

地下室侧墙的防水层应全部满粘，而且粘结越牢固越好，因为当地下室下沉时，防水层和建筑可同步沉降。

瓦屋面坡度，大黏土瓦或其他瓦都应做在满铺的防水层上，防水层必须牢牢粘结在望板上防止下滑。

满粘法的缺点：砂浆基层干燥后会产生收缩裂缝，屋面板也会产生收缩裂缝，人在屋面上走动、地震、室内锻锤、天车运行都会导致基层开裂和缝宽加大。基层裂缝容易把满粘的卷材拉断。这一现象屡见不鲜。基层开裂是从零开始，从零裂到3～5mm，甚至达到10mm。满粘的卷材在裂缝处也是从零开始延伸，以适应裂缝的发展。满粘法施工速度慢，工期长。满粘法施工要求砂浆基层含水率低，为了等待基层干燥，会延迟工期。特别是在雨期施工，常因基层太潮湿，不能涂胶，一等再等。

（2）点粘法、条粘法。

点粘法和条粘法是介于满粘法和空铺法之间的做法。

点粘法是在铺贴卷材时，卷材或打孔卷材与基层采用点状粘结的一种施工方法。每平方米粘结不少于5点，每点面积为100mm×100mm，参见图2-20（b）。

条粘法只在卷材长向搭边处和基层粘结。铺贴卷材时，卷材与基层粘结面不少于两条，每条宽度不小于150mm，参见图2-20（c）。

无论采用空铺、条粘还是点粘法，施工时都必须注意：距屋面周边800mm内的防水层应满粘，以保证防水层四周与基层粘结牢固；卷材与卷材之间应满粘，以保证搭接严密。

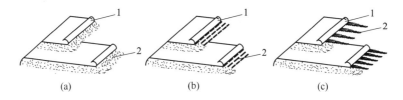

图 2-20　卷材防水层的铺贴方法

（a）满粘法；（b）点粘法；（c）条粘法

1—首层卷材；2—粘结材料

防水设计时，要考虑满粘还是点粘，满粘后能否不被裂缝拉断，选用哪种材料合适，选用的这种材料实剥宽度是多大，能否满足裂缝需要的延伸，尤其应该知道该材料能够承受的最大裂缝宽度值。当预估裂缝宽度大于该材料最大承受的裂缝宽度时，就不能满粘，应降低粘结强度，或者改为点粘。常用防水材料的最大承受裂缝宽度见表2-6。

表 2-6　几种常用防水材料最大承受裂缝宽度

防水材料名称	材料厚度 /mm	抗拉强度 /MPa	粘结强度 ×10^{-1}/MPa	实剥宽度 /cm	延伸率 /%	最大承受裂缝 /mm
铝箔面油毡	3.2	1.0	0.04	21	2	0.42
APP 改性沥青卷材	4	1.1	0.04	23	30	6.9
SBS 改性沥青卷材	4	1.1	0.04	23	30	6.9
自粘结油毡	3	0.2	0.01	17	2	0.34
聚乙烯膜沥青卷材	4	0.07	0.04	1.6	300	4.9
再生胶油毡	1.2	0.96	1.0	0.96	120	1.2
三元乙丙橡胶卷材	1.2	0.96	1.0	0.96	450	4.4
氯化聚乙烯卷材	1.2	0.96	1.0	0.96	200	2.0
氯化聚乙烯 603 （玻璃布加筋）	1.2	0.96	1.0	0.96	5	0.1

续表

防水材料名称	材料厚度 /mm	抗拉强度 /MPa	粘结强度 ×10⁻¹/MPa	实剥宽度 /cm	延伸率 /%	最大承受裂缝 /mm
氯化聚乙烯橡胶共混	1.2	0.88	1.0	0.9	450	4.1
聚乙烯卷材	2	2.0	1.0	1.8	200	3.7
氯丁胶卷材	1.2	0.4	1.0	0.5	250	1.3
丁基胶卷材	1.2	0.36	1.0	0.47	250	1.2
氯磺化聚乙烯卷材	2	0.7	1.0	0.75	140	1.1
橡塑防水卷材	1.5	0.3	1.0	0.42	80	0.4
再生胶防水卷材	1.25	0.4	1.0	0.5	150	0.7
聚氨酯涂膜	2	0.5	0.5	0.6	450	2.6
硅橡胶涂膜	1.2	0.3	0.5	0.42	700	3.0
CB型丙烯酸酯涂料	1.2	0.1	0.5	0.25	868	2.2

2. 卷材铺贴的操作方法及操作工艺要求

在屋面卷材防水工程中，施工是保证质量的关键，因此，其操作方法必须正确，如施工时卷材铺得不好、粘结不牢，必将导致鼓泡、漏水、流淌等不良的后果。常见的卷材铺贴的操作方法主要有浇油法、刷油法、刮油法、撒油法等。

（1）浇油法。

浇油法是我国普遍采用的一种操作方法，一般三名施工人员为一组，浇油、铺毡、滚压收边各一人。

① 浇油。浇油者手提油壶，在推毡人前方，向卷材的宽度方向或蛇形浇油。要求浇油均匀，且不可浇得太多太长，以饱满为佳，如图 2-21 所示。

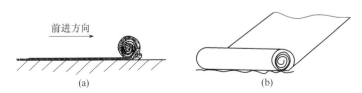

图 2-21　浇油法铺贴卷材
（a）卷材前沥青胶饱满，不易产生气泡；（b）卷材前沥青胶不饱满，容易产生气泡

② 铺毡。铺毡者大拇指朝上，双手卡住并紧压卷材，呈弓箭步立于卷材中间，眼睛盯着浇下油，油浇到后，就用双手推着卷材向前滚进。滚进时，应使卷材前后稍加滚动，以便将沥青玛琋脂或沥青胶压匀并把多余的胶挤压出来，控制玛琋脂的厚度在 1～1.5mm，最厚不超过 2mm。要随时注意卷材画线的位置，避免卷材偏斜、扭曲、起鼓，并要双手推压均衡，以保证卷材铺得平直。铺毡者还要随身带好小刀，如发现卷材有起鼓或粘结不牢处，立即刺破开口，用玛琋脂贴紧压实。

③ 滚压收边。为使卷材之间、卷材与基层之间能紧密地粘贴在一起，还须一人用质量 80～100kg 的表面包有 20～30mm 胶皮的滚筒，跟在铺毡者的后面向前慢慢滚压收边，滚筒应与铺毡者保持 1m 左右的距离，随铺随滚压。在滚压时，不能使滚筒来回拉动。对于卷材

边缘挤出的玛琋脂，要用胶皮刮板刮去，不能有翘边现象。天沟、檐口、泛水及转角等处不能用滚筒滚压的地方，要用刮板仔细刮平压实。采用这种操作方法的优点是生产效率高、气泡少、粘贴密实；缺点是不易控制玛琋脂的厚度。此操作方法在实际使用中效果不太理想，这是因为在屋面坡度较大时不适合采用滚筒滚压；坡度较平缓时因为基层不可能施工得很平整，采用也有一定的困难。其次滚筒使用后易沾上玛琋脂，导致滚压困难。可采用"卷芯铺贴法"，在铺贴时，先在卷材里面卷进重约 5kg 的铁辊子（或木辊子），借助辊子的压力，将多余的沥青玛琋脂挤出，从而使油毡铺贴平整，与基层粘结牢固，效果较好。

（2）刷油法。

此施工方法与浇油法的不同之处是将浇油改为用长柄刷蘸油涂刷，油层要求饱满均匀、厚薄一致。铺毡、滚压、收边工序则与浇油法相同，滚压应及时，以防粘结不牢。采用此施工方法可节约玛琋脂。该施工法一般由 4 个施工人员组成，即刷油、铺贴、滚压、收边各一人。

① 刷油。由一人用长柄刷蘸油将玛琋脂刷到基层上。涂刷时，人要站在油毡前面进行，使油浪饱满均匀。不可在冷底子油上揉刷，以免油凉或不起油浪。刷油宽度以 30～50cm 为宜，出油毡边不应大于 5cm。

② 铺毡。铺毡施工人员应弓身前俯，双手紧压卷材，全身用力，随着刷油，稳稳地推压油浪。在铺毡中，应防止油毡松卷、推压无力，一旦松卷应重新卷紧。为防止卷材端头一段不易铺贴，可事先在油毡芯中卷进辊子，以增强其滚压力。

③ 滚压。紧跟铺贴后不超过 2m 进行。用铁滚筒在卷材中间向两边缓缓滚压。滚压时操作工人不得站在未冷却的卷材上，并要负责质量自检工作，如发现鼓泡，必须刺破排气，重新压实。

④ 收边。用胶皮刮板刮压卷材的两边，挤出多余的玛琋脂，赶出气泡，并将两边封死压平。如边部有皱褶或翘边时，须及时处理，防止堆积沥青疙瘩。

这种施工方法的优点是油层薄而饱满，均匀一致，卷材平整压得实，节约沥青玛琋脂；缺点是刷油铺毡需有熟练的技术，沥青玛琋脂要保持使用温度（190℃左右）有一定的困难，油温降低，油毡就会粘贴不牢，同样也会发生鼓泡。

（3）刮油法。

本施工法是浇油法和刷油法两种施工方法的综合和改进，该施工法由 3 名施工人员组成，即浇油、刮油一人，铺贴、滚压收边各一人。

其操作要点：第一人在前先用油壶浇油，随即手持长柄胶皮刮板进行刮油；第二人紧跟着铺贴油毡；第三人进行滚压收边。由于长柄胶皮刮板在施工时刮油比较均匀饱满，故此法施工质量较好、工效高。

以上三种铺贴方法，均为满铺。另一种是撒油法（包括点粘、条粘）。

（4）撒油法。

撒油法的特点是铺第一层卷材时，不满涂玛琋脂，而是采用条刷、点刷、蛇形浇油使第一层油毡与基层之间有相互串通的空隙，但在檐口、屋脊和屋面转角等处至少应满刷 800mm 宽的玛琋脂，使卷材牢固粘结在基层上。在铺第一层卷材后，第二、三层卷材仍采用满铺法。此法施工的短边搭接宽度为 150mm，长边搭接宽度为 100mm。此法有利于防水层与基层（结构层）脱开，当基层发生变化时，防水层不受影响。

以上四种铺贴方法，均应严格控制沥青玛琋脂的铺贴厚度。同时在铺贴过程中，运到屋面的沥青玛琋脂要派专人测温，不断进行搅拌，防止在油桶、油壶内发生沉淀。

2.1.6 防水卷材的施工特点

防水卷材品种繁多，且施工方法不一，具有以下施工特点：

（1）卷材防水层基本上是一次成形即可达到设计的防水层厚度。若在平整的基层上施工，则具有施工速度快、工效高的优点，尤其在大面积基层上，采用机械铺设卷材，则可大幅度提高生产效率。

（2）在阴阳角、水落口、出屋面管道的根部等表面形状复杂的基层部位，铺设时，则需要根据基层形状，对工厂成形的防水卷材裁剪后方可进行铺贴施工。相对而言，施工难度增加，工效降低，且难以做到与基层形状完全吻合，易影响到卷材防水层的质量。

（3）卷材防水层若在露天作业，其施工期的雨、雪、霜、雾以及高温、低温、大风等天气情况，都会对卷材防水层的施工作业和防水层的质量造成不同程度的影响。因此，在施工期间，必须掌握好天气情况，以保证施工质量。

（4）基层的湿度条件对卷材防水层的影响较大，如在潮湿基层上铺贴卷材防水层，则会影响到防水卷材与基层的粘结力，卷材不能平整铺贴于基层，且基层的水分汽化产生的压力可使防水层产生鼓泡。

（5）卷材是通过在施工现场搭接形成整体防水层的，因此搭接缝的施工质量尤为重要，必须严格按照有关规范的要求进行施工。

（6）防水卷材在生产和成卷的过程中会受到拉伸作用，使成品卷材内部存在一定的内应力，这种内应力在使用过程中转化成卷材的拉应力，从而使卷材防水层产生后期收缩。另外，卷材中有效成分的迁移产生的体积减损也会使卷材防水层产生后期收缩，其结果可能是卷材防水层被拉裂、搭接缝拉脱翘边或者防水层在高应力状态下加速老化。因此，在进行防水层施工时，对防水卷材的拉伸应适度，以卷材不产生空鼓、皱褶等缺陷为宜。在有条件时，可先将热收缩较大的卷材展开晾晒半天，使卷材的部分内应力消除后再进行卷材的铺贴。

2.2 卷材防水层的基本施工方法

2.2.1 找平层的施工

防水层的基层是指在结构层上面或保温层上面起到找平作用并作为防水层依附的层次。为了保证防水层不受各种变形的影响，基层应坚固，具有足够的强度和刚度，变形小。屋面的找平层则还应有足够的排水坡度，使雨水能够迅速排出。找平层的类型除了采用现浇混凝土随捣随抹作为防水层的基层外，传统的找平层有水泥砂浆找平层和细石混凝土找平层。

水泥砂浆找平层和细石混凝土找平层的施工要点如下：

（1）屋面结构为装配式钢筋混凝土屋面板时，屋面板应安装牢固，不能有松动现象，板缝和板端缝应采用细石混凝土嵌缝，嵌缝用的细石混凝土宜掺微膨胀剂，强度等级不应小于C20。当板缝宽度大于40mm或上窄下宽时，板缝内应设置构造钢筋，嵌缝高度应与屋面板平齐，板端应采用密封材料嵌缝。

（2）在铺砂浆或浇筑细石混凝土之前，基层表面应清扫干净并洒水湿润（屋面有保温层时，不应洒水）。

（3）屋面找平层应设分格缝。留在屋架或者承重墙的分格缝应与板缝对齐，板端方向的分格缝也应与板端相对齐，采用小木条或聚苯泡沫条嵌缝留设，或在砂浆硬化之后用切割机进行锯缝。其缝高同找平层的厚度，缝宽为5～20mm。

（4）砂浆找平层和细石混凝土找平层所用的砂浆和细石混凝土其配合比要称量准确、搅拌均匀，底层若是塑料薄膜隔离层、防水层或者不吸水保温层时，则宜在砂浆中加减水剂并严格控制其稠度。砂浆或细石混凝土的铺设应按由远至近，由高到低的顺序进行，宜在每一分格内一次连续抹成并严格掌握坡度，可用2m左右的直尺找平。天沟一般先用轻质混凝土找坡。

（5）砂浆找平层待砂浆稍收水后，可用抹子抹平压实压光。在终凝前，轻轻取出嵌缝小木条，完工后表面少踩踏，砂浆表面不允许撒干水泥或用水泥浆压光。

（6）细石混凝土宜采用机械搅拌和机械振捣，待表面浆液稍收水之后，可采用抹子抹平压实压光。

（7）应注意气候变化，如气温在0℃以下或者在终凝之前可能下雨，则不宜施工；如必须施工时，则应有相应的技术措施，以保证找平层的质量。

（8）在铺设找平层12h之后，则需洒水进行养护或者喷冷底子油进行养护。

（9）在找平层硬化之后，应采用密封材料嵌填分格缝。

2.2.2 沥青防水卷材的施工

1. 作业条件

（1）屋面施工前，应掌握施工图的要求，选择防水工程专业队，编制防水工程施工方案。

（2）屋面施工应按施工工序进行检验。基层表面必须平整、坚实、干燥、清洁，且不得有起砂、开裂和空鼓等缺陷。

（3）屋面防水层的基层必须先行施工，然后养护、干燥，坡度应符合设计和施工技术规范的要求，不得有积水现象。

（4）防水层施工前，突出屋面的管根、预埋件、楼板吊环、拖拉绳、吊架子固定构造处等，应做好基层处理；阴阳角、女儿墙、通气囱根、天窗、伸缩缝、变形缝等处，应做成半径为150mm的圆弧或钝角。

（5）准备好材料、工具和设施。

（6）沥青防水卷材严禁在雨天、雪天、五级风及其以上时施工，环境气温低于5℃时不宜施工。施工中途下雨时，应做好已铺卷材周边的防护工作。

2. 配制沥青玛琋脂

配制沥青玛琋脂应遵守下列规定：

（1）玛琋脂的标号应符合设计要求。

（2）现场配制玛琋脂的配合比及其软化点和耐热度的关系数据，应由试验部门根据所用原料试配后确定。在施工中按确定的配合比严格配料，每工作班均应检查与玛琋脂耐热度相应的软化点和柔韧性。

（3）热玛琋脂的加热温度不应高于 240℃，使用温度不宜低于 190℃，并应经常检查。熬制好的玛琋脂宜在本工作班内用完。当不能用完时应与新熬的材料分批混合使用，必要时还应做性能检验。

（4）冷玛琋脂使用时应搅匀，稠度太高时可加少量溶剂稀释搅匀。

3. 基层处理剂的涂刷

涂刷前，首先检查找平层的质量和干燥程度，并加以清扫，符合要求后才可进行。在大面积涂刷前，应用毛刷对屋面节点、周边、拐角等部位进行处理。

（1）冷底子油的涂刷。

冷底子油作为基层处理剂主要用于热粘贴铺设沥青卷材（油毡）。涂刷要薄而均匀，不得有空白、麻点、气泡，也可用机械喷涂。如果基层表面过于粗糙，宜先刷一遍慢挥发性冷底子油，待其表干后，再刷一遍快挥发性冷底子油。涂刷宜在铺贴油毡前1～2h 进行，使油层干燥而又不沾染灰尘。

（2）基层处理剂的涂刷。

铺贴高聚物改性沥青卷材和合成高分子卷材采用基层处理剂时的施工操作与冷底子油基本相同。一般气候条件下，基层处理剂干燥时间为 4h 左右。基层处理剂的品种要视卷材而定，不可错用。施工时除应掌握其产品说明书的技术要求外，还应注意下列问题：

① 施工时应将已配制好的或分桶包装的各组分按配合比搅拌均匀。

② 一次喷、涂的面积，根据基层处理剂干燥时间的长短和施工进度确定。若面积过大，会来不及铺贴卷材，时间过长易被风沙尘土污染或露水打湿；若面积过小，会影响下道工序的进行，拖延工期。

③ 基层处理剂涂刷后宜在当天铺完防水层，但也要根据情况灵活掌握。如在多雨季节、工期紧张的情况下，可先涂好全部基层处理剂后再铺贴卷材，这样可防止雨水渗入找平层，而且基层处理剂干燥后的表面水分蒸发较快。

④ 当喷、涂两遍基层处理剂时，第二遍喷、涂应在第一遍干燥后进行。等最后一遍基层处理剂干燥后，才能铺贴卷材。一般气候条件下，基层处理剂干燥时间为 1h 左右。

4. 铺贴卷材

（1）铺贴卷材的基本要求。

① 采用叠层铺贴沥青防水卷材的粘贴厚度：热玛琋脂宜为1～1.5mm，冷玛琋脂宜为0.5～1mm；面层厚度：热玛琋脂宜为 2～3mm，冷玛琋脂宜为 1～1.5mm。玛琋脂应涂刮均匀，不得过厚或堆积。

② 铺贴立面或大坡面卷材时，玛琋脂应清涂，并尽量减少卷材短边搭接。

③ 水落口、天沟、檐沟、檐口及立面卷材收头等施工应符合下列规定：

a. 水落口应牢固地固定在承重结构上。当采用金属制品时，所有零件均应做防锈处理。

b. 天沟、檐沟铺贴卷材时应从沟底开始，当沟底过宽、卷材需纵向搭接时，搭接缝应用密封材料封口。

c. 铺至混凝土檐口或立面的卷材收头应裁齐后压入凹槽，并用压条或带垫片钉子固定，最大钉距不应大于 900mm，凹槽内用密封材料嵌填封严。在凹槽上部的女儿墙顶部必须加扣金属盖板或铺贴合成高分子卷材，做好防水处理。

④ 卷材铺贴应符合下列规定：

a. 卷材在铺贴前应保持干燥，其表面的撒布料应预先清扫干净，并避免损伤卷材。

b. 在无保温层的装配式屋面上，应沿屋面板的端缝先单边点粘一层卷材，每边的宽度不应小于 100mm，或采取其他能增大防水层适应变形的措施，然后再铺贴屋面卷材。

c. 选择不同胎体和性能的卷材复合使用时，高性能的卷材应放在面层。

d. 铺贴卷材应随刮涂玛琋脂随滚铺卷材，并展平压实。

e. 采用空铺、点粘、条粘第一层卷材或第一层为打孔卷材时，在檐口、屋脊和屋面的转角处及突出屋面的交接处，卷材应满涂玛琋脂，其宽度不得小于 800mm。当采用热玛琋脂时，应涂刷冷底子油。

⑤ 为了便于掌握卷材铺贴方向、距离和尺寸，应在找平层上弹线并进行试铺工作。对于天沟、水落口、立墙转角、穿墙（板）管道处，应按设计要求事先进行裁剪工作。

⑥ 热粘贴卷材连续铺贴可采用浇油法、刷油法、刮油法和撒油法。一般多采用浇油法，即用带嘴油壶将热沥青玛琋脂左右来回在卷材前浇油，浇油宽度比卷材每边少 10～20mm，边浇油边滚铺卷材，并使卷材两边有少量玛琋脂挤出。铺贴卷材时，应沿基准线滚铺，以避免铺斜或发生扭曲等现象。

⑦ 卷材在铺贴前应保持干燥，其表面的撒布料应预先清扫干净，并避免损伤卷材。

⑧ 排气屋面施工时应使排气道纵横贯通，不得堵塞。卷材铺贴时，应避免玛琋脂流入排气道内。采用条粘、点粘、空铺第一层卷材或打孔卷材时，在檐口、屋脊和屋面的转角处及突出屋面的连接处，卷材应满涂玛琋脂，其宽度不得小于 800mm。

⑨ 铺贴卷材时，应随刮涂玛琋脂随铺贴卷材，并展开压实。

（2）沥青卷材热玛琋脂粘结施工的操作要点。

沥青卷材热玛琋脂粘结施工的操作工艺流程如下：

清理基层→檐口防污→涂刷冷底子油→节点附加增强处理→定位、弹基准线→粘贴卷材→蓄水试验→保护层施工→检查验收。

① 清理基层。将基层上的杂物、尘土清扫干净，节点处可用吹风机辅助清理。

② 檐口防污。为防止卷材铺贴时热玛琋脂污染檐口，可在檐口前沿刷上一层较稠的滑石粉浆或粘贴防污塑料纸，待卷材铺贴完毕，将滑石粉浆上的沥青胶铲干净或撕去防污纸。

③ 涂刷冷底子油。冷底子油的作用是增强基层与防水卷材间的粘结，可用喷涂法或涂刷法施工。当用涂刷法时，基底养护完毕、表面干燥并清扫后，用胶皮板刷或藤筋刷子涂刷第一遍冷底子油，第一遍干燥后再涂刷第二遍。涂刷要均匀，越薄越好，但不得留有空白。快挥发性冷底子油涂刷于基层上的干燥时间为 5～10h，视气候情况而定。

④ 节点附加增强处理。按设计要求，事先根据节点的情况剪裁卷材，铺设增强层。

⑤ 定位、弹线、试铺。按卷材的铺贴布置在找平层上弹出定位基准线，然后试铺卷材。

⑥ 粘贴卷材。粘贴卷材可选用浇油法、刷油法、刮油法和撒油法工艺，前三种工艺为满铺，每一层卷材铺设完毕后，均应进行检验，在符合质量要求后，方可铺设下一层卷材。

⑦ 蓄水试验。卷材铺贴完毕后，按要求进行检验。平屋面可采用蓄水试验，蓄水时间不宜少于 72h；坡屋面可采用淋水试验，持续淋水时间不少于 2h。屋面无渗漏和积水、排水系统通畅为合格。

⑧ 做保护层。面层撒绿豆砂做保护时，卷材表面涂刷 2～3mm 厚的玛琋脂，将预热好

的绿豆砂（温度宜为100℃）趁热入筛铺撒，使绿豆砂与玛𫗦脂粘结牢固。未粘结的绿豆砂应清扫干净。

（3）沥青卷材冷玛𫗦脂粘结施工的操作要点。

沥青卷材冷粘贴法施工，除所用的胶结材料为冷玛𫗦脂外，其他与卷材热粘贴施工基本相同。

沥青卷材冷玛𫗦脂铺贴施工是指以冷玛𫗦脂或专用冷胶料为胶粘剂的一种防水冷施工方法，其操作要点与传统的防水卷材热玛𫗦脂铺贴施工基本相同，不另赘述。但要注意的是：

① 冷玛𫗦脂使用时应搅匀，稠度太高时可加入少量溶剂稀释。

② 若使用石油沥青纸胎防水卷材，宜选用双面撒料的卷材。铺设前，先将卷材裁剪至不长于10m，反卷后平放2～3d，避免铺设时起鼓。

③ 管道根部、水落口、女儿墙、阴阳角等细部构造部位应用玻璃丝布或聚酯无纺布粘贴做附加增强层。因为冷玛𫗦脂一般凝固较慢，若用纸胎卷材粘贴，由于它有一定的回弹性，不易粘牢。

④ 铺贴宜用刮油法。将冷玛𫗦脂倒在基层上，用刮板按弹线部位摊刮，厚度0.5～1.0mm，宽度与卷材宽度相同，涂层要均匀，然后将卷材端部与冷玛𫗦脂粘牢，随即双手用力向前滚铺，铺后用压辊或压板压实，将气泡赶出。夏季施工时，基层上涂刮冷玛𫗦脂后，过10～30min，待溶剂挥发一部分而稍有黏性再铺卷材，但不应迟于45min。每铺一层卷材，隔5～8h，再按压或滚压一遍，然后以同法铺第二层、第三层卷材。

⑤ 在平面与立面交接处，应分别在卷材上与基层上薄刷冷玛𫗦脂一层，隔10～20min再粘贴卷材，用刮板自上下两面往圆角中部挤压，使之伏贴，并将上部钉牢于预埋的木条上。

⑥ 保护层一般采用云母粉。铺撒前，先在防水层面层上刮涂一层冷玛𫗦脂，厚度为1～1.5mm，边刮冷玛𫗦脂边撒云母粉，云母粉要铺撒均匀，不要过厚。待冷玛𫗦脂表面已干，能上人时将多余的云母粉扫掉。

2.2.3　高聚物改性沥青防水卷材的施工

高聚物改性沥青防水卷材的收头处理，水落口、天沟、檐沟、檐口等部位的施工，以及排气屋面施工，均与沥青防水卷材施工相同。立面或大坡面铺贴高聚物改性沥青防水卷材时，应采用满粘法，并宜减少短边搭接。

1. 作业条件

（1）施工前审核图纸，编制防水工程方案，并进行技术交底；屋面防水必须由专业队施工，持证上岗。

（2）铺贴防水层的基层表面，应将尘土、杂物清除干净。

（3）基层坡度应符合设计要求，表面应顺平，阴阳角处应做成圆弧形，基层表面必须干燥，含水率应不大于9%。

（4）卷材及配套材料必须验收合格，规格、技术性能必须符合设计要求及标准的规定。存放易燃材料时应避开火源。

（5）高聚物改性沥青防水卷材，严禁在雨天、雪天、五级风及其以上时施工；环境气温低于5℃时不宜施工。施工中途如下雨、下雪，应做好已铺卷材周边的防护工作。

注：热熔法施工环境气温不宜低于-10℃。

2. 冷粘法施工

（1）冷粘法施工的基本要求。

冷粘法铺贴高聚物改性沥青防水卷材，是指用高聚物改性沥青胶粘剂或冷玛蹄脂粘贴于涂有冷底子油的屋面基层上。

高聚物改性沥青防水卷材的施工不同于沥青防水卷材多层做法，通常只是单层或多层设防。因此，每幅卷材铺贴必须位置准确，搭接宽度符合要求。其施工应符合以下要求：

① 根据防水工程的具体情况，确定卷材的铺贴顺序和铺贴方向，并在基层上弹出基准线，然后沿基准线铺贴卷材。

② 胶粘剂涂刷应均匀，不露底、不堆积。卷材空铺、点粘、条粘时，应按规定的位置及面积涂刷胶粘剂。根据胶粘剂的性能，应控制胶粘剂涂刷与卷材铺贴的间隔时间。

③ 复杂部位如管根、水落口、烟囱底部等易发生渗漏的部位，可在其中心 200mm 左右范围先均匀涂刷一遍改性沥青胶粘剂，厚度 1mm 左右；涂胶后随即粘贴一层聚酯纤维无纺布，并在无纺布上再涂刷一遍厚度为 1mm 左右的改性沥青胶粘剂，使其干燥后形成一层无接缝的整体防水涂膜增强层。

④ 铺贴卷材时应平整顺直，搭接尺寸准确，不得扭曲、皱褶。搭接部位的接缝应满涂胶粘剂，滚压粘贴牢固。

⑤ 铺贴卷材时，可按照卷材的配置方案，边涂刷胶粘剂边滚铺卷材，在铺贴卷材时应及时排除卷材下面的空气，并滚压粘结牢固。

⑥ 搭接缝部位，最好采用热风焊机或火焰加热器（热熔焊接卷材的专用工具）或汽油喷灯加热，以接缝卷材表面熔融至光亮黑色时，即可进行黏合，封闭严密。采用冷粘法时，搭接缝口应用材性相容的密封材料封严，宽度不应小于 10mm。

（2）高聚物改性沥青防水卷材冷粘法施工的操作要点。

高聚物改性沥青防水卷材冷粘法施工的流程如下：

清理基层→涂刷基层处理剂→节点附加增强处理→定位、弹基准线→涂刷基层胶粘剂→粘贴防水卷材→卷材接缝粘贴→卷材接缝密封→蓄水试验→保护层施工→检查验收。

① 清理基层。剔除基层上的隆起异物，清除基层上的杂物，清扫干净尘土。

② 涂刷基层处理剂。高聚物改性沥青防水卷材的基层处理剂可选用氯丁沥青胶乳、橡胶改性沥青溶液、沥青溶液等。将基层处理剂搅拌均匀，先行涂刷节点部位一遍，然后进行大面积涂刷，涂刷应均匀，不得过厚、过薄。一般涂刷 4h 左右，方可进行下道工序的施工。

③ 节点附加增强处理。在构造节点部位及周边扩大 200mm 范围内，均匀涂刷一层厚度不小于 1mm 的弹性沥青胶粘剂，随即粘贴一层聚酯纤维无纺布，并在布面上再涂一层厚 1mm 的胶粘剂，构造成无接缝的增强层。

④ 定位、弹线。同合成高分子防水卷材冷粘法施工。

⑤ 涂刷基层胶粘剂。基层胶粘剂的涂刷可用胶皮刮板进行，要求涂刷在基层上，厚薄均匀，不露底、不堆积，厚度约为 0.5mm。空铺法、条粘法、点粘法应按规定的位置和面积涂刷胶粘剂。

⑥ 粘贴防水卷材。胶粘剂涂刷后，根据其性能，控制其涂刷的间隔时间。一人在后均匀用力，推赶铺贴卷材，并注意排除卷材下面的空气；一人用手持压辊，滚压卷材面，使之与基层更好地粘结。卷材与立面的粘贴，应从下面均匀用力往上推赶，使之粘结牢固。当气

温较低时，可考虑用热熔法施工。整个卷材的铺贴应平整顺直，不得扭曲、皱褶等。

⑦ 卷材接缝粘结。卷材接缝处应满涂胶粘剂（与基层胶粘剂同一品种），在合适的间隔时间后，使接缝处卷材粘结并滚压，溢出的胶粘剂随即刮平封口。

卷材与卷材搭接缝也可用热熔法粘结。

⑧ 卷材接缝密封。接缝口应用密封材料封严，宽度不小于 10mm。

⑨ 蓄水试验。

⑩ 保护层施工。屋面经蓄水试验合格后，放水待面层干燥，按设计构造图立即进行保护层施工，以避免防水层受损。

如为上人屋面铺砌块材保护层，其块材下面的隔离层，可铺干砂 1～2mm。块材之间约 10mm 的缝隙用水泥砂浆灌实。铺设时拉通线，控制板面流水坡度、平整度，使缝隙整齐一致。每隔一定距离（面积不大于 100m²）及女儿墙周围设置伸缩缝。

如为不上人屋面，当使用配套银粉反光涂料时，涂刷前应将卷材表面清扫干净。

3. 热熔法施工

热熔法，采用火焰加热器熔化防水层卷材底层的热熔胶进行粘贴。热熔卷材是一种在工厂生产过程中底面就涂有一层软化点较高的改性沥青热熔胶的防水卷材。该施工方法常用于 SBS 改性沥青防水卷材、APP 改性沥青防水卷材等与基层的粘结施工。

（1）热熔法施工的基本要求。

热熔法铺贴卷材应符合下列规定：

① 火焰加热器的喷嘴距卷材面的距离应适中，幅宽内加热应均匀，以卷材表面熔融至光亮黑色为度，不得过分加热卷材。厚度小于 3mm 的高聚物改性沥青防水卷材，严禁采用热熔法施工。

② 卷材表面热熔后应立即滚铺卷材，滚铺时应排除卷材下面的空气，使之平展并粘贴牢固。

③ 搭接缝部位宜以溢出热熔的改性沥青为度，溢出的改性沥青宽度为 2mm 左右并均匀顺直为宜。当接缝处的卷材有铝箔或矿物粒（片）料时，应清除干净后再进行热熔和接缝处理。

④ 铺贴卷材时应平整顺直，搭接尺寸准确，不得扭曲。

⑤ 采用条粘法时，每幅卷材与基层粘结面不应少于两条，每条宽度不应小于 150mm。

（2）热熔法的操作工艺。

热熔法的操作工艺可分为滚铺法和展铺法两种。

① 滚铺法的施工方法。

a. 固定端部卷材。一名操作人员把成卷的卷材抬至开始铺贴的位置，将卷材展开 1m 左右，对好长、短向的搭接缝，把展开的端部卷材由一名操作人员拉起（人站在卷材的正侧面），另一名操作人员持喷枪站在卷材的背面一侧（即待加热底面），慢慢旋开喷枪开关（不能太大），当听到燃料气嘴喷出的嘶嘶声，即可点燃火焰（点火时，人应站在喷头的侧后面，不可正对喷头），再调节开关，使火焰呈蓝色时即可进行操作。操作时，应先将喷枪火焰对准卷材与基面交接处，同时加热卷材底面粘胶层和基层。此时提卷材端头的操作人员把卷材稍微前倾，并且慢慢地放下卷材，平铺在规定的基层位置上，再由另一操作人员用手持压辊排气，并使卷材熔粘在基层上。当熔贴卷材的端头只剩下 30cm 左右时，应把卷材末端翻放在隔热板上，而隔热板则放在已熔贴好的卷材上面。最后用喷枪火焰分别加热余下卷材和基层表面，待加热充分后，再提起卷材粘贴于基层上予以固定。

b. 卷材大面积铺贴。粘贴好端部卷材后，持枪人应站在卷材滚铺的前方，把喷枪对准卷材和基面的交接处，同时加热卷材和基面。条粘只需加热两侧时，加热宽度各为 150mm 左右。此时推滚卷材的工人应蹲在已铺好的端部卷材上面，待卷材充分加热后缓缓地推压卷材，并随时注意卷材的搭接缝宽度。与此同时，另一人紧跟其后，用棉纱团从中间向两边抹压卷材，赶出气泡，并用抹刀将溢出的热熔胶刮压抹平。距熔粘位置 1～2m 处，另一人用压滚压实卷材。

② 展铺法的施工方法。

展铺法是先把卷材平展铺于基层表面，再沿边缘掀起卷材，加热卷材底面和基层表面，然后将卷材粘贴于基层上的一种热熔法施工工艺。展铺法主要适用于条粘法铺贴卷材，其施工操作方法如下：

先把卷材展铺在待铺的基面上，对准搭接缝，按滚铺法相同的方法熔贴好始端卷材。若整幅卷材不够平整，可把另一端（末端）卷材卷在一根 ϕ30mm×1500mm 的木棒上，由 2～3 人拉直整幅卷材，使之无皱褶、波纹才能平整地与基层相贴为准。当卷材对准长边搭接缝的弹线位置后，由一名施工人员站在末端卷材上面做临时固定，以防卷材回缩。拉直卷材的作用是防止卷材皱褶及偏离搭接位置而造成相邻两幅卷材搭接不均匀；同时也可使卷材尽量平整以少留空气。

固定好末端后，从始端开始熔贴卷材。操作时，在距开始端约 1500mm 的地方，由手持喷枪的施工人员掀开卷材边缘约 200mm 高（其掀开高度应以喷枪头易于喷热侧边卷材的底面胶粘剂为准），再把喷枪头伸进侧边卷材底部，开大火焰，转动枪头，加热卷材边宽约 200mm 的底面胶和基面，边加热边沿长向后退。另一人拿棉纱团，从卷材中间向两边赶出气泡，并将卷材抹压平整。最后一人紧随其后及时用手持压滚压实两侧边卷材，并用抹刀将挤出的胶粘剂刮压平整。当两侧卷材热熔粘贴只剩下末端 1000mm 长时，与滚铺法一样，熔贴好末端卷材。这样，每幅卷材的长边、短边四周均能粘贴于屋面基层上。

③ 搭接缝的施工方法。

热熔卷材表面一般都有一层防粘隔离层，如把它留在搭接缝间，则不利于搭接粘贴。因此，在热熔粘结搭接缝之前，应先将下一层卷材表面的防粘隔离层用喷枪熔烧掉，以利于搭接缝粘结牢固。

操作时，由持喷枪的施工人员拿好烫板柄，把烫板沿搭接粉线向后移动，喷枪火焰随烫板一起移动，喷枪应紧靠烫板，并距卷材高 50～100mm。喷枪移动速度要控制合适，以刚好熔去隔离层为准。在移动过程中，烫板和喷枪要密切配合，切忌火焰烧伤或烫板烫伤搭接处的相邻卷材面。另外，在加热时还应注意喷嘴不能触及卷材，否则极易损伤或戳破卷材。

滚压时，待搭接缝口有热熔胶（胶粘剂）溢出，收边的施工人员趁热用棉纱团抹平卷材后，即可用抹灰刀把溢出的热熔胶刮平，沿边封严。

对于卷材短边搭接缝，还可用抹灰刀挑开，同时用汽油喷灯烘烤卷材搭接处，待加热至适当温度后，随即用抹灰刀将接缝处溢出的热熔胶刮平、封严，这同样会取得很好的效果。

（3）高聚物改性沥青防水卷材热熔法施工的操作要点。

高聚物改性沥青防水卷材热熔法施工的操作工艺流程如下：

清理基层→涂刷基层处理剂→节点附加增强处理→定位、弹基准线→热熔铺贴卷材→搭接缝粘结→蓄水试验→保护层施工→检查验收。

① 清理基层。剔除基层上的隆起异物，彻底清扫、清除基层表面的灰尘。

② 涂刷基层处理剂。基层处理剂采用溶剂型改性沥青防水涂料或橡胶改性沥青胶结料。将基层处理剂均匀涂刷在基层上，厚薄一致。

③ 节点附加增强处理。待基层处理剂干燥后，按设计节点构造图做好节点附加增强处理。

④ 定位、弹基准线。在基层上按规范要求排布卷材、弹出基准线。

⑤ 热熔粘贴。将卷材沥青膜底面朝下，对正粉线，用火焰喷枪对准卷材与基层的结合面，同时加热卷材与基层。喷枪头距加热面50～100mm。当烘烤到沥青熔化，卷材底有光泽并发黑，有一薄的熔层时，即用胶皮压辊滚压密实。如此边烘烤边推压，当端头只剩下300mm左右时，将卷材翻放于隔热板上加热，同时加热基层表面，粘贴卷材并压实。

⑥ 搭接缝粘结。搭接缝粘结之前，先熔烧下层卷材上表面搭接宽度内的防粘隔离层。处理时，操作者一手持烫板，一手持喷枪，使喷枪靠近烫板并距卷材50～100mm，边熔烧边沿搭接线后退。为防止火焰烧伤卷材其他部位，烫板与喷枪应同步移动。

处理完毕隔离层，即可进行接缝粘结，其操作方法与卷材和基层的粘结相同。

施工时应注意：在滚压时，以卷材边缘溢出少量的热熔胶为宜，溢出的热熔胶应用灰刀刮平，并沿边封严接缝口；烘烤时间不宜过长，以防止烧坏面层材料。

⑦ 整个防水层粘贴完毕后，所有搭接缝的边均应用密封材料予以严密的涂封。根据《屋面工程质量验收规范》（GB 50207—2012）的规定，采用热熔法、冷粘法、自粘法工艺铺设的高聚物改性沥青防水卷材屋面，其"接缝口应用密封材料封严，宽度不应小于10mm"。密封材料可用聚氯乙烯建筑防水接缝材料或建筑防水沥青嵌缝油膏，也可采用封口胶或冷玛琋脂。密封材料应在缝口抹平，使其形成明显的沥青条带。

⑧ 蓄水试验。防水层完工后，按卷材热玛琋脂粘结施工的相同要求做蓄水试验。

⑨ 保护层施工。蓄水试验合格后，按设计要求进行保护层施工。

4. 自粘法施工

自粘贴卷材施工法是指自粘型卷材的铺贴方法。施工的特点是不需涂刷胶粘剂。自粘型卷材在工厂生产过程中，在其底面涂上一层高性能的胶粘剂，胶粘剂表面覆有一层隔离纸。施工中剥去隔离纸，即可直接铺贴。

自粘贴改性沥青卷材的施工方法与自粘型高分子卷材的施工方法相似。但对于搭接缝的处理，为了保证接缝的粘结性能，搭接部位应该用热风枪加热，尤其在温度较低时施工，这一措施更为必要。

（1）自粘法施工的基本要求。

自粘法铺贴卷材应符合下列规定：

① 铺粘卷材前，基层表面应均匀涂刷基层处理剂，干燥后及时铺贴卷材。

② 铺贴卷材时应将自粘胶底面的隔离纸完全撕净。

③ 铺贴卷材时应排除卷材下面的空气，并滚压粘贴牢固。

④ 铺贴的卷材应平整顺直，搭接尺寸准确，不得扭曲、皱褶。低温施工时，立面、大坡面及搭接部位宜采用热风机加热，加热后随即粘贴牢固。

⑤ 搭接缝口应采用材性相容的密封材料封严。

（2）高聚物改性沥青防水卷材自粘法施工的操作要点。

① 卷材滚铺时，高聚物改性沥青防水卷材要稍拉紧一点，不能太松弛。应排除卷材下面的空气，并滚压粘结牢固。

② 搭接缝的粘贴应注意下列要求：

a. 自粘型卷材上表面有一层防粘层（聚乙烯薄膜或其他材料），在铺贴卷材前，应先将相邻卷材待搭接部位上表面的防粘层熔化掉，使搭接缝能粘贴牢固。操作时手持汽油喷灯沿搭接缝线熔烧待搭接卷材表面的防粘层。

b. 粘结搭接缝时，一人掀开搭接部位卷材，用偏头热风枪加热搭接卷材底面的胶粘剂并逐渐前移；另一人随其后，把加热后的搭接部位卷材用棉布由里向外进行排气，并抹压平整；最后紧随一人用手持压辊滚压搭接部位，使搭接缝密实。

c. 加热时应注意控制好加热温度，其控制标准为手持压滚压过搭接卷材后，使搭接边末端胶粘剂稍有外溢。

d. 搭接缝粘贴密实后，所有搭接缝均用密封材料封边，宽度应不小于 10mm。

e. 铺贴立面、大坡面卷材时，可采用加热方法使自粘卷材与基层粘结牢固，必要时还应加钉固定。

③ 应注意的质量问题。

a. 屋面不平整。找平层不平顺时会造成积水。施工时应找好线、放好坡，找平层施工中应拉线检查。做到坡度符合要求，平整无积水。

b. 空鼓。铺贴卷材时基层不干燥，或铺贴操作不认真，边角处易出现空鼓。铺贴卷材应掌握基层含水率，不符合要求时不能铺贴卷材；同时铺贴时应平、实，压边紧密，粘结牢固。

c. 渗漏。多发生在细部位置。铺贴附加层时，从卷材剪配到粘贴操作，应使附加层紧贴到位，封严、压实，不得有翘边等现象。

2.2.4　合成高分子防水卷材的施工

合成高分子卷材与沥青油毡相比，具有质量轻、延伸率大、低温柔性好、色彩丰富，以及施工简便（冷施工）等优点，因此近几年合成高分子卷材得到很大发展，并在施工中得到广泛应用。

合成高分子防水卷材的水落口、天沟、檐沟、檐口及立面卷材收头等施工均与沥青防水卷材的施工相同，立面或大坡面铺贴合成高分子防水卷材与聚合物改性沥青防水卷材的施工相同。

1. 作业条件

（1）施工前审核图纸，编制屋面防水施工方案，并进行技术交底。屋面防水工程必须由专业施工队持证上岗。

（2）铺贴防水层的基层必须施工完毕，并经养护、干燥，防水层施工前应将基层表面清除干净，同时进行基层验收，合格后方可进行防水层施工。

（3）基层坡度应符合设计要求，不得有空鼓、开裂、起砂、脱皮等缺陷，基层含水率应不大于9%。

（4）按设计要求准备好卷材及配套材料。存放和操作应远离火源，防止发生事故。

（5）合成高分子防水卷材，严禁在雨天、雪天施工；出现五级风及其以上和环境气温低于5℃时也不宜施工。若施工中途出现下雨、下雪的情况，应做好已铺卷材周边的防护工作。

注：焊接法施工环境气温不宜低于−10℃。

2. 冷粘法施工

合成高分子防水卷材，大多可用于屋面单层防水，卷材的厚度宜为1.2～2mm。

冷粘贴施工是合成高分子卷材的主要施工方法。各种合成高分子卷材的冷粘贴施工除由于配套胶粘剂引起的差异外，大致相同。

（1）冷粘法施工的基本要求。

冷粘法铺贴卷材应符合下列规定：

① 基层胶粘剂可涂刷在基层或涂刷在基层和卷材底面，涂刷应均匀，不露底、不堆积。卷材空铺、点粘、条粘时，应按规定的位置及面积涂刷胶粘剂。

② 根据胶粘剂的性能，控制胶粘剂涂刷与卷材铺贴的间隔时间。

③ 铺贴卷材不得皱褶，也不得用力拉伸卷材，并应排除卷材下面的空气，滚压粘贴牢固。

④ 铺贴的卷材应平整顺直，搭接尺寸准确，不得扭曲。

⑤ 卷材铺好压粘后，应将搭接部位的黏合面清理干净，并采用与卷材配套的接缝专用胶粘剂，在搭接缝黏合面上涂刷均匀，不露底、不堆积。根据专用胶粘剂的性能，应控制胶粘剂涂刷与黏合间隔时间，并排除缝间的空气，滚压粘贴牢固。

⑥ 搭接缝口应采用材性相容的密封材料封严。

⑦ 卷材搭接部位采用胶粘带粘结时，黏合面应清理干净，必要时可涂刷与卷材及胶粘带材性相容的基层胶粘剂，撕去胶粘带隔离纸后应及时黏合上层卷材，并滚压粘牢。低温施工时，宜采用热风机加热，使其粘贴牢固、封闭严密。

（2）冷粘法的操作工艺。

在平面上铺贴卷材时，可采用抬铺法或滚铺法进行。

不同胶粘剂的性能和施工环境各不相同，有的可以在涂刷后立即粘贴卷材，有的则必须待溶剂挥发一部分后才能粘贴卷材，尤以后者居多，这就要求控制好胶粘剂涂刷与卷材铺贴的间隔时间。一般要求基屋及卷材上涂刷的胶粘剂达到表干程度，其间隔时间与胶粘剂性能及气温、湿度、风力等因素均有关，通常为10～30min，施工时可凭经验确定，用指触不粘手时即可开始粘贴卷材。间隔时间的控制是冷粘贴施工的难点，这对粘结力和粘结的可靠性影响甚大。

① 抬铺法。

在涂布好胶粘剂的卷材两端各安排1人，拉直卷材，中间根据卷材的长度安排1～4人，同时将卷材沿长向对折，使涂布胶粘剂的一面向外，抬起卷材，将一边对准搭接缝处的粉线，再翻开上半部卷材铺在基层上，同时拉开卷材使之平整。操作过程中，对折、抬起卷材、对粉线、翻平卷材等工序，均应同时进行。

② 滚铺法。

将涂布完胶粘剂、干燥度达到要求的卷材用 $\phi 50 \sim 100mm$ 的塑料管或用原来装运卷材的芯筒重新成卷，使涂布胶粘剂的一面朝外，成卷时两端要平整，以保证铺贴时能对齐粉线，并要注意防止砂子、灰尘等杂物粘在卷材表面。成卷后用 1 根 $\phi 30mm \times 1500mm$ 的钢管穿入中心的塑料管或芯筒内，由两人分别持钢管两端，抬起卷材的端头，对准粉线，固定在已铺好的卷材顶端搭接部位或基层面上。抬卷材的两人同时匀速向前，展开卷材，并随时注意将卷材边缘对准粉线，同时应使卷材铺贴平整，直到铺完一幅卷材。铺贴合成高分子卷材要尽量保持其松弛状态，但不能有皱褶。

每铺完一幅卷材，应立即用干净而松软的长柄压辊从卷材一端顺卷材横向顺序滚压一遍，彻底排除卷材粘结层间的空气。

排除空气后，平面部位卷材可用外包橡胶的大压辊滚压（一般重 $30 \sim 40kg$），使其粘贴牢固。滚压应从中间向两侧边移动，做到排气彻底。

平面立面交接处，应先粘贴好平面，经过转角，由下往上粘贴卷材。粘贴时切勿拉紧，要轻轻沿转角压紧压实，再往上粘贴。同时排出空气，最后用手持压辊滚压密实，滚压时要从上往下进行。

（3）合成高分子防水卷材冷粘法施工的操作要点。

合成高分子防水卷材冷粘法施工的操作工艺流程如下：

清理基层→涂刷基层处理剂→节点附加增强处理→定位、弹基准线→涂刷基层胶粘剂→粘贴防水卷材→卷材接缝粘贴→卷材接缝密封→蓄水试验→保护层施工→检查验收。

① 三元乙丙橡胶防水卷材的冷粘法施工。

a. 清理基层。

b. 涂刷基层处理剂。将聚氨酯底胶按甲料：乙料 $=1:3$ 的比例（质量比）配合，搅拌均匀，用长柄刷涂刷在基层上。涂布量一般以 $0.15 \sim 0.2kg/m^2$ 为宜。底胶涂刷 4h 以后才能进行下道工序的施工。

c. 节点附加增强处理。阴阳角、排水口、管子根部周围等构造节点部位，加刷一遍聚氨酯防水涂料（按甲料：乙料 $=1:1.5$ 的比例配合，搅拌均匀，涂刷宽度距节点中心不少于 200mm，厚约 2mm，固化时间不少于 24h）做加强层，然后铺贴一层卷材。天沟宜粘贴两层卷材。

d. 定位、弹基准线。按卷材排布配置，弹出定位和基准线。

e. 涂刷基层胶粘剂。基层胶粘剂使用 CX-404 胶。需将胶分别涂刷在基层及防水卷材的表面。基层按事先弹好的位置线用长柄辊刷涂刷，同时，将卷材平置于施工面旁边的基层上，用湿布除去卷材表面的浮灰，划出长边及短边各不涂胶的接合部位（满粘法不小于80mm，其他不小于100mm），然后在其表面均匀涂刷 CX-404 胶。涂刷时，按一个方向进行，厚薄均匀，不露底、不堆积。

f. 粘贴防水卷材。基层及防水卷材分别涂胶后，晾干约 20min，手触不粘即可进行粘结。操作人员将刷好胶粘剂的卷材抬起，使刷胶面朝下，将始端粘贴在定位线部位，然后沿基准线向前粘贴。粘贴时，卷材不得拉伸。随即用胶辊用力向前、向两侧滚压排除空气，使两者粘结牢固。

　　g. 卷材接缝粘贴。卷材接缝宽度范围内（80mm 或 100mm），将丁基橡胶胶粘剂（按 A：B＝1：1 的比例配制，搅拌均匀）用油漆刷均匀涂刷在卷材接缝部位的两个粘结面上，涂胶后 20min 左右，指触不粘后，随即进行粘贴。粘结从一端顺卷材长边方向至短边方向进行，用手持压辊滚压，使卷材粘牢。

　　h. 卷材接缝密封。卷材末端的接缝及收头处，可用聚氨酯密封胶或氯磺化聚乙烯密封膏嵌封严密，以防止接缝、收头处剥落。

　　i. 蓄水试验。

　　g. 保护层施工。

　　② 氯化聚乙烯防水卷材的冷粘法施工。

　　a. 基层处理。

　　b. 涂布 404 氯丁胶粘剂：在铺贴卷材前将 404 氯丁胶粘剂打开并搅拌均匀，将基层清理干净后即可涂刷施工。

　　在基层表面涂布 404 氯丁胶粘剂：在基层处理干燥后将杂物清除干净，用长柄辊刷蘸满 404 氯丁胶粘剂迅速而均匀地进行涂布施工，涂布时不能在同一处反复多次涂刷，以免"咬起"胶块。

　　在卷材表面涂刷 404 氯丁胶粘剂：将卷材展开摊铺在平整干净的基层上，用长柄辊刷蘸满 404 氯丁胶粘剂均匀涂布在卷材表面上，涂胶时，厚度一致，不允许有露底和凝聚胶块存在。一般待手感基本干燥后才能进行铺贴卷材的施工。

　　c. 铺贴卷材：应将卷材按长方向配置，尽量减少接头，从流水坡度的上坡开始弹出基准线，由两边向屋脊，按顺序铺贴，顺水接槎，最后用一条卷材封脊。铺贴卷材时不允许打折。

　　排除空气：每铺完一张卷材后，应立即用干净而松软的长柄辊刷从卷材的一端开始朝卷材横向顺序用力滚压一遍，以便彻底排除卷材与基层间的空气。然后用手压滚按顺序认真滚一遍。

　　末端收头处理：为防止卷材末端剥落或浸水，末端收头必须用密封材料封闭。当密封材料固化后，即可用掺有胶乳的水泥砂浆压缝封闭。

　　③ 聚氯乙烯（PVC）防水卷材的冷粘法施工。

　　a. 施工时气温宜在 5～35℃（特殊情况例外）。施工人员由 3～5 人组成一组进行施工，做好基层处理工作。

　　b. PVC 卷材的材料铺贴程序基本上同沥青卷材。用 PVC 卷材做防水层一般采用一毡一油，在水落口的集水口、天沟等特殊部位加铺一层卷材，或配套用氯丁橡胶防水涂料施工。

　　c. 卷材在铺贴前应先开卷并清除隔离物。

　　d. 卷材铺贴方向，应根据屋面坡度确定。铺贴时，应由檐口铺向屋脊。当屋面坡度大于 15％时，卷材应垂直于屋脊铺贴（立铺）；当屋面坡度在 15％以内时，应尽可能采用平行于屋脊方向铺贴卷材。压边宽度为 40～60mm，接头宽度为 80～100mm，立铺时卷材应越过屋脊 200～300mm，屋脊上不得留接缝。

　　e. 胶粘剂的涂刷：在已干燥的板面上，均匀涂刷一层 0.8～1mm 厚胶粘剂，待内含溶剂挥发一部分，表面基本干燥后（约 20min，涂层越厚或气温越低，干燥时间越长），再铺贴卷材。

f. 手工铺贴卷材时，需用两手紧压卷材，向前滚进。推卷时，可前后滚动，将冷粘剂压匀，压卷用力应均匀一致，铺平铺直。

g. 在铺贴卷材的同时，用圆辊筒滚平压紧卷材，并注意排除气沟，消除皱褶。

h. 防水层施工质量的检查及修补：PVC 卷材铺贴完毕后，要对施工质量进行检查，其检查方法与其他防水材料相同。由于采用单层防水，它的漏点是较易发现的，修补方法也极简便，即在漏水点周围涂刷一点冷粘剂，剪一小块卷材铺贴即可，或用氯丁橡胶防水材料修补更为理想。

i. 防水层的保护：PVC 防水卷材保护设施的施工（包括刚性防水层或架空隔热层）宜在卷材铺贴 24h 后进行。如用砂浆做保护层，可在卷材上涂刷一层胶粘剂，均匀撒一层 3～5mm 粗砂，轻度拍实即可。

3. 自粘法施工

自粘法施工是指自粘型卷材的铺贴方法。它是合成高分子卷材的主要施工方法。

自粘型合成高分子防水卷材是在工厂生产过程中，在卷材底面涂敷一层自粘胶，自粘胶表面覆一层隔离纸，铺贴时只要撕下隔离纸，即可直接粘贴于涂刷了基层处理剂的基层上。自粘型合成高分子防水卷材及聚合物改性沥青防水卷材解决了因涂刷胶结剂不均匀而影响卷材铺贴质量的问题，并使卷材铺贴施工工艺简化，提高了施工效率。

（1）自粘法施工的基本要求。

合成高分子防水卷材自粘法施工的基本要求与高聚物改性沥青防水卷材自粘法施工的基本要求相同。

（2）自粘法的操作工艺。

自粘型卷材的粘结胶通常有高聚物改性沥青粘结胶、合成高分子粘结胶两种。施工一般采用满粘法铺贴，铺贴时为增加粘结强度，基层表面应涂刷基层处理剂；干燥后应及时铺贴卷材。卷材铺贴可采用滚铺法或抬铺法进行。

① 滚铺法。

当铺贴面积大、隔离纸容易掀剥时，则可采用滚铺法，即掀剥隔离纸与铺贴卷材同时进行。施工时不需打开整卷卷材，用一根钢管插入成筒卷材中心的芯筒，然后由两人各持钢管一端抬至待铺位置的起始端，并将卷材向前展出约 500mm，由另一人掀剥此部分卷材的隔离纸，并将其卷到已用过的芯筒上。将已剥去隔离纸的卷材对准已弹好的粉线轻轻摆铺，再加以压实。起始端铺贴完成后，一人缓缓掀剥隔离纸卷入上述芯筒上，并向前移动，抬着卷材的两人同时沿基准粉线向前滚铺卷材。注意抬卷材两人的移动速度要协调。滚铺时，对自粘贴卷材要稍紧一些，不能太松弛。

铺完一幅卷材后，用长柄辊刷，由起始端开始，彻底排除卷材下面的空气。然后再用大压辊或手持压辊将卷材压实，粘贴牢固。

② 抬铺法。

抬铺法是先将待铺卷材剪好，反铺于基层上，并剥去卷材的全部隔离纸后再铺贴卷材的方法。此法适用于较复杂的铺贴部位或隔离纸不易剥离的场合。施工时按下列方法进行：首先根据基层形状裁剪卷材。裁剪时，将卷材铺展在待铺部位，按实测基层尺寸（考虑搭接宽度）裁剪卷材。然后将剪好的卷材认真仔细地剥除隔离纸，用力要适度，已剥开的隔离纸与卷材宜成锐角，这样不易拉断隔离纸。如出现小片隔离纸粘连在卷材上时可用小刀仔细挑出，注意不能刺破卷材。实在无法剥离时，应用密封材料加以涂盖。全部隔离纸剥离完毕后，将卷材有胶面朝外，沿长向对折卷材。然后抬起并翻转卷材，使搭接边对准粉线，从短边搭接缝开始沿长向铺放好搭接缝侧的半幅卷材，再铺放另半幅。在铺放过程中，各操作人员要默契配合，铺贴的松紧度与滚铺法相同。铺放完毕后再进行排气、滚压。

③ 立面和大坡面的铺贴。

由于自粘型卷材与基层的粘结力相对较低，卷材在立面和大坡面上容易产生下滑现象，因此在立面或大坡面上粘贴施工时，宜用手持式汽油喷枪将卷材底面的胶粘剂适当加热后再进行粘贴、排气和滚压。

④ 搭接缝的粘贴。

自粘型卷材上表面常带有防粘层（聚乙烯膜或其他材料），在铺贴卷材前，应将相邻卷材待搭接部位上表面的防粘层先熔化掉，使搭接缝能粘结牢固。操作时，用手持汽油喷枪沿搭接缝粉线进行。

粘结搭接缝时，应掀开搭接部位卷材，宜用扁头热风枪加热卷材底面胶粘剂，加热后随即粘贴、排气、滚压，溢出的自粘胶随即刮平封口。

搭接缝粘贴密实后，所有接缝口均用密封材料封严，宽度不应小于 10mm。

（3）合成高分子防水卷材自粘法施工的操作要点。

合成高分子防水卷材自粘法施工的流程如下：

清理基层→涂刷基层处理剂→节点附加增强处理→定位、弹基准线→铺贴大面自粘型防水卷材→卷材封边→嵌缝→蓄水试验→检查验收。

① 清理基层。同其他施工方法。

② 涂刷基层处理剂。基层处理剂可用稀释的乳化沥青或其他沥青基防水涂料。涂刷要薄而均匀，不漏刷、不凝滞。干燥 6h 后，即可铺贴防水卷材。

③ 节点附加增强处理。按设计要求，在构造节点部位铺贴附加层或在做附加层之前，再涂刷一遍增强胶粘剂，再在此上做附加层。

④ 定位、弹基准线。按卷材排铺布置，弹出定位线、基准线。

⑤ 铺贴大面自粘型防水卷材。以自粘型彩色三元乙丙橡胶防水卷材为例，三人一组，一人撕纸，一人滚铺卷材，一人随后将卷材压实。铺贴卷材时，应按基准线的位置，缓缓剥开卷材背面的防粘隔离纸，将卷材直接粘贴于基层上，随撕隔离纸，随将卷材向前滚铺。铺贴卷材时，卷材应保持自然松弛状态，不得拉得过紧或过松，不得出现皱褶。每当铺好一段卷材，应立即用胶皮压辊压实粘牢。

⑥ 卷材封边。自粘型彩色三元乙丙橡胶防水卷材的长、短向一边宽 50～70mm 处不带自粘胶，故搭接缝处需刷胶封边，以确保卷材搭接缝处能粘结牢固。施工时，将卷材搭接部位翻开，用油漆刷将 CX-404 胶均匀地涂刷在卷材接缝的两个粘结面上，涂胶 20min 后，指触不粘时，随即进行粘贴。粘结后用手持压辊仔细滚压密实，使之粘结牢固。

⑦ 嵌缝。大面卷材铺贴完毕后，所有卷材接缝处应用丙烯酸密封胶仔细嵌缝。嵌缝时，胶封不得宽窄不一，做到严实毋疵。

⑧ 蓄水试验。

4. 焊接法施工

热风焊接施工是指采用热空气加热热塑性卷材的黏合面进行卷材与卷材接缝粘结的施工

方法，卷材与基层间可采用空铺、机械固定、胶粘剂粘结等方法。

热风焊接法一般适用于热塑性合成高分子防水卷材的接缝施工。由于合成高分子卷材的粘结性差，采用胶粘剂粘结可靠性差，所以在与基层粘结时，采用胶粘剂，而接缝处采用热风焊接，确保防水层搭接缝的可靠。目前国内用焊接法施工的合成高分子卷材有 PVC（聚氯乙烯）防水卷材、PE（聚乙烯）防水卷材、TPO 防水卷材。热风焊接合成高分子卷材施工除搭接缝外，其他要求与合成高分子卷材冷粘法完全一致。其搭接缝所采用的焊接方法有两种：一种为热熔焊接（热风焊接），即采用热风焊枪，电加热产生热气体由焊嘴喷出，将卷材表面熔化达到焊接熔合；另一种是溶剂焊（冷焊），即采用溶剂（如四氢呋喃）进行接合。接缝方式也有搭接和对接两种。目前我国大部分采用热风焊接搭接法。

施工时，将卷材展开铺放在需铺贴的位置，按弹线位置调整对齐，搭接宽度应准确，铺放平整顺直，不得皱褶，然后将卷材向后一半对折，这时使用辊刷在屋面基层和卷材底面均匀涂刷胶粘剂（搭接缝焊接部位切勿涂胶），不应漏涂露底，亦不应堆积过厚。根据环境温度、湿度和压力，待胶粘剂溶剂挥发手触不粘时，即可将卷材铺放在屋面基层上，并使用压滚压实，排出卷材底部空气。另一半卷材，重复上述工艺进行铺粘。

需进行机械固定的，则在搭接缝下幅卷材距边 30mm 处，按设计要求的间距用螺钉（带垫帽）钉于基层上，然后用上幅卷材覆盖焊接。

（1）焊接法和机械固定法铺设卷材应符合下列规定：

① 对热塑性卷材的搭接缝宜采用单缝焊或双缝焊，焊接应严密。

② 焊接前，卷材应铺放平整、顺直，搭接尺寸准确，焊接缝的结合面应清扫干净。

③ 应先焊长边搭接缝，后焊短边搭接缝。

④ 卷材采用机械固定时，固定件应与结构层固定牢固，固定件间距应根据当地的使用环境与条件确定，并不宜大于 600mm。距周边 800mm 范围内的卷材应满粘。

（2）高密度聚乙烯（HDPE）卷材的焊接施工操作工艺流程如下：

清理基层→节点附加增强处理→定位、弹线→铺贴卷材、施工覆盖层→接缝焊接→收头处理、密封→蓄水试验→检查验收。

① 清理基层。一切易戳破卷材的尖锐物，应清除干净。

② 节点附加增强处理。对节点部位，预先剪裁卷材，首先焊接一层卷材。

③ 定位、弹线。高密度聚乙烯（HDPE）卷材宽度大（达 6.86m、10.50m）、长度长（55～381m），因而接缝较少，要求事先定出接缝的位置，并弹出基准线。

④ 铺贴卷材、施工覆盖层。首先根据屋面尺寸，计算并剪裁好卷材，然后边铺卷材边在铺好的卷材上覆盖砂浆，但要留出焊接缝的位置。覆盖层用 1:2.5 的水泥砂浆铺就，半硬性施工，一次压光，厚约 20mm，然后用 250mm 见方的分块器压槽，在槽内填干砂，并对覆盖层进行覆盖养护。

⑤ 接缝焊接。整个屋面卷材铺设完毕后，将卷材焊缝处擦洗干净，用热风机将上、下两层卷材热粘，用砂轮打毛，然后用温控热焊机进行焊接。注意在焊接过程中，不能沾污焊条。

⑥ 收头处理、密封。用水泥钉或膨胀螺栓固定铝合金压条压牢卷材收头，并用厚度不小于 5mm 的油膏层将其封严，然后用砂浆覆盖。如坡度较大，则应加设钢丝网后方可覆盖砂浆。

⑦ 蓄水试验。同其他施工方法。

2.2.5 复合防水层的施工

复合防水技术是指采用复合防水层组成一道防水设防的一类防水技术系统。

1. 复合防水的概念和表现形式

复合防水是指由彼此相容的两种或两种以上的防水材料组合成防水层的一类防水结构层次。相容性是指相邻的两种材料之间互不产生排斥的物理和化学作用的性能。在屋面防水层设计时，对于重要的建筑物可采用多道设防，而对于一般工业和民用建筑，则可采用一道设防，但亦同时允许两种材料复合使用。

多道设防有两层含义：一是指各种不同的防水材料都能独自构成防水层；二是指不同形态、不同材质的几种防水材料的复合使用，如采用防水卷材和防水涂料复合构成复合防水层。为了提高防水的整体性能，在不同部位采用复合防水做法，如在节点部位和表面复杂、不平整的基层上采用涂膜防水、密封材料嵌缝，而在平整的大面积上则采用铺贴卷材来防水，因此在多道设防中，实际上也包含了复合防水的做法。

复合防水的表现形式主要有以下几种：①不同类型的防水卷材或防水涂料的叠层复合；②不同类型的防水材料组合成一个复合防水层，例如，底层采用防水涂料，面层采用防水卷材，从而形成一种整体防水层；③刚性防水材料和柔性防水材料复合；④大面积使用防水卷材，特殊部位采用密封材料或防水涂料的复合；⑤防水材料与保温材料的复合。

复合防水可达到不同防水材料的优势互补，以提高防水的功能。从实际情况来看，复合防水效果是最好的，经济上又是较为合理的，且防水又有保证，只要设计合理，完全可以达到不同防水等级的要求。如果在节点部位采用复合防水，其优越性尤为明显。

在进行复合防水方案设计时，首先应注意的是所选材料的相容性、不同材料化学结构和极性的相似、溶解度参数的相近，这是避免不同材料组合在一起产生脱离现象的关键。

2. 复合防水层的几种做法

（1）卷材与卷材叠层复合防水做法。

① SBS 改性沥青防水卷材叠层做法（每层厚度不小于 3mm）。在水泥砂浆找平层上涂刷冷底子油或专用沥青底涂料，当底涂料干燥后用冷粘法或热溶法施工第一层 SBS 改性沥青防水卷材，第一层卷材全部施工完毕后再用粘贴法或热熔法在第一层卷材上施工第二层卷材。

② APP 改性沥青防水卷材叠层做法（每层厚度不小于 3mm）。APP 防水卷材叠层做法与 SBS 防水卷材叠层做法相当。

③ 自粘改性沥青防水卷材叠层做法。在水泥砂浆找平层上涂刷冷底子油或专用沥青底涂料，当底涂料干燥后施工第一层自粘卷材，接着在第一层上直接粘贴第二层自粘卷材，最后按设计要求施工保护层。

④ 聚氯乙烯（PVC）防水卷材叠层做法（每层厚度不小于 1.2mm）。PVC 防水卷材目前常用的施工做法是采用热风机焊接法。卷材大部分面积与基层的施工以空铺加金属压条固定为主，也有采用专用胶粘剂粘结施工的。如采用叠层做法，第一层 PVC 卷材边与边搭接、接头与接头搭接采用热风焊接法施工，加胶粘剂与基层粘结施工，第一层卷材施工完毕后就可以立即施工第二层卷材。第二层 PVC 卷材施工方法与第一层相当。

⑤ 三元乙丙（EPDM）防水卷材叠层做法（每层厚度不小于 1.2mm）。EPDM 防水卷材主要采用胶粘剂粘结施工，接头和异型部位用密封材料密封并固定，最终封边和封头采用金属压条固定架密封材料封闭，第一层卷材施工完毕后暂不用金属压条固定，待第二层卷材全部铺完后最终用金属压条固定封头和全部周边部位。

⑥ 聚乙烯丙纶复合防水卷材叠层做法。聚乙烯丙纶防水卷材是采用水泥基材料加添加剂制成的粘结剂作为无机粘结材料。为了达到国家防水规范的防水等级要求，有较多工程采用了（复合防水）叠层做法，具体做法是卷材与基层、卷材与卷材之间的粘结均采用水泥基无机材料，第二层卷材施工完毕后在上面施工 20～30mm 厚防水砂浆保护层，水泥砂浆上应留设分格缝。

（2）卷材与涂料复合防水层的做法。

卷材与涂料复合防水层的做法是先施工涂料防水层，即先将防水涂料反复涂刷几层达到防水涂膜设计的厚度要求，待涂膜干燥之后，再施工卷材防水层。

目前有采用无溶剂聚氨酯涂料或单组分聚氨酯涂料上面复合合成高分子防水卷材的做法。聚氨酯涂料既是涂膜层，又是可靠的粘结层。另一种是热熔 SBS 改性沥青涂料，它的粘结力强，涂刮后上部可黏合成高分子卷材，也可以粘贴改性沥青卷材，如 SBS 改性沥青热熔卷材，热熔改性沥青涂料的固体含量接近 100%，又不含水分或挥发溶剂，对卷材不侵蚀，固化或冷却后与卷材牢固地粘结，卷材的接缝还可以采用原来的连接方法，即冷粘、焊接、热熔等，也可以采用涂膜材料进行粘结。施工时，热熔涂料应一次性涂厚，按照每幅卷材宽度涂足厚度并立即展开卷材。进行滚铺/铺贴卷材的，应从一端开始粘牢，滚动平铺，及时将卷材下的空气挤出，但注意在涂膜固化前不能来回行走踩踏，如需行走得用垫板。以免表面不平整。待整个大面铺贴完毕，涂料固化时，再行粘结搭接缝。聚氨酯一般应在第二天进行，热熔改性沥青当温度下降后即可进行。

（3）刚性防水材料与柔性防水材料复合防水层的做法。

刚性防水材料一般是指无机防水堵漏材料和水泥基渗透结晶型防水材料。复合防水做法一般是先施工刚性防水材料，待刚性防水材料干燥后在其上面施工柔性防水材料（涂料、卷材或其他柔性防水材料），如设计上有保护层，还要在柔性防水材料上施工细石混凝土、水泥砂浆等保护层。

（4）防水材料与保温材料复合防水层的做法。

防水与保温的复合防水做法有两种：一种是先做保温材料，然后在保温材料上做 20～30mm 砂浆找平层，最后在找平层上做防水层；另一种叫作"倒置式"做法，就是先在基层上做防水层，防水层干燥后在其上做保温层，最后做保护层。现在国家提倡建筑节能，使用较多的是防水保温一体化材料，主要是在基层上喷涂聚氨酯硬泡体防水保温一体化材料，然后在聚氨酯泡沫层上施工 5～10mm 聚合物水泥防水砂浆。另外还有使用挤塑板（XPS）、模塑板（EPS）及胶粉聚苯颗粒保温砂浆作保温材料的。

3. 复合防水层的施工

由防水涂料和防水卷材复合而形成的复合防水层是复合防水中一种主要的施工工艺。防水涂料可形成无接缝的涂膜防水层，但其是在施工现场进行施工的，均匀性不好、强度不大；而防水卷材是由工厂生产的，不但均匀性好、强度高，而且厚度完全可以得到保证，但其接缝施工烦琐、工艺复杂，不能十全十美。如两者上下组合使用，形成复合防水层，则可弥补涂料和卷材各自的不足，从而使防水层的设防更可靠，尤其是在复杂的部位，卷材剪裁接缝多，转角处若能得到防水涂料的配合，则可大大提高防水质量。

复合防水层在施工时，除卷材防水层、涂膜防水层应符合有关规定外，还应注意以下要求：

（1）基层的质量应满足底层防水层的要求。

（2）不同胎体和不同性能的防水卷材在复合使用时，或夹铺不同胎体增强材料的涂膜复合使用时，其高性能的防水卷材或防水涂料应作为面层。

（3）不同防水材料复合使用时，耐老化、耐穿刺的防水材料应设置在最上面。

（4）防水卷材和防水涂膜复合使用时，选用的防水卷材和防水涂料应相容。

（5）挥发固化型防水涂料不得作为防水卷材粘结材料使用；水乳型或合成高分子类防水涂料不得与热熔性防水卷材复合使用；水乳型或水泥基类防水涂料应待涂膜实干后，方可铺贴卷材。

（6）防水涂料作为防水卷材粘结材料使用时，应按复合防水层进行整体验收，否则，应分别按涂膜防水层和卷材防水层验收。

2.2.6 保护层的施工

卷材防水层的保护层有浅色反射涂料保护层、绿石砂保护层、水泥砂浆保护层、预制板块保护层和细石混凝土保护层等。

1. 浅色反射涂料保护层的施工

浅色反射涂料常用的有铝基沥青悬浊液、丙烯酸浅色涂料或在涂料中掺入铝粉的反射涂料，反射涂料可在施工现场就地配制。

浅色反射涂料的施工应在防水层养护完毕后进行（一般涂膜防水层应养护一周以上）。在施工前，应清除防水层表面的浮灰，可用柔软、干净的棉布来擦干净。材料用量应按材料说明书的规定使用，涂刷工具、操作方法和要求与防水涂料施工相同。涂刷保护层涂料应均匀，避免漏涂。二遍涂刷时，第二遍的涂刷方向应与第一遍垂直。浅色反射涂料具有良好的阳光反射性，施工人员在阳光下操作时，应配戴墨境，以免强烈的反射光线刺伤眼睛。

2. 绿豆砂保护层的施工

绿豆砂保护层主要用于沥青卷材防水屋面，在非上人的沥青卷材防水屋面中应用广泛。防水层采用绿豆砂保护层的施工要点如下：

① 采用绿豆砂做保护层，应在卷材表面涂刷最后一道沥青玛琋脂时，趁热撒铺一层粒径为 3～5mm 的绿豆砂（或人工砂），铺撒应均匀，全部嵌入沥青玛琋脂中。

② 绿豆砂应经筛选，颗粒均匀，并用水冲洗干净，使用时应在铁板上预先加热干燥（温度为 130～150℃），以便与沥青玛琋脂牢固地结合在一起。

③ 撒铺绿豆砂时，一人涂刷玛琋脂，一人趁热撒铺绿豆砂，第三个人用扫帚扫平或用刮板刮平。撒铺时要均匀，扫时要铺平，不能有重叠堆积现象。扫过后应立即用软辊轻轻滚压一遍，从而使绿豆砂一半嵌入玛琋脂内。滚压时不宜用力过猛，以免刺破油毡。撒铺绿豆砂应沿屋脊方向，顺卷材的接缝全面向前推进。

④ 由于绿豆砂颗粒较小，在大雨时易被水冲刷掉，同时还易堵塞水落口，因此，在雨

量较大的地区宜采用粒径为 6～10mm 的小豆石，效果较好。

3. 水泥砂浆保护层的施工

水泥砂浆保护层与卷材防水层之间也应设置隔离层，制作保护层所采用水泥砂浆的配合比一般为体积比为水泥：砂＝1：(2.5～3)。

在保护层施工前，应根据结构的具体情况，每隔 4～6m 采用木模设置纵横分格缝。在铺设水泥砂浆时，应边铺设水泥砂浆边将水泥砂浆拍实，并用刮尺找平。随即用直径为 8～10mm 的钢筋或麻绳压出表面分格缝，间距为 1～1.5m，在终凝前用铁抹子压光保护层表面。保护层的表面应平整，不能出现抹子压的痕迹和凹凸不平的现象，其排水坡度也应符合设计的要求。

4. 预制板块保护层的施工

预制板块保护层的结合层可采用砂或者水泥砂浆。预制板块在铺砌之前应根据其排水坡度挂线，以满足排水要求，并保证铺砌的块体横平竖直。在砂结合层上铺砌预制板块时，砂结合层应洒水压实，并用刮尺刮平，以满足块体铺设的平整度要求。预制板块应对接铺砌，预制板块之间的缝隙宽度一般为 10mm 左右。块体铺砌完成后，应适当洒水并轻轻拍平压实，以免预制板块产生翘角现象。板缝应先用砂填充至一半的高度，然后再用 1：2 水泥砂浆勾成凹缝。为防止砂子的流失，在保护层四周 500mm 范围内，应改用低强度等级的水泥砂浆来做结合层。

5. 细石混凝土保护层的施工

细石混凝土保护层的施工要点如下：

(1) 在采用细石混凝土整浇保护层施工之前，也应先在防水层上面铺设一层隔离层。

(2) 按照设计的要求支设好分格缝的木模；若设计无要求时，每格面积不大于 36m²。

(3) 分格缝的宽度为 20mm。

(4) 一个分格内的细石混凝土应尽可能连续浇筑，不留施工缝。

(5) 细石混凝土的振捣宜采用铁辊滚压或者人工拍实，不宜采用机械振捣，以免破坏防水层，振实之后随即用刮尺按照排水的坡度刮平，并在初凝之前用木抹子提浆抹平，初凝之后应及时取出分格缝木模，终凝前用铁抹子压光，抹平压光时不宜在表面掺加水泥砂浆或干灰，以免导致表面砂浆出现裂缝或剥落现象。

(6) 若采用配筋细石混凝土做保护层时，其钢筋网片的位置应设置在保护层中间偏上部位，在铺设钢筋网片时可采用砂浆垫块支垫。

(7) 细石混凝土保护层在浇筑完工后，应及时进行养护，养护时间不应少于 7d，养护结束后，应将分格缝清理干净，再嵌填密封材料。

2.3　路桥卷材防水层的施工

1. 施工的准备

(1) 材料的准备。

路桥专用防水卷材应符合相关的标准，能满足设计要求，经过检测，并由监理单位对检测报告认定后方可使用。其外观质量应符合表 2-7 的要求。储运卷材时应注意立式码放，高度不应超过两层，避免雨淋、日晒、受潮，并注意通风。

表 2-7　防水卷材的外观质量

序　号	项　目	判断标准
1	断裂、皱褶、孔洞、剥离	不允许
2	边缘不整齐、砂砾不均匀	无明显
3	胎体未浸透、露胎	不允许
4	涂盖不均匀	不允许

密封材料及铺贴卷材用的基层处理剂（冷底子油）等配套材料应有出厂说明书、产品合格证和质量说明书，并应在有效使用期内使用；所选用的材料必须对基层混凝土有亲和力，且与防水卷材性能相容。一般来讲，基层处理剂（冷底子油）应由供应防水卷材的厂家配套供应，汽油等辅助材料则可由防水施工单位自备。

（2）施工机具的准备。

路桥防水施工常用的机具如下：

① 常用设备：高压吹风机、刻纹机、磨盘机等。

② 常用工具：热熔专用喷枪喷灯、拌料桶、电动搅拌器、压辊、皮尺、弹线绳、辊刷、鬃刷、胶皮刮板、切刀、剪刀、小钢尺、小平铲以及消防器材等。

（3）技术准备。

防水施工方案已经审批完毕，施工单位必须具备防水专业资质，操作工人应持证上岗。

审核施工图纸，编制防水施工方案。经审批后，向相关人员进行书面的施工技术交底。

2. 施工工艺

（1）工艺流程。

路桥防水工程施工工艺流程如图 2-22 所示。

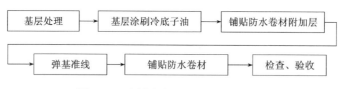

图 2-22　路桥防水工程施工工艺流程

（2）基层处理。

路桥卷材防水层是在混凝土结构表面或垫层上铺贴防水卷材而形成的。卷材防水层是用混凝土垫层或水泥砂浆找平层作为基层的。

防水层的垫层由细石混凝土浇筑而成，其主要作用在于覆盖梁体的顶面，接顺桥梁的纵、横坡度，为防水层提供一个平整、粗糙的找平层，提高防水层的刚度，以防止防水层在施工和使用期间断裂、破损情况的发生。

基层表面质量是影响上部各构造层次耐久性的重要因素，其直接表现为影响防水系统与混凝土结构的粘结强度，因此，在进行防水层施工之前，必须通过各种试验方法鉴定结构基层的状况并进行处理。

① 基层的平整度。

混凝土基层（找平层、面层）应平整，允许基面坡度平缓变化，采用 2m 直尺检查基面，直尺与基面之间的最大空隙不应超过 5mm，且每 1m 不多于 1 处。不得有明显的凹凸、尖硬接槎、裂缝、麻面等现象出现，不允许有外露的钢筋、铅丝等。

承接卷材的钢筋混凝土基层局部小范围内的凹陷或凸起，容易造成防水卷材铺贴不实，而平缓的不平整则不影响卷材的密实铺贴（可能影响沥青混凝土路面的平整度）。钢筋混凝土基层局部凹凸的界定与处理应遵循的原则：局部凸起，其高度大于 5mm、面积小于 1.5m² 的视为局部凸突，必须剥除并打磨平整；局部凹陷，其深度大于 5mm、面积小于 0.75m² 的视为局部凹陷，应采用细粒沥青混凝土或环氧树脂砂浆修复。

在原基层上留置的各种预埋件应进行必要的处理，割除并涂刷防锈漆。

② 混凝土表面的质量。

基面混凝土强度应达到设计强度等级，表面不得有松散的浮浆、起砂、掉皮、空鼓和严重的开裂现象。基面在涂刷冷底子油之前应确保其混凝土表面坚实平整且粗糙度适宜。

卷材防水层与坚实的水泥混凝土基层之间应具有很高的粘结强度，不依靠水泥混凝土的表面粗糙度即能满足路面面层对抗剪强度的要求。如基层表面的强度不足、浮浆、起砂则是引起粘结强度不足的主要原因。

混凝土表面出现浮浆现象，是在混凝土浇筑过程中产生的质量问题。水灰比过大、混凝土坍落度过大、施工过程中未对混凝土表面进行压实压光处理，均是造成表面浮浆的原因。对于混凝土表面出现的浮浆，可采用表面机械打磨清理的处理方法。应特别注意的是浮浆的深度以及表面浅层内混凝土的质量，混凝土表面产生浮浆后往往会发现表层混凝土存在强度不足的情况。

混凝土表面起砂现象多为混凝土养护不当所致。在现场搓擦观察或进行粘结剥离试验时，如能搓擦起砂或剥离面带砂均可视为混凝土表面严重起砂。混凝土浇筑后遇雨或养护洒水过早均能造成表面起砂。对混凝土表面起砂的处理非常麻烦，需要根据具体情况经多方研究后方可确定。

经现场粘结剥离试验，如剥离面发生在混凝土面内，即剥离面大量粘结混凝土材料，即可视为混凝土表面强度不足。在混凝土配比正常情况下，混凝土表面的强度不足多为养护问题，可采取混凝土表面加固的方法进行处理。

③ 混凝土基层的含水率。

混凝土基层必须干净、干燥，其含水率应控制在 9% 以下才能施工。基层干燥程度的简易检测方法是在基层表面平铺 1m² 卷材，自重静置 3～4h 后，掀起检查，基层被卷材所覆盖的部位与卷材的覆盖面处均未见水印，即可视为符合要求，可进行铺设卷材防水层的施工。如果遇到下雨，基层必须经太阳曝晒，待混凝土完全干燥后，方可进行防水施工，以保证卷材粘贴牢固。

④ 基层的清洁。

基层混凝土表面必须进行认真的清扫，杂物、渣灰、尘土、油渍必须清除干净。在铺贴防水层前，应用手提高压吹风机吹扫基面，将混凝土基面彻底清理干净。

⑤ 基层细部结构要求。

a. 基面阴阳角处均应抹角做成圆弧或钝角状，当应用高聚物改性沥青防水卷材时，其圆弧半径应大于150mm。阴阳角做成弧形钝角，可避免因卷材铺贴不实、折断而造成渗漏。

b. 基层的坡度应符合设计要求。

c. 桥面两侧的防撞墙应抹成八字或圆弧角，泄水口周围直径500mm范围内的坡度不应小于5％，且坡向长度不小于100mm。泄水槽内基层应抹圆角并压光，PVC泄水管口下皮的标高应在泄水口槽内最低处，应避免桥面泄水管口处雨水溢至桥面板结构层内。

d. 基面所有管件、地漏或排水口等都必须与防水基层安装牢固，不得有任何松动，并应采用密封材料做好处理。

e. 钢筋混凝土预制件安装后，桥面板间或主梁间出现"错台"，则应在"错台"处用水泥砂浆抹成缓坡处理。

f. 桥梁机动车桥面与检修（人行）步道应设置防水层。

g. 在预制安装主梁的纵向缝、横向缝顶处设置加强防水层时，其缝宽两侧各在50～100mm范围之内不粘贴，以确保在结构变形时防水层有足够的变形量。

h. 接缝处理：在进行卷材防水层施工之前，应对桥梁基层活动量较大的接缝先进行密封处理。密封材料施工结束后，在顶部应设置加强防水层，在缝宽的两侧各50～100mm范围之内空铺一条油毡，再粘贴聚合物改性沥青防水卷材，以确保在结构发生变形时防水层有足够的变形量。

i. 基层表面增加粗糙度：对于那些基层表面过于光滑之处，应视具体情况做刻纹处理，以增加粗糙度。

g. 基层验收：通过试验，对基层进行检测，可任选一处（约1m²）已经过处理的基层，涂刷冷底子油并使充分干燥（其干燥时间可视大气温度而定）后，按要求铺贴防水卷材，在充分冷却后进行撕裂试验，如卷材撕裂开，不露出基层，则可视为基层处理合格。

基层在经过现场技术负责人及其监理方验收合格后，方可进行卷材防水层的施工。

（3）涂刷基层处理剂。

涂刷基层处理剂（冷底子油）应在已确认基层表面处理完毕并经职能部门验收合格后方可进行。

冷底子油使用前应倒入专用的拌料桶内搅拌均匀，冷底子油可采用辊刷铺涂。涂刷（涂刮）冷底子油是为了粘贴卷材，一般情况下要涂刷（涂刮）两遍。第一遍可采用固含量为35％～40％的冷底子油涂刷，这样可使80％以上的冷底子油渗入水泥中，表面留存的则很少，从而保证冷底子油渗入水泥混凝土中7mm。待第一遍冷底子油完全干涸，并经彻底清扫后，可用固含量为55％～60％的冷底子油进行第二遍涂刮，涂刮时一定要用刮板，不能用刷子，这点尤为重要。

在基层上涂刮冷底子油，其参考用量为0.3～0.4kg/m²。涂刷时必须保证涂刷均匀，不堆积、不留空白，以保证其粘结牢固。

铺涂完毕后，必须给予足够的渗透干燥时间。冷底子油的干燥标准为以手触摸不粘手，且具有一定的硬度。涂刷冷底子油后的基层禁止人或车辆通过。

（4）铺贴卷材附加层。

在冷底子油实干后，按照设计的要求，在需做附加层的部位做好附加层防水。

在桥面阴阳角、水平面与立面交界处、泄水孔和雨水管等异型部位处所做的附加层防水，可采用防水卷材，也可以采用防水涂膜防水。卷材附加层可采用两面覆PE膜的卷材，采用满粘铺贴法，全粘于基层上。附加层宽度和材质应符合设计要求，并粘实贴平；如采用涂膜附加层，可先采用防水涂料涂刷，再用胎体材料增强。

（5）弹基准线。

按照防水卷材的具体规格尺寸、卷材的铺贴方向和顺序，在桥面基层上用明显的色粉线弹出防水卷材的铺贴基准线，以保证铺贴卷材的顺直，尤其是在桥面的曲线部位，应按照曲线的半径放线，以直代曲，确保铺贴接槎的宽度。

（6）铺贴卷材。

① 卷材铺贴方向可横向，也可纵向。当基层面坡度小于或等于3％时，可平行于拱方向铺贴；当坡度大于3％时，其铺贴方向应视施工现场情况确定。

② 卷材铺贴的层数，应根据设计的要求和当地气候条件确定，一般为2～4层，在采用优质材料、精心施工的条件下，可采用2层。

③ 铺贴防水卷材所使用的沥青胶，其软化点应比垫层可能的最高温度高出20～25℃，且不低于40℃，加热温度和使用温度不低于150℃，粘贴卷材的沥青胶厚度一般为1.5～2.5mm，不得超过3mm。

④ 铺贴卷材时的搭接尺寸：卷材搭接宽度沿卷材的长度方向应为150mm，沿卷材的宽度方向应为100mm，上下两层卷材不得相互垂直，相邻卷材短向搭接应错开15cm以上，并将搭接边缘用喷灯烘烤一遍，再用胶皮刮板挤压出熔化的沥青胶粘剂，并用辊子滚压平整，形成一道密封条，使两幅卷材粘结牢固，以保证防水层的密实性。

⑤ 卷材铺贴顺序应自边缘最低处开始，应根据基层坡度，顺流水方向搭接。

⑥ 路缘石和防撞护栏一侧的防水卷材，应向上卷起并与其粘结牢固，泄水口槽内及泄水口周围0.5m范围内应采用APP改性沥青密封材料涂封，涂料层贴入下水管内50mm，然后铺设APP卷材，热熔满贴到下水管内50mm。

⑦ 粘贴卷材应展平压实，卷材与基层以及各层卷材之间必须粘结紧密，并将多铺的沥青胶结材料挤出。接缝必须封缝严密，防止出现水路。当粘贴完最后一层卷材后，表面应再涂刷一层厚为1～1.5mm的热沥青胶结材料。卷材的收头应用水泥钉固定。

⑧ 铺贴防水卷材可分别选用热熔施工工艺和冷贴施工工艺。热熔施工速度快，适用于工期紧的路桥防水工程，相对比较容易达到质量要求。如果采用冷作业施工，必须使用与规定相适应的粘结剂，确保其粘结强度，以满足质量要求。

⑨ 铺贴卷材若为分块作业，纵向接槎需预留出不小于30cm，横向接槎需预留出不小于20cm，以便与下次施工卷材进行搭接。

⑩ 卷材热熔施工工艺如下：

a. 卷材热熔施工工艺流程参见表2-8；双层防水卷材的铺贴示意图如图2-23所示。

表2-8　卷材热熔施工工艺流程

序号	工程	使用材料	工艺
1	清扫基面		
2	涂刷基层处理剂	应用与卷材配套的底油	涂刷均匀，不得漏刷、堆积
3	按设计要求铺贴附加层	符合标准的APP路桥专用防水卷材	热熔工艺
4	底层卷材铺贴	高耐热沥青卷材（双面膜）	热熔工艺

续表

序号	工程	使用材料	工　艺
5	表层卷材铺贴	高耐热沥青卷材（一面膜、一面岩片）	热熔工艺
6	热熔封边		

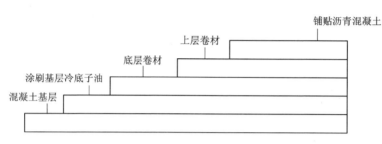

图 2-23　双层防水卷材铺贴示意图

b. 展开卷材，首先排好第一卷防水卷材，然后弹好基线，按准确尺寸裁剪后，再收卷到初始位置。

c. 将卷材按铺贴的方向摆正，点燃喷灯或喷枪，用喷灯或喷枪加热基层和卷材，喷头距离卷材 200mm 左右，加热要均匀，卷材表面熔化后（以表面熔化至呈光亮黑点为度，不得过分加热导致烧穿卷材），立即向前滚铺。铺设时应顺桥方向铺贴，铺贴顺序应自边缘最低处开始，从排水下游向上游方向铺设，用火焰边熔化卷材，边向前滚铺卷材，使卷材牢固粘结在基面上。滚铺时不得卷入异物。依次重复进行铺贴，每卷卷材在端头搭接处应交错排列铺贴，同时必须保证搭接部位的粘结质量；滚铺时还应排除卷材下面的空气，使之平展，不得皱褶，并应压实粘结牢固，粘结面积不得低于 99.5%。卷材铺贴完后，随即进行热熔封边，将边缝及卷材接槎处用喷灯加热后，趁热用小抹子将边缝封牢。

d. 用热熔机具或喷灯烘烤卷材底层至近熔化状态进行粘结的方法，卷材与基层的粘贴必须紧密牢固，卷材热熔烘烤后，用钢压滚进行反复碾压。

（7）季节性施工。

① 雨期施工。

对于基层，涂刷冷底子油施工前，必须保证基层干燥，其含水率应小于 9%。

卷材严禁在雨天、雪天环境下及五级风以上施工。雨、雪后基层晾干且经现场含水率检测合格后方可施工。

② 冬期施工。

冬季进行防水卷材施工时，应搭设暖棚，保证各工序施工时的温度高于 5℃。采用热熔法工艺施工时，温度不应低于 −10℃。

（8）施工注意事项。

① 为防止粘结不牢、空鼓等现象的发生，施工时应严格执行操作规定，确保基层干燥。卷材在粘结过程中要注意烘烤均匀，不漏烤且不要过烤，以防止破坏卷材胎体。冷底子油应注意铺涂均匀，不留空白。

② 为防止出现防水卷材搭接长度不够的情况，卷材在铺设作业前，应精确计算用料，并

严格按照弹线铺贴。边角部位的加强层应严格按规定的要求施工，以保证卷材的搭接长度。

③ 施工时，应将防水卷材内衬伸进泄水口内规定的长度，以防止在泄水口周围接槎不良导致漏水。

④ 进入现场的施工人员均须穿戴工作服、安全帽和其他必备的安全防护用具。在防水层的施工中，操作人员均应穿着软底鞋，严禁穿带有钉子的鞋进入现场，以免损坏卷材防水层，严禁闲杂人员进入施工作业区。

⑤ 如发现卷材防水层有空鼓或破洞，应及时割开损坏部分进行修复，然后方可进行粗粒式沥青混凝土的施工。

⑥ 施工时用的材料和辅助材料多属易燃物品，在存放材料的仓库和施工现场必须严禁烟火，同时要配备消防器材。材料存放场地应保持干燥、阴凉、通风且远离火源。

⑦ 有毒、易燃物品应盛入密封容器内，入库存放，严禁露天堆放。

⑧ 施工下脚料、废料、余料要及时清理回收，基层处理和清扫要及时，并采取防尘措施。

⑨ 防水卷材施工完毕后应封闭交通，严格限制载重车辆通行。在进行铺装层施工时，运料车辆应慢行，严禁掉头刹车。

⑩ 已铺设好的防水层上严禁堆放构件、机械及其他杂物，应设专人看管，并设置护栏标志以引起注意。

⑪ 卷材防水层铺贴完成并经检验合格后，应及时进行下道工序的施工。

（9）保护层施工。

卷材防水层施工完毕后，应仔细检查并修补，质量验收合格后，做 40mm 厚的 C20 细石混凝土保护层，然后方可进行钢筋混凝土路桥面的浇筑施工，振捣密实，湿养护至少 14d。

3. 路桥防水工程的验收

路桥防水工程完工之后，整理施工过程中的有关文件资料和记录（如防水卷材出厂合格证、质量检验报告、防水卷材试验报告及相关质量文件、隐蔽工程检查记录、工序质量评定表等），会同建设监理单位共同按质量标准进行验收，必要部位要进行抽样检验，验收合格后将验收文件和记录存档。

（1）原材料质量应符合设计要求，经检验各项指标合格；冷底子油涂刷均匀，不得有漏涂处。

（2）防水层之间及防水层与桥面铺装层之间应粘贴紧密、结合牢固，油层厚度及搭接长度符合设计规定。

按照每 1000m² 作为一个质量评定单元，采用现场抽查热熔铺贴后卷材与水泥混凝土的剥离强度来验证卷材的粘结性能以及热熔粘结质量，用现场简易剥离试验设备检测卷材的铺贴质量，检测依据可参考试验室数据以及剥离面的分布，90°剥离强度（20℃，50mm/min）≥50N/50mm。现场剥离试验参见图 2-24。

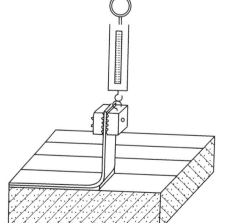

图 2-24 现场剥离试验示意图

通过检查卷材搭接处有无缝隙来控制搭接质量，缝隙检查时用螺丝刀检查接口，发现不严之处应及时修补，不得留下任何隐患。

防水层应具有良好的不透水性；能承受各种静载和动载作用而不损坏；有足够的弹塑性和韧性等变形能力；具有温度稳定性，温度高时不致融流，温度低时不致脆裂；具有耐腐蚀抗老化的性能。

（3）防水层施工完成后，其表面必须平整，并符合防水要求，无明显积水现象，无滑移、翘边、起泡、皱褶、空鼓、脱皮、裂缝、油包等缺陷。

2.4 泳池用聚氯乙烯膜片防水装饰层的施工

泳池用聚氯乙烯膜片防水装饰层的施工要点如下。

1. 施工准备

（1）按设计要求选用聚氯乙烯膜片的类型、规格。聚氯乙烯膜片在进入施工现场后应见证取样复检，委托具有检测资格的机构按标准要求进行检测，经检验合格后方可使用。

（2）聚氯乙烯膜片用于不同形状、规模、结构的泳池时，池壁表面应顺直（其顺直度应在3mm以内）、平整，池底表面应平整（其平整度应在3mm以内）、光滑、干净，不得有砂砾或其他尖锐物件留存，并应通过专项验收。

（3）泳池的排水系统、过滤系统、预埋管件、预留洞口等应按设计要求完成，并应通过专项验收。

（4）聚氯乙烯膜片在施工之前，其主体结构的基层表面应进行杀菌处理；若旧泳池翻新时，池底在铺设聚氯乙烯膜片前，应铺无纺布垫层，并进行杀菌处理。

（5）聚氯乙烯膜片应进行下列施工准备工作：弹线、预铺、剪裁、铺设、对正、压膜或点焊定型、擦拭尘土、焊接试验。

2. 聚氯乙烯膜片的铺设

（1）聚氯乙烯膜片施工的环境气温宜在10～36℃之间，在雨、雪天气以及风力大于4级时不得进行室外工程的施工。

（2）聚氯乙烯膜片应按下列步骤进行施工：铺设泳池的池壁，铺设泳池的池底，铺设泳池的池角或弧形角边，焊接泳池池壁和池底聚氯乙烯膜片的交接叠缝，检验，修补，复验。

（3）聚氯乙烯膜片在铺设前应做下料分析，绘出铺设顺序和裁剪图；在铺设时应拉紧，不可人为硬折和损伤；膜片之间形成的结点应采用T字形，不宜出现十字形；膜片应采用固定件固定，铆钉间距为200mm；池壁应先沿水平方向铺设，然后自上而下铺设，宽幅的聚氯乙烯膜片必须铺在池壁上端，池壁上端的聚氯乙烯膜片应压在下端的聚氯乙烯膜片上；池底平面铺设宜沿横向进行，多层搭接缝应留在阴角处；池壁与池底的焊接缝应留在池底距池壁150mm处。

（4）工程塑料导轨和聚氯乙烯型钢复合件与泳池主体结构的连接应采用机械式或焊接固定，固定点的间隔不得大于200mm；锁扣与工程塑料导轨间应紧密结合，聚氯乙烯膜片在受压后不得脱落；法兰片应紧固密封，法兰上的螺丝头不得外露。

（5）加强型聚氯乙烯膜片应采用热空气焊接技术，热空气焊接应符合下列要求：

① 主要施工工具是热风焊枪，配有一个20mm的焊接喷嘴、一个压力轮、一把钢丝刷

和一块划线铁。

② 焊接时应清除聚氯乙烯膜片表面的灰尘及污物残渣；热风焊枪的工作温度宜为380～450℃，应根据工作环境温度来调节热风焊枪的温度。

③ 在焊接聚氯乙烯膜片时，应将喷嘴插入两层聚氯乙烯膜片预留的幅宽之间，聚氯乙烯膜片的搭接缝宽度不应小于50mm，焊接完成后，应对接缝质量进行检查。

（6）非加强型聚氯乙烯膜片应按照泳池的实际尺寸，采用高周波焊接机焊接加工后，再运送至泳池现场安装。

（7）采用聚氯乙烯膜片密封胶对焊接缝进行密封处理，涂密封胶处应均匀圆滑，密封胶缝的宽度宜为2～5mm。

（8）聚氯乙烯膜片的施工现场不得有火种、电焊等明火以及其他高温施工作业。在危害聚氯乙烯膜片安全的范围内，严禁进行交叉作业。

（9）车辆（包括手推车）不得碾压聚氯乙烯膜片，不得穿钉鞋、高跟鞋和硬底鞋在膜片上踩踏，各种建材不得堆放在膜片上。

（10）聚氯乙烯膜片的配件（撇沫器、给水口、回水口、主排水口等）应包裹完好，保持清洁。

2.5 玻纤胎沥青瓦屋面工程的施工

玻纤胎沥青瓦简称沥青瓦，是以玻纤胎为胎基，以石油沥青为主要原料，加入矿物填料做浸涂材料，上表面覆以保护材料，采用铺设搭接法施工的一类用于坡屋面的、集防水和装饰双重功能于一体的一类柔性瓦状防水片材。

沥青瓦防水层的施工工艺流程如图2-25所示。

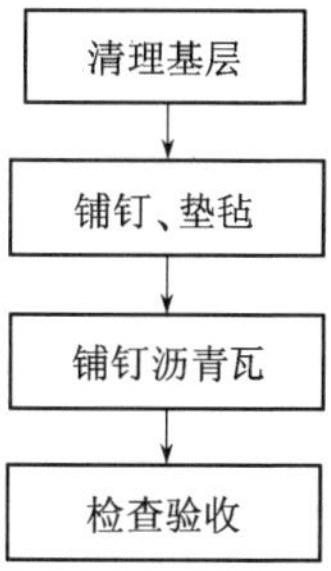

当使用复合沥青瓦屋面与卷材或涂膜防水层时，防水层应铺设在找平层上，防水层上再做细石混凝土找平层，然后再铺设卷材垫毡和沥青瓦。当设置保温层时，保温层应铺设在防水层上，保温层上再做粗石混凝土找平层，然后再铺设卷材垫毡和沥青瓦。

1. 清理基层

沥青瓦屋面的基层可分为木基层、钢筋混凝土基层等多种。无论何种基层都要求平整、坚固、具有足够的强度，以保证沥青瓦在铺贴施工后屋面的平整，在阳光照射下获得最佳的装饰效果。屋面坡度应符合设计的要求（沥青瓦屋面的坡度宜为20%～85%）。屋面基层应清除杂物、灰尘，确保干净，无起砂、起皮等缺陷。

图2-25 沥青瓦防水层的施工工艺流程

2. 铺钉、垫毡

在铺设沥青瓦时，应在基层上先铺设一层沥青防水卷材作为垫毡，铺设时可从檐口往上用油毡钉进行铺钉。为了防止钉子外露导致锈蚀而影响固定，钉子必须盖在搭接层内，两块垫毡之间的搭接宽度应不小于50mm。垫毡的铺设方法如图2-26所示。

3. 铺钉沥青瓦

（1）沥青瓦的固定方法。

沥青瓦是一种轻而薄的片状材料，为防止大风将其掀起，必须将沥青瓦紧贴基层，使瓦

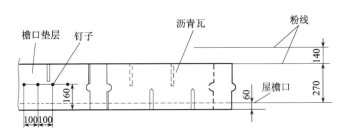

图 2-26　垫毡的铺设方法

面平整。当沥青瓦铺设在木基层上时，可采用沥青钉固定；当沥青瓦铺设在混凝土基层上时，可采用射钉固定，也可采用冷玛琋脂或粘结胶粘结固定，如图 2-27 所示。在混凝土基层上铺设沥青瓦时，还应在基层表面抹体积比为 1∶3 的水泥砂浆找平层。

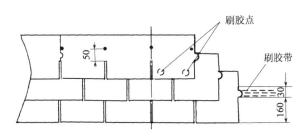

图 2-27　沥青瓦的固定方法

（2）沥青瓦的铺设方法。

玻纤胎沥青瓦应自檐口向屋脊铺设，为了防止瓦片错动或因雨水而引起渗漏，应按照层层搭接的方法进行铺钉。第一层沥青瓦应与檐口平行，切槽应向上指向屋脊；第二层沥青瓦应与第一层沥青瓦叠合，但切槽应向下指向檐口；第三层沥青瓦应压在第二层上，并露出切槽 125mm。相邻两层沥青瓦的拼缝及瓦槽应均匀错开，上下层不应重合。

为了保证沥青瓦与基层贴紧，每片沥青瓦应采用不少于 4 个沥青钉固定，沥青钉应垂直钉入，钉帽不得外露于沥青瓦表面。当屋面坡度大于 50％时，应增加沥青钉的数量或采用沥青胶粘贴，以防下滑。沥青瓦的铺设方法参见图 2-28。

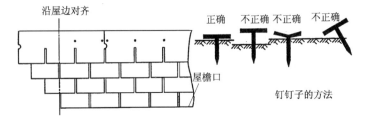

图 2-28　沥青瓦的铺设方法

（3）脊瓦的铺设方法。

当铺设脊瓦时，应将沥青瓦沿切槽剪开，分成四块作为脊瓦，并采用两个沥青钉固定，脊瓦应顺最大频率风向搭接，并应搭盖住两坡面沥青瓦接缝的 1/3（搭接缝的宽度不宜小于 100mm）；脊瓦与脊瓦的压盖面应不小于脊瓦面积的 1/2，参见图 2-29。

（4）屋面与突出屋面结构连接处的铺贴方法。

屋面与突出屋面结构的连接处是防水的关键部位，应有可靠的防水措施。沥青瓦应铺贴在立面上，其高度应不小于250mm。

在屋面与突出屋面的烟囱、管道、出气孔、出入口等阴阳角的连接处，应先做二毡三油防水层，待铺瓦后再用高聚物改性沥青防水卷材做单层防水，以加强这些部位的防水效果。

在女儿墙泛水处，沥青瓦可沿基层与女儿墙的八字坡铺设，然后用镀锌薄钢板覆盖，在墙内钉入预埋木砖或用射钉固定。沥青瓦和镀锌薄钢板的泛水上口与墙间的缝隙应采用防水密封材料封严。

（5）排水沟的施工方法。

排水沟的施工方法有多种，如编织型、暴露型、搭接型等。

编织型屋面排水沟的施工，首先在排水沟处

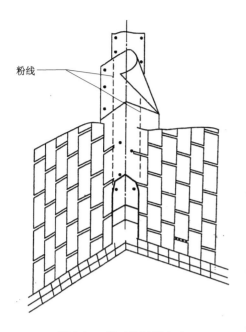

图 2-29　脊瓦的铺设方法

铺设1～2层卷材做防水附加层，然后再安装沥青瓦。沥青瓦的铺设方法采用相互覆盖编织，如图2-30所示。

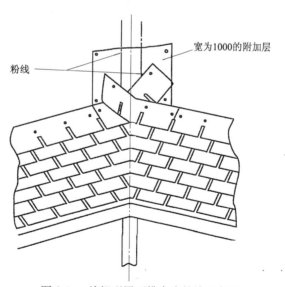

图 2-30　编织型屋面排水沟的施工方法

暴露型屋面排水沟的施工，是沿着屋面排水沟自下向上铺一层宽为500mm的防水卷材，在卷材两边相距25mm处钉钉子进行固定。在屋檐口处切齐防水卷材。若需要纵向搭接，上下层的搭接宽度应不少于200mm，并在搭接处涂刷橡胶沥青冷胶粘剂，沥青瓦用钉子固定在卷材上，一层一层地由下向上安装，如图2-31所示。

搭接型屋面排水沟的施工，是将沥青瓦相互衔接，首先铺卷材，随后在排水沟中心线两

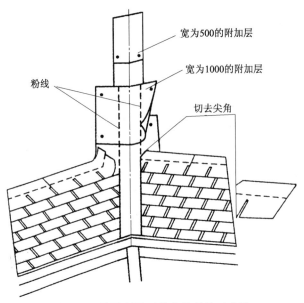

图 2-31　暴露型屋面排水沟的施工方法

侧 150mm 处分别弹两条线。铺沥青瓦首先铺主部位，每一层沥青瓦都要铺过层面排水沟中心线 300mm，钉子钉在线外侧 25mm 处，在完成主屋面后再铺辅部位，如图 2-32 所示。

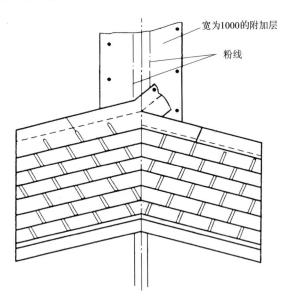

图 2-32　搭接型屋面排水沟的施工方法

4. 检查验收

在沥青瓦铺设完工后，将整个屋面淋水 2h，以不渗漏为合格。

2.6　种植屋面卷材防水层的施工

种植屋面是指铺以种植土或设置容器、种植模板来种植植物，以覆盖建筑屋面和地下建筑顶板的一种屋面绿化形式。

种植屋面把屋面节能隔热、屋面防水和屋面绿化三者结合成一个整体，从而在技术上形成了一个完整的体系，有利于室内环境的改善，有利于增加城市大气中氧气的含量，吸收有害物质、减轻大气污染，有利于改善居住生态环境、美化城市景观，实现人与自然的和谐相处。

种植屋面工程必须遵照种植屋面总体设计要求施工。施工前应通过图纸会审，明确细部构造和技术要求，并编制施工方案。进场的防水材料和保温隔热材料，应按规定抽样复验，提供检验报告。严禁使用不合格材料。种植屋面施工，应遵守过程控制和质量检验程序，并有完整检查记录。

新建建筑屋面覆土种植施工宜按图 2-33 的工艺流程进行；既有建筑屋面覆土种植施工宜按图 2-34 的工艺流程进行。

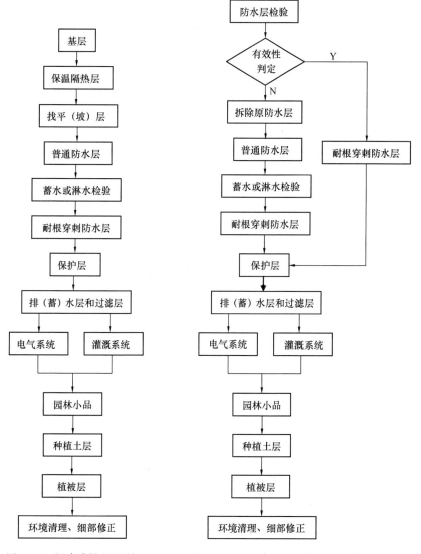

图 2-33　新建建筑屋面覆土
种植施工工艺流程

图 2-34　既有建筑屋面覆土种植施工工艺流程
注：容器种植时，耐根穿刺防水层可为普通防水层。

2.6.1 种植屋面工程施工的一般规定

（1）施工前应通过图纸会审，明确细部构造和技术要求，并编制施工方案，进行技术交底和安全技术交底。

（2）进场的防水材料、排（蓄）水板、绝热材料和种植土等材料均应按规定抽样复检，并提供检验报告。非本地的植物应提供病虫害检疫报告。

（3）种植屋面防水工程和园林绿化工程的施工单位应有专业施工资质，主要作业人员应持证上岗，按照总体设计作业程序进行施工。

（4）种植屋面施工应符合现行国家标准《建设工程施工现场消防安全技术规范》（GB 50720—2011）的规定。

（5）屋面施工现场应采取下列安全防护措施：

① 屋面周边和预留孔洞部位必须设置安全护栏和安全网或其他防止人员和物体坠落的防护措施。

② 屋面坡度大于20％时，应采取人员保护和防滑措施。

③ 施工人员应戴安全帽，系安全带和穿防滑鞋。

④ 雨天、雪天和五级及以上风时不得施工。

⑤ 应设置消防设置，加强火源管理。

2.6.2 种植屋面各构造层次的施工

1. 屋面结构层的施工

现以钢筋混凝土屋面板为例，介绍屋面结构层的施工。

钢筋混凝土屋面板既是承重结构，也是防水防渗的最后一道防线。其混凝土的配合比（质量比）为水泥：水：砂：砾石：UEA＝1：0.47：1.57：3.67：0.09。UEA防水剂可保证抗渗等级为P8，混凝土强度等级为C25。为防止板面开裂，在板的跨中、上部应配双向$\phi6@200$钢筋网，以防止受弯构件的上部钢筋被踩踏变形。

模板在浇筑混凝土前应进行充分湿润，并正确掌握拆模时间（强度未达到1.2kPa时，不应上人或堆载）。浇筑混凝土前，及时检查钢筋的保护层厚度，不宜过大或过小，以保证混凝土的有效截面。

混凝土应一次性浇筑成形。混凝土浇筑从上向下，振捣从下向上进行。混凝土初凝前应安排进行两次压光，并用抹子拍打，压光后及时在混凝土表面覆盖麻袋，浇水养护。应尽可能避免在早龄期混凝土承受外加荷载，混凝土预留插筋等外露构件应不受撞击影响。严格控制施工荷载不超过设计荷载（即标准活荷载），屋面梁板与支撑应进行计算复核其刚度。

2. 找坡层和找平层的施工

种植屋面找坡层和找平层的施工应符合现行国家标准《屋面工程技术规范》（GB 50345—2012）、《地下工程防水技术规范》（GB 50108—2008）的有关规定。

找坡层和找平层的施工要点如下：

（1）装配式钢筋混凝土板的板缝嵌填施工应符合以下规定：

a. 在嵌填混凝土之前，板缝内部应清理干净，并应保持湿润；

b. 若板缝的宽度大于40mm或上窄下宽时，板缝应按设计要求配置钢筋；

c. 嵌填的细石混凝土，其强度等级不应低于 C20，填缝高度宜低于板面 10～20mm，且振捣密实和浇水养护；

d. 板端缝应按设计要求增加防裂的构造措施。

（2）找坡层和找平层的基层施工应符合下列规定：

a. 清理结构层、保温层上面松散的杂物，凸出基层表面的硬物应剔平扫净；

b. 在抹找坡层之前，宜对基层进行洒水湿润；

c. 突出屋面的管道、支架等根部，应采用细石混凝土堵实和固定；

d. 对于不易与找平层结合的基层应做界面处理。

（3）找坡层和找平层所用材料的质量和配合比应符合设计要求，并应做到计量准确和机械搅拌。

（4）找坡应按屋面排水方向和设计坡度要求进行，找坡层最薄处的厚度不宜小于 20mm。找坡材料应分层铺设和适当压实，其表面宜平整和粗糙，并应适当浇水养护。

（5）找平层是铺贴卷材防水层的基层，应给防水卷材提供一个平整、密实、有强度、能粘结的构造基础，故要求找平层应坚实平整，无酥松、起砂、麻面和凹凸等缺陷。水泥砂浆找平层施工时，应先把屋面清理干净并洒水湿润；铺设找平砂浆时，应按由远及近、由高到低的顺序进行，每一分格内必须一次连续铺成，并按设计控制好坡度。找平层应在水泥初凝前压实抹平，水泥终凝前完成收水后应进行二次压光，并应及时取出分格条，其养护时间不得少于 7d。

（6）卷材防水层的基层与突出屋面结构的交接处以及基层的转角处，找平层均应做成圆弧形，且应整齐平顺。找平层圆弧半径应符合以下规定：

a. 高聚物改性沥青防水卷材找平层的圆弧半径为 50mm；

b. 合成高分子防水卷材找平层的圆弧半径为 20mm。

（7）找坡层和找平层的施工环境温度不宜低于 5℃；若低于 5℃时，则应采取冬期施工的措施。

3. 隔汽层的施工

隔汽层的施工要点如下：

（1）隔汽层在施工前，基层应进行清理，宜进行找平处理。

（2）屋面周边的隔汽层应沿墙面向上连续铺设，高出保温隔热层上表面不得小于 150mm。

（3）若采用卷材做隔汽层时，卷材宜采用空铺工艺，卷材的搭接缝则应采用满粘工艺，其搭接宽度不应小于 80mm；若采用涂膜做隔汽层时，涂料的涂刷应均匀，涂层不得有堆积、起泡和露底现象。

（4）穿过隔汽层的管道，其周围应进行密封处理。

4. 保温隔热层的施工

板状保温隔热层施工，其基层应平整、干燥和干净；干铺的板状保温隔热材料，应紧靠在需保温隔热的基层表面上，并铺平垫稳；分层铺设的板块上下层接缝应相互错开，并用同类材料嵌填密实；粘贴板状保温隔热材料时，胶粘剂应与保温隔热材料相容，并贴严、粘牢。

喷涂硬泡聚氨酯保温隔热层施工，其基层应平整、干燥和干净；伸出屋面的管道应在施工前安装牢固；喷涂硬泡聚氨酯的配比应准确计算，发泡厚度均匀一致；其施工环境气温宜为 15～30℃，风力不宜大于三级，空气相对湿度宜小于 85%。

种植坡屋面保温隔热层防滑条应与结构层钉牢，其绝热层应采用粘贴法或机械固定法工艺施工。

5. 普通防水层的施工

种植屋面的普通防水层可采用卷材防水层或涂膜防水层。本节侧重介绍卷材普通防水层的施工，涂膜防水层的施工见 3.4 节。

种植屋面采用防水卷材做防水层，其防水卷材长边和短边的最小搭接宽度均不应小于 100mm，卷材的收头部位宜采用金属压条钉压固定和采用密封材料封严。种植屋面采用喷涂聚脲防水涂料做涂膜防水层，喷涂聚脲防水涂料的施工应符合现行行业标准《喷涂聚脲防水工程技术规程》(JGJ/T 200—2010) 的规定。

防水材料的施工环境应符合下列规定：①合成高分子防水卷材冷粘法施工，环境温度不宜低于 5℃；采用焊接法施工时，环境温度不宜低于 −10℃。②高聚物改性沥青防水卷材热熔法施工环境温度不宜低于 −10℃。③反应型合成高分子防水涂料的施工环境温度宜为 5～35℃。

(1) 普通防水层施工的基本要求。

普通防水层的卷材与基层宜满粘施工，坡度大于 3% 时，不得空铺施工。采用热熔法满粘或胶粘剂满粘防水卷材防水层的基层应干燥、干净。

当屋面坡度小于等于 15% 时，卷材应平行于屋脊铺贴；屋面坡度大于 15% 时，卷材应垂直于屋脊铺贴。上下两层卷材不得互相垂直铺贴。防水卷材搭接接缝口应采用与基材相容的密封材料封严。卷材收头部位宜采用压条钉压固定。

阴阳角、水落口、突出屋面的管道根部、泛水、天沟、檐沟、变形缝等细部构造处，在防水层施工前应设防水增强层，增强层的材料应与大面积防水层材料同质或相容；伸出屋面的管道和预埋件等，应在防水施工前完成安装。如后装的设备，其基座下应增加一道防水增强层，施工时不得破坏防水层和保护层。

(2) 高聚物改性沥青防水卷材的热熔法施工。

高聚物改性沥青防水卷材热熔法施工，其环境温度不应低于 −10℃。铺贴卷材时应平整顺直，不得扭曲，长边和短边的搭接宽度均不应少于 100mm；火焰加热应均匀，并以卷材表面沥青熔融至光亮黑色为宜，不能欠火或过分加热卷材；卷材表面热熔后应立即滚铺，在滚铺时应立即排除卷材下面的空气，并滚压粘贴牢固；卷材搭接缝应以溢出热熔的改性沥青为宜，将溢出的 5～10mm 沥青胶封边，并均匀顺直；采用条粘法施工时，每幅卷材与基层粘结面不应少于两条，每条宽度不应小于 150mm。

APP、SBS 改性沥青防水卷材热熔法施工要点如下：

① 水泥砂浆找平层必须坚实平整，不能有松动、起鼓、面层凸出或严重粗糙。若基层平整度不好或起砂时，必须进行剔凿处理；基层要求干燥，含水率应在 9% 以内；施工前要清扫干净基层；阴角部位应用水泥砂浆抹成八字形，管根、排水口等易渗水部位应进行增强处理。

② 在干燥的基层上涂刷基层处理剂，要求其均匀一致、一次涂好。

③ 先把卷材按位置摆正，点燃喷灯（喷灯距卷材 0.3mm 左右），用喷灯加热卷材和基

层，加热要均匀，待卷材表面熔化后，随即向前滚铺，细致地把接缝封好，尤其要注意边缘和复杂部位，防止翘边。双层做法施工工艺和单层做法施工工艺基本相同，但在铺贴第二层时应与卷材接缝错开，错开位置不得小于 0.3m。

④ 防水卷材的热熔法施工要加强安全防护，应加强喷灯、汽油、煤油的管理，预防火灾和工伤事故的发生。大风及气温低于 −15℃ 不宜施工。

（3）自粘防水卷材的施工。

自粘防水卷材铺贴前，基层表面应均匀涂刷基层处理剂，干燥后应及时铺贴卷材；铺贴卷材时应将自粘胶底面的隔离纸撕净；应排除自粘卷材下面的空气，并采用滚压工艺粘贴牢固；铺贴的卷材应平整顺直，不能扭曲、皱褶，长边和短边的搭接宽度均不应小于 100mm；低温施工时，立面、大坡面及搭接部位宜采用热风机加热，并粘贴牢固。

采用湿铺法施工自粘类防水卷材时应符合相关技术规定。

（4）合成高分子防水卷材的冷粘法施工。

合成高分子防水卷材冷粘法施工的环境温度不应低于 5℃。铺贴卷材时应先将基层胶粘剂涂刷在基层及卷材底面，要求涂刷均匀，不露底、不堆积；铺贴卷材应顺直，不得皱褶、扭曲、拉伸卷材；应采用滚压工艺排除卷材下的空气，粘贴牢固；卷材长边和短边的搭接宽度均不应小于 100mm；搭接缝口应采用材性相容的密封材料封严。

PVC 防水卷材的施工要点如下：

① 卷材铺贴前要检查找平层质量，做到基层坚实、平整、干燥、无杂物，方可进行防水施工。

② 基层表面的涂刷，在干燥的基层上，均匀涂刷一层厚 1mm 左右的胶粘剂，涂刷时切忌在一处来回涂刷，以免形成凝胶而影响质量。涂刷基层胶粘剂时，尤其要注意阴阳角、平立面转角处、卷材收头处、排水口、伸出屋面管道根部等节点部位。

③ 卷材的铺贴，其铺贴方向一律平行于屋脊，平行于屋脊的搭接缝按顺流水方向搭接，卷材的铺贴可采用滚铺粘贴工艺施工。

施工铺贴卷材时，先用墨线在找平层上弹好控制线，由檐口（屋面最低标高处）向屋脊施工，把卷材对准已弹好的粉线，并在铺贴好的卷材上弹出搭接宽度线。铺贴一幅卷材时，先用塑料管将卷材重新成卷，且涂刷胶粘剂的一面向外，成卷后用钢管穿入中心的塑料管，由两人分别持钢管两端，抬起卷材的端头，对准粉线，展开卷材，使卷材铺贴平整。贴第二幅卷材时，对准控制线铺贴，每铺完一幅卷材，立即用干净而松软的长柄压辊从卷材一端顺卷材横向顺序滚压一遍，彻底排除卷材粘结层间的空气，滚压从中间向两边移动，做到排气彻底。卷材铺好压粘后，用胶粘剂封边，封边要粘结牢固，封闭严密，且要均匀、连续、封满。

④ 屋面节点部位是防水中的重要部位，其处理对整个屋面的防水尤为重要，要做到细部附加层不外露、搭接缝位置顺当合理。

⑤ 水落口周围直径 500mm 范围内，用防水涂料做附加层，厚度应大于 2mm。铺至水落口的各层卷材和附加层，用剪刀按交叉线剪开，长度与水落口直径相同，再粘贴在杯口上，用雨水罩的底部将其压紧，底盘与卷材间用胶粘剂粘结，底盘周围用密封材料填封。

管道根部找平层应做成圆锥台，管道壁与找平层之间预留 20mm×20mm 的凹槽，用密封材料嵌填密实，再铺设附加层，最后铺贴防水层。卷材接口用胶粘剂封口，金属压条箍紧。

在突出楼梯间墙、女儿墙等部位，把卷材沿女儿墙、楼梯间墙往上卷，女儿墙做成现浇结构，厚度 120mm、高 1600mm，在 600mm 高度处侧面嵌 25mm×30mm 木条，待混凝土终凝后，取下木条，就形成一条凹槽，从凹槽处向下阴角贴一层附加卷材，主卷材在此收口，嵌性能良好的油膏。在浇筑上面刚性防水层时，注意保护好 PVC 卷材，绝不能损伤、撕裂。

6. 耐根穿刺防水层的施工

本节侧重介绍卷材耐根穿刺防水层的施工，涂膜耐根穿刺防水层的施工见 3.4 节。

(1) 耐根穿刺防水层施工的基本要求。

① 耐根穿刺防水层所采用的材料品种、规格、性能均应符合设计及相关材料标准的要求，耐根穿刺防水材料应抽样复检。

② 耐根穿刺防水层所采用的高分子防水卷材与普通防水层所采用的高分子防水卷材复合时，可采用冷粘法施工；耐根穿刺防水层所采用的沥青防水卷材与普通防水层所采用的沥青基防水卷材复合时，应采用热熔法施工；若耐根穿刺防水材料与普通防水材料不能复合时，则可采用空铺法施工。耐根穿刺防水层若用于坡屋面时，则必须采取防滑措施。

③ 耐根穿刺防水层卷材的接缝应牢固、严密，符合设计要求，细部构造密封材料的嵌填应密实饱满，粘结牢固，无气泡、开裂等缺陷。

④ 耐根穿刺防水卷材的耐根穿刺性能和施工方式是密切相关的，包括卷材的施工方法、配件、工艺参数、搭接宽度、附加层、加强层和节点处理等内容，故耐根穿刺防水材料的现场施工方式应与耐根穿刺防水材料检测报告中所列的施工方法相一致。

⑤ 耐根穿刺防水卷材施工应符合下列规定：

a. 改性沥青类耐根穿刺防水卷材搭接缝应一次性焊接完成，并溢出 5～10mm 的沥青胶用于封边，不得过火或欠火；

b. 塑料类耐根穿刺防水卷材在施工前应进行试焊，检查搭接强度，调整工艺参数，必要时应进行表面处理；

c. 高分子耐根穿刺防水卷材暴露内增强织物的边缘应密封处理，密封材料与防水卷材应相容；

d. 高分子耐根穿刺防水卷材 "T" 形搭接处应做附加层，附加层的直径（尺寸）不应小于 200mm，附加层应为匀质的同材质高分子防水卷材，矩形附加层的角应为光滑的圆角；

e. 不应采用溶剂型胶粘剂搭接。

⑥ 耐根穿刺防水层施工完成后，应进行蓄水或淋水试验，24h 内不得有渗漏或积水。耐根穿刺防水层成品应注意保护，施工现场不得堵塞排水口。

(2) 改性沥青类耐根穿刺防水卷材的施工。

改性沥青类耐根穿刺防水卷材的品种有弹性体（SBS）改性沥青（含化学阻根剂）耐根穿刺防水卷材、弹性体（SBS）改性沥青铜箔胎基耐根穿刺防水卷材、塑性体（APP）改性沥青（含化学阻根剂）耐根穿刺防水卷材、塑性体（APP）改性沥青铜箔胎基耐根穿刺防水卷材等。

改性沥青类耐根穿刺防水卷材的施工应采用热熔法工艺铺贴，并应符合行业标准《种植屋面工程技术规程》（JGJ 155—2013）中第 6.3 节的规定（参见 2.6.2 节中 5 的相关内容）。

下面以铜复合胎基改性沥青（SBS）阻根防水卷材的热熔法施工和金属铜胎改性沥青防水卷材与聚乙烯胎高聚物改性沥青防水卷材复合施工为例，进一步介绍此类产品的施工工艺。

1）铜复合胎基改性沥青（SBS）阻根防水卷材的热熔法施工。

① 材料要求。

a. 耐根穿刺层兼防水层材料。铜复合胎基改性沥青（SBS）阻根防水卷材是以铜蒸气处理聚酯胎表面，从而使铜离子浸透到聚酯胎中形成聚酯毡与铜的复合胎基，浸涂和涂盖加入阻根添加剂的苯乙烯-丁二烯-苯乙烯（SBS）热塑弹性体改性沥青，两面覆以隔离材料制成的，铜复合胎基的厚度为 1.2mm 的一类耐根穿刺防水卷材。

单层施工时卷材厚度不应小于 4mm；双层施工时卷材厚度不应小于 4mm（阻根防水卷材）＋3mm（聚酯胎 SBS 改性沥青防水卷材）。

b. 配套材料。

（a）基层处理剂：以溶剂稀释橡胶改性沥青或沥青制成，外观为黑褐色均匀液体，易涂刷、易干燥，并具有一定的渗透性。

（b）改性沥青密封胶：以沥青为基料，用适量的合成高分子材料进行改性，并加填充剂和化学助剂配制而成的膏状密封材料。主要用于卷材末端收头的密封。

（c）金属压条、固定件：用于固定卷材末端收头。

（d）螺钉及垫片：用于屋面变形缝金属承压板固定等。

（e）卷材隔离层：油毡、聚乙烯膜（PE）等。

② 工艺流程。

铜复合胎基改性沥青（SBS）阻根防水卷材热熔法施工的工艺流程见图 2-35。

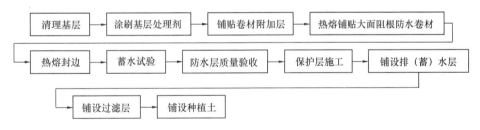

图 2-35　铜复合胎基改性沥青（SBS）阻根防水卷材热熔法施工工艺流程

铜复合胎基改性沥青（SBS）阻根防水卷材热熔法施工的施工要点如下：

a. 主要施工机具。清理基层工具有开刀、钢丝刷、扫帚、吸尘器等；铺贴卷材的工具有剪刀、盒尺、壁纸刀、弹线盒、油漆刷、压辊、辊刷、橡胶刮板、嵌缝枪等；热熔施工机具有汽油喷灯、单头或多头火焰喷枪、单头专用热熔封边机等。

b. 作业条件。铜复合胎基改性沥青（SBS）阻根防水卷材的阻根性能应持有效试验报告。在防水施工前应申请点火证，进行卷材热熔施工前，现场不得有其他焊接或明火作业。

防水基层已验收合格，基层应干燥。下雨及雨后基层潮湿不得施工，五级风以上不得进行防水卷材热熔施工。施工环境温度－10℃以上即可进行卷材热熔施工。

c. 清理基层。将基层浮浆、杂物彻底清扫干净。

d. 涂刷基层处理剂。基层处理剂一般采用沥青基防水涂料，将基层处理剂在屋面基层满刷一遍，要求涂刷均匀，不能见白露底。

e. 铺贴卷材附加层。基层处理剂干燥后（约 4h），在细部构造部位（如平面与立面的转角处、女儿墙泛水处、伸出屋面管道根部、水落口、天沟、檐口等部位）铺贴一层附加层卷材，其宽度应不小于 300mm，要求贴实、粘牢、无皱褶。

f. 热熔铺贴大面阻根防水卷材。

（a）先在基层弹好基准线，将卷材定位后，重新卷好。点燃喷灯，烘烤卷材底面与基层交界处，使卷材底边的改性沥青熔化。烘烤卷材要沿卷材宽度往返加热，边加热边沿卷材长边向前滚铺，并排除空气，使卷材与基层粘结牢固。

（b）在热熔施工时，火焰加热要均匀，施工时要注意调节火焰大小及移动速度。喷枪与卷材地面的距离应控制在 0.3～0.5m。卷材接缝处必须溢出熔化的改性沥青胶，溢出的改性沥青胶宽度以 2mm 左右并均匀顺直不间断为宜。

（c）耐阻根防水卷材在屋面与立面转角处、女儿墙泛水处及穿墙管等部位要向上铺贴至种植土层面上 250mm 处才可进行末端收头处理。

（d）当防水设防要求为两道或两道以上时，铜复合胎基改性沥青（SBS）阻根防水卷材必须作为最上面的一层，下层防水材料宜选用聚酯胎 SBS 改性沥青防水卷材。

g. 热熔封边。将卷材搭接缝处用喷灯烘烤，火焰的方向应与操作人员前进的方向相反。应先封长边，后封短边，最后用改性沥青密封胶将卷材收头处密封严实。

h. 蓄水试验。屋面防水层完工后，应做蓄水或淋水试验。有女儿墙的平屋面做蓄水试验，蓄水 24h 无渗漏为合格。坡屋面可做淋水试验，一般淋水 2h 无渗漏为合格。

i. 保护层施工。铺设一层聚乙烯膜（PE）或油毡保护层。

j. 铺设排（蓄）水层。排（蓄）水层采用专用排（蓄）水板或卵石、陶粒等。

k. 铺设过滤层。铺设一层 200～250g/m² 的聚酯纤维无纺布过滤层。搭接缝用线绳连接，四周上翻 100mm，端部及收头 50mm 范围内用胶粘剂与基层粘牢。

l. 铺设种植土。根据设计要求铺设不同厚度的种植土。

2）金属铜胎改性沥青防水卷材（JCuB）与聚乙烯胎高聚物改性沥青防水卷材（PPE）的复合施工

① 材料要求。

耐根穿刺层兼防水层材料为金属铜胎改性沥青防水卷材（JCuB）与聚乙烯胎高聚物改性沥青防水卷材（PPE）。

a. 金属铜胎改性沥青防水卷材（JCuB）。金属铜胎改性沥青防水卷材是以金属铜箔和聚酯无纺布为复合胎基（铜箔厚度为 0.07mm），在两胎基里外层浸涂三层高聚物改性沥青面料，在上下两面覆盖面膜而制成的"双胎、三胶、两膜"防水卷材。由于金属铜箔具有耐根穿刺功能，故用于种植屋面中可集耐根穿刺及防水功能于一体。

b. 聚乙烯胎高聚物改性沥青防水卷材（PPE）。聚乙烯胎高聚物改性沥青防水卷材是以高分子聚乙烯材料为胎基，与高聚物改性沥青面料组成的防水卷材。由于胎基所固有的特性，使该卷材具有耐根穿刺性、耐碱性及高延伸性，集防水及耐根穿刺性能于一体。

金属铜胎改性沥青防水卷材（JCuB）与聚乙烯胎高聚物改性沥青防水卷材（PPE）两者均为耐根穿刺层兼防水层，可互相配合作为两道防水设防的复合施工，当一道防水设防时也可单独使用。

c. 配套材料。基层处理剂：丁苯橡胶改性沥青涂料；封边带：橡胶沥青密封胶带，宽100mm；密封胶。

② 施工工艺。

防水层为两道设防时，采用金属铜胎改性沥青防水卷材（JCuB）与聚乙烯胎高聚物改性沥青防水卷材（PPE）复合做法。前者为耐根穿刺层，4mm 厚；后者为防水层，3mm 厚。

防水层为一道设防时，耐根穿刺兼防水层可分别采用金属铜胎改性沥青防水卷材（JCuB）单层施工，或聚乙烯高聚物改性沥青防水卷材（PPE）单层施工，厚度均不小于 4mm。

采用金属铜胎改性沥青防水卷材（JCuB）与聚乙烯胎高聚物改性沥青防水卷材（PPE）复合施工的工艺流程参见图 2-36。

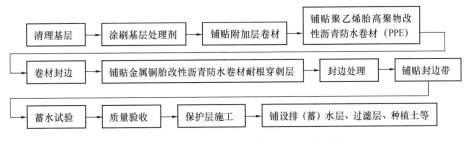

图 2-36 JCuB 与 PPE 复合施工的工艺流程

金属铜胎改性沥青防水卷材（JCuB）与聚乙烯胎高聚物改性沥青防水卷材（PPE）复合施工的施工要点如下：

a. 主要施工机具。清理基层工具有开刀、钢丝刷、扫帚等；铺贴卷材的工具有剪刀、盒尺、弹线盒、辊刷、料桶、刮板、压辊等；热熔施工机具有汽油喷灯、火焰喷枪等。

b. 作业条件。防水卷材进行热熔施工前应申请点火证，经批准后才能施工。现场不得有焊接或其他明火作业。基层应干燥，防水基层已验收合格。

c. 清理基层。基层杂物、尘土等均应清扫干净。

d. 涂刷基层处理剂。满刷基层处理剂，涂刷要均匀、不露底。

e. 铺贴附加层卷材。待基层处理剂干燥后，在细部构造部位（如女儿墙、阴阳角、管道根、水落口等部位）粘贴一层附加层卷材，宽度不小于 300mm，粘贴牢固，表面应平整无皱褶。

f. 铺贴聚乙烯胎高聚物改性沥青防水卷材（PPE）。聚乙烯胎高聚物改性沥青防水卷材（PPE）有自粘型、热熔型之分，自粘型卷材可采用冷自粘法工艺铺贴，热熔型卷材可采用热熔法工艺铺贴。

大面铺贴卷材时，将卷材定位，撕掉卷材底面的隔离膜，将卷材粘贴于基层。粘贴时应排尽卷材底面的空气，并用压辊滚压，粘贴牢固。

g. 卷材封边。卷材搭接缝可用辊子滚压，粘牢压实，当温度较低时可用热风机烘热封边。

h. 铺贴金属铜胎改性沥青防水卷材（JCuB）耐根穿刺层。卷材宜用热熔法铺贴。将金属铜胎改性沥青防水卷材弹线定位，卷材搭接缝与底层冷自粘卷材错开幅宽的 1/3。用汽油喷灯或火焰喷枪加热卷材底部，要往返加热，温度均匀，使卷材与基层满粘牢固。卷材搭接缝处应溢出不间断的改性沥青热熔胶。

i. 封边处理。大面卷材在热熔法施工完毕后，搭接缝处也需热熔封边，使之粘结牢固，无张口、翘边现象。

j. 铺贴封边带。用 100mm 宽的专用封边带将卷材接缝处封盖粘牢。

k. 蓄水试验。防水层及耐根穿刺层施工完成后，应进行蓄水试验，以 24h 无渗漏为合格。

l. 保护层施工。防水层及耐根穿刺层完成，且质量验收合格后，按设计要求做好保护层，然后再进行种植绿化各层次的施工。

3）德国威达复合铜胎基改性沥青 SBS 阻根防水卷材的施工

复合铜胎基改性沥青 SBS 阻根防水卷材的施工方法与常规 SBS 卷材在屋面上的施工方法基本相同，但为了保证阻根功能的实现，要特别做好搭接边处理，并适合种植屋面的总体构造设计。

① 材料及机具。

a. 复合铜胎基改性沥青 SBS 阻根防水卷材。该卷材是以聚酯毡与铜的复合胎基为胎体，浸涂和涂盖加入阻根生物添加剂的苯乙烯-丁二烯-苯乙烯（SBS）热塑弹性体改性沥青，两面覆以隔离材料制成。卷材上表面隔离材料为板岩颗粒。

卷材规格：幅宽为 1m，厚度为 4.2mm，每卷面积为 7.5m²。

该卷材的各项物理力学性能满足国家相关材料标准《弹性体改性沥青防水卷材》（GB 18242—2008）中Ⅱ型的要求，其阻根性能满足德国 FLL 的相关规定。

b. 配套材料。改性沥青密封膏：以沥青为基料，用适量的合成高分子材料进行改性，并加填充剂和化学助剂配制而成的膏状密封材料。主要用于卷材末端收头的密封和卷材搭接缝边缘的密封。

金属压条、固定件：用于固定卷材末端收头。

螺钉及垫片：用于屋面变形缝金属承压板固定等。

c. 主要机具。清理基层的工具主要有开刀、钢丝刷、扫帚、吸尘器等；铺贴卷材的工具主要是剪刀、盒尺、壁纸刀、弹线盒、油漆刷、压辊、辊刷、橡胶刮板、嵌缝枪等；热熔施工机具建议使用单头或多头长杆煤气喷枪。

② 基层。

根据平面屋顶原则，防水屋面要求的最低坡度为 2%，这样才能保证水在屋面上顺利排出，同时保证了卷材上没有积水。

Vedaflor WS-Ⅰ卷材可采用热熔法满粘铺设在第一层 SBS 上，第一层防水基面不得有酥松、起砂、起皮现象。基层必须平整、干净、干燥，平整度 4m 偏差为 1cm，无油污和浮土等杂质，含水率小于 4%。有一定粗糙度，但小于 1.5mm。

基层与突出结构的连接处以及基层的转角处，均应做成圆弧。圆弧半径为 50mm，内部排水的水落口周围应做成略低的凹坑。

③ 基层处理剂。

如卷材铺设在混凝土基面上，则应在铺设前在基层上涂刷一道冷底子油。冷底子油的材性应与 SBS 改性沥青类卷材的材性相容，如沥青冷底子油或氯丁胶乳沥青冷底子油；可采取喷涂法或涂刷法施工，喷、涂应均匀一致；待冷底子油干燥后，方可铺贴卷材；喷、涂时应对节点、周边和拐角先行涂刷。

④ 卷材铺设。

a. 大面铺设。卷材采用热熔法满铺在基层上，可平行或垂直于脊线铺贴，应先做好节点、附加层和排水比较集中部位的处理，然后由最低标高向上施工。

铺贴卷材时应平整顺直，搭接尺寸准确，不得扭曲；搭接宽度长边 8cm、短边 10cm，搭接缝应错开。

火焰加热器的喷嘴距卷材面的距离应适中；幅宽内加热应均匀，以卷材表面熔至光亮黑色为度，不得过分加热或烧穿卷材。卷材表面热熔后应立即滚铺卷材，滚铺时应排除卷材下面的空气，使之平展，不得皱褶，滚压粘贴牢固。

搭接缝部位以溢出热熔的改性沥青宽度为 2mm 左右并均匀顺直为宜。

b. 细部处理。阴阳角部位、平立面交叉处要按规定做好附加层。

屋面泛水的做法，要求防水卷材高出覆土面至少 15cm（图 2-37）。卷材收头压入预留凹槽内，用压条固定，最大钉距 900mm，嵌填密封胶，保证长期规定牢靠，防止受到破坏（图 2-38）。卷材收头也可用金属压条钉压，并用密封材料封固（图 2-39）。

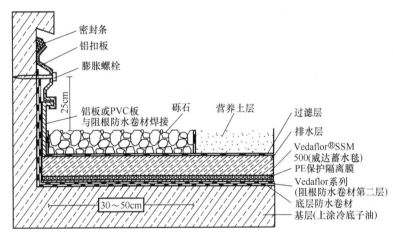

图 2-37 屋面泛水

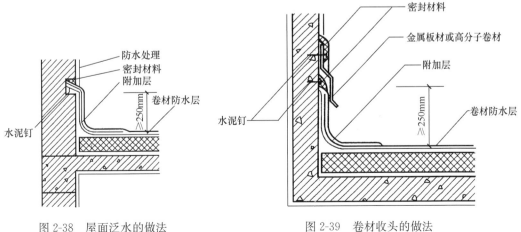

图 2-38 屋面泛水的做法　　　　图 2-39 卷材收头的做法

排水沟部位应当先做附加层，再铺大面。出水口部位也应当先做附加层，再铺大面，收头并嵌缝密实。

伸出屋面管道周围的找平层应做成圆锥台，要求防水卷材高出覆土面至少15cm（图2-40）。管道与找平层应留凹槽，并嵌填密封材料，防水层收头应用金属箍箍紧，并用密封材料填严（图2-41）。

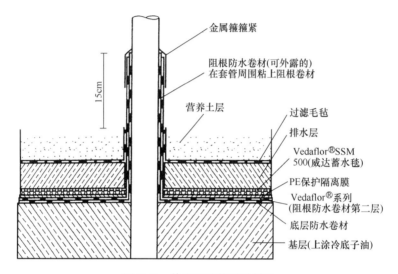

图2-40　伸出屋面管道的做法

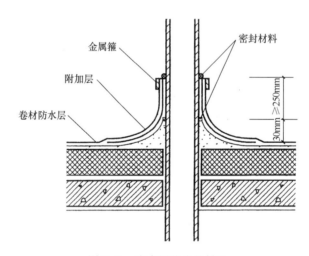

图2-41　防水层收头的做法

c. 种植区域和非种植区域的连接。要确保非阻根卷材一定铺设在非种植区域内，可以在两个区域之间设置结构隔离带，将两边的卷材翻上至隔离墩顶部焊接，并用钉子固定，金属板覆盖。但要保证两个区域内都有排水槽和出水口连接（图2-42）。

⑤ 卷材保护。

卷材铺设完成后应尽快在上部设置保护层。保护层可采用塑料、塑料毛毡或砂浆抹面等。砂浆抹面保护层5～8m的距离要布置伸缩缝，并在两者之间设置一个润滑层。

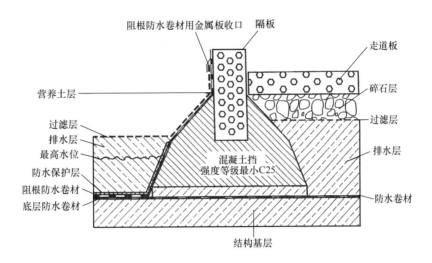

图 2-42　种植区域与非种植区域的连接

⑥ 砾石隔离带。

通常情况下，用 50cm 宽的 16～32mm 级配砾石将种植区域和非种植区域结构构件、排水槽、出水口分隔开。

在屋面与立面转角处、女儿墙墙根处、伸出屋面的管道根、水落口、天沟、檐口等部位 30～50cm 范围内不能设置种植土，而用砾石代替。

⑦ 雪天、严寒季节施工。

严禁在雨天、雪天、五级风以上天气施工。气温低于 0℃ 不宜施工。中途下雨、下雪时，应做好已铺卷材周边的防护工作；低于 5℃ 的严寒季节施工时，卷材应贮存在防冻的室内，只有在施工前才能将卷材搬到现场。

⑧ 卷材的贮存、保管。

a. 不同品种、标号、规格和等级的产品应分别堆放。

b. 应贮存在阴凉通风的室内，避免雨淋、日晒和受潮，严禁接近火源。沥青防水卷材贮存环境温度不得高于 45℃。

c. 沥青防水卷材宜直立堆放，其高度不宜超过两层，并不得倾斜或横压，短途运输平放不宜超过四层。

d. 卷材应避免与化学介质及有机溶剂等有害物质接触。

⑨ 检查验收。

遵照屋面防水施工规范（DIN 18521）和沥青卷材规程（abc der Bitumenbahnen，2002），在中国须符合《屋面工程质量验收规范》（GB 50207—2012）的相关要求。

a. 基层平整、干净、干燥，无松动、浮浆、起砂等；

b. 铺贴方向正确，搭接宽度正确，错缝搭接；

c. 火焰加热均匀，不能过分加热或烧穿卷材；

d. 卷材表面热熔后立即滚铺卷材，排尽空气，滚压牢固，无空鼓；接缝部位必须溢出热沥青；

　　e. 卷材应平整顺直，搭接尺寸正确，不得扭曲、皱褶；

　　f. 卷材收头的端部应裁齐，塞入预留凹槽中，用金属压条钉压固定，并用密封材料嵌填封严；

　　g. 防水性和根的防护性能检查（采用积水办法等）；

　　h. 防水层施工完成后，应做保护层进行成品保护。

　　（3）聚氯乙烯（PVC）防水卷材和热塑性聚烯烃（TPO）防水卷材的施工。

　　卷材与基层宜采用冷粘法工艺进行铺贴，大面积采用空铺法施工时，距屋面周边800mm内的卷材应与基层满粘，或沿屋面周边对卷材进行机械固定。当搭接缝采用热风焊接施工，单焊缝的有效焊接宽度不应小于25mm，双焊缝的每条焊缝有效焊接宽度不应小于10mm。

　　（4）三元乙丙橡胶（EPDM）防水卷材的施工。

　　卷材与基层宜采用冷粘法工艺进行铺贴，采用空铺法施工时，屋面周边800mm内的卷材应与基层满粘，或沿屋面周边对卷材进行机械固定。搭接缝应采用专用的搭接胶带进行搭接，搭接胶带的宽度不应小于75mm，搭接缝应采用密封材料进行密封处理。

　　（5）聚乙烯丙纶防水卷材和聚合物水泥粘结料复合防水的施工。

　　聚乙烯丙纶防水卷材是一种中间为低密度聚乙烯卷材，两面为热压一次成形的高强丙纶长丝无纺布制成的合成高分子防水卷材。聚乙烯丙纶防水卷材生产中使用的聚乙烯材料必须是成品原生原料，严禁使用再生原料；与其复合的无纺布应选用长丝无纺布。聚乙烯丙纶防水卷材应选用一次成形工艺生产的卷材，不得采用二次成形工艺生产的卷材。聚乙烯丙纶防水卷材应无毒无味，不影响花草树木的生长。

　　聚合物水泥防水粘结料为双组分，具有防水性能及粘结性能。

　　聚乙烯丙纶防水卷材和聚合物水泥粘结料复合防水材料的施工应符合以下规定：

　　① 聚乙烯丙纶防水卷材应采用双层叠合铺设，聚乙烯丙纶防水卷材的芯层厚度不小于0.6mm，聚合物水泥胶结料厚度不小于1.3mm；

　　② 聚合物水泥胶结料应按要求配制，宜采用刮涂法工艺施工；

　　③ 施工环境温度不应低于5℃，当环境温度低于5℃时，则应采取防冻措施。

　　聚乙烯丙纶防水卷材和聚合物水泥粘结料复合防水施工的工艺流程参见图2-43。

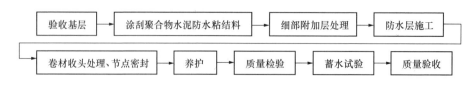

图 2-43　聚乙烯丙纶防水卷材和聚合物水泥粘结料复合防水施工的工艺流程

　　聚乙烯丙纶防水卷材和聚合物水泥粘结料复合防水材料的施工要点如下：

　　① 主要施工工具。清理基层的工具有铁锹、扫帚、锤子、凿子、扁平铲等；配制聚合物水泥防水粘结料的机具有电动搅拌器、计量器具、配料桶等；铺贴卷材的工具有铁抹子、刮板、剪刀、卷尺、线盒等。

　　② 作业条件。卷材铺贴前基层应清理干净，水泥砂浆基层应湿润但无明水。施工环境温度宜为5℃以上，当低于5℃时应采取保温措施。

③ 验收基层。水泥砂浆基层应坚实平整，潮湿而无明水，验收应合格。

④ 涂刮聚合物水泥防水粘结料的配比为胶：水：水泥＝1：1.25：5。当冬季气温在 5℃以下、−5℃以上时，可在聚合物水泥防水粘结料中加入 3%～5% 的防冻剂。聚合物水泥防水粘结料内不允许有硬性颗粒和杂质，搅拌应均匀，稠度应一致。

⑤ 细部附加层处理。阴阳角应做一层卷材附加层；管道根部应做一层附加层，剪口附近应做缝条搭接，待主防水层做完后，剪出围边，围在管根处并用聚合物水泥防水粘结料封边。

⑥ 防水层施工。铺贴聚乙烯丙纶防水卷材时，将聚合物水泥防水粘结料均匀涂刮在基层上，把防水卷材粘铺在上面，用刮板推压平整，使卷材下面的气泡和多余的粘结料推压下来。

防水层的粘结应满粘，使其平整、均匀，粘结牢固、无翘边。

⑦ 养护。防水层完工后，夏季气温在 25℃ 以上应及时在卷材表面喷水养护或用湿阻燃草帘覆盖。冬季气温在 5℃ 以下、−5℃ 以上时应在防水层上覆盖阻燃保温被或塑料布。

⑧ 蓄水试验。防水层完工后应做蓄水试验或雨后检验，蓄水 24h 观察无渗漏为合格。

（6）高密度聚乙烯土工膜的施工。

高密度聚乙烯土工膜的施工宜采用空铺法工艺施工；单焊缝的有效焊接宽度不应小于 25mm，双焊缝的每条焊缝有效焊接宽度不应小于 10mm；焊接应严密，不应焊焦、焊穿；焊接卷材应铺平、顺直；变截面部位卷材接缝施工应采用手工或机械焊接，若采用机械焊接，应使用与焊机配套的焊条。

1）高聚物改性沥青防水卷材与高密度聚乙烯土工膜（HDPE）的复合施工。

① 材料要求。

a. 防水层材料采用高聚物改性沥青防水卷材，其技术性能要求应符合国家标准《弹性体改性沥青防水卷材》（GB 18242—2008）中聚酯胎（PY）的要求。该卷材作为防水层，采用热熔法施工。

高聚物改性沥青防水卷材单层使用厚度应不小于 4mm，双层使用厚度应不小于 6mm（3mm＋3mm）。

b. 耐根穿刺层材料采用高密度聚乙烯土工膜（HDPE）。高密度聚乙烯土工膜又称高密度聚乙烯防水卷材，是由 97.5% 的高密度聚乙烯和 2.5% 的炭黑、抗氧化剂、热稳定剂构成。卷材强度高、硬度大，具有优异的耐植物根系穿刺性能及耐化学腐蚀性能。其物理性能应符合设计要求。

高密度聚乙烯土工膜（HDPE）用于耐根穿刺层，厚度应不小于 1.2mm。施工时，大面采用空铺法，搭接缝采用焊接法。

② 施工工艺。

高聚物改性沥青防水卷材热熔施工工艺见 2.6 节 6，这里仅介绍高密度聚乙烯土工膜（HDPE）热焊接施工工艺。

高密度聚乙烯土工膜的热焊接方式有两种，即热合焊接（用楔焊机）和热熔焊接。当工程大面积施工时采用"自行式热合焊机"施工，形成带空腔的热合双焊缝，并用充气做正压检漏试验检查焊缝质量。在异形部位施工，如管根、水落口、预埋件等细部构造部位则采用自控式挤压热熔焊机施工，用同材质焊条焊接，形成挤压熔焊的单焊缝，用真空负压检漏试验检查焊缝质量。

高聚物改性沥青防水卷材与高密度聚乙烯土工膜（HDPE）复合施工的工艺流程参见图2-44。

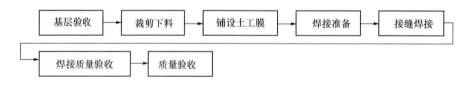

图2-44 高聚物改性沥青防水卷材与HDPE复合施工的工艺流程

高聚物改性沥青防水卷材与高密度聚乙烯土工膜（HDPE）复合施工的要点如下：

a. 主要施工机具及消防准备。高聚物改性沥青防水卷材热熔施工机具见2.6节6；

卷材焊接机具有自行式热合焊机（楔焊机）、自控式挤压热熔焊机、热风机、打毛机；现场检验设备有材料及焊件拉伸机、正压检验设备、负压检验设备、粉末灭火器材或砂袋等。

b. 作业条件。高密度聚乙烯土工膜的作业基层为高聚物改性沥青卷材防水层，要求在底层防水层施工完毕并已验收合格后方可进行作业。

施工现场不得有其他焊接等明火作业。雨、雪天气不得施工，五级风以上不得进行卷材焊接施工。施工环境温度不受季节限制。

c. 基层验收。基层为高聚物改性沥青卷材防水层，应铺贴完成，质量检验合格，经蓄水试验无渗漏后方可进行施工；为了使高密度聚乙烯土工膜焊接安全、方便，宜在防水层上面空铺一层油毡保护层，以保护已完工的防水层不受损坏。

d. 剪裁下料。根据工程实际情况，按照需铺设卷材尺寸及搭接量进行下料。

e. 铺设土工膜。铺设高密度聚乙烯土工膜时力求焊缝最少。要求土工膜干燥、清洁，应避免皱褶，冬季铺设时应铺平，夏季铺设时应适当放松，并留有收缩余量。

f. 焊接准备。搭接宽度要满足要求，双缝焊（热合焊接）时搭接宽度应不小于80mm，有效焊接宽度10mm×2+空腔宽；单缝焊（热熔焊接）时搭接宽度应不小于60mm，有效焊接宽度不小于25mm。

焊接前应将接缝处上下土工膜擦拭干净，不得有泥、土、油污和杂物。焊缝处宜进行打毛处理。

在正式焊接前必须根据土工膜的厚度、气温、风速及焊机速度调整设备参数，应取300mm×600mm的小块土工膜做试件进行试焊。试焊后切取试样在拉力机上进行剪切、剥离试验，并应符合下列规定方可视为合格：试件破坏的位置在母材，不在焊缝处；试件剪切强度和剥离强度符合要求；检验合格后，可锁定参数，依此焊接。

g. 接缝焊接。

（a）热合焊接工艺（楔焊机双缝焊）。

焊接时宜先焊长边，后焊短边。焊接程序参见图2-45。

（b）热熔焊接工艺（挤压焊机单缝焊）。

焊接程序参见图2-46。

h. 焊缝质量验收。施工质量检验的重点是接缝的焊接质量。按如下方法检验：

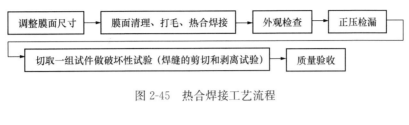

图 2-45 热合焊接工艺流程

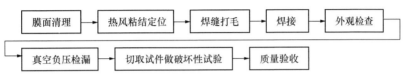

图 2-46 热熔焊接工艺流程

（a）焊缝的非破坏性检验是指做充气检验。检验时用特制针头刺入双焊缝空腔，两端密封，用空压机充气，达到 0.2MPa 正压时停泵，维持 5min，不降压为合格；或保持 5min后，最大压力差不超过停泵压力的 10% 为合格。

（b）焊缝的破坏性检验是指做检验焊缝处的剪切强度（拉伸试验）。自检时，要在每150～250mm 长焊缝切取试件，现场在拉伸机上试验。工程验收时为 3000～4000m² 取一块试件。取样尺寸为：宽 0.2m，长 0.3m，测试小条宽为 10mm。其标准为：焊缝剪切拉伸试验时，断在母材上，而焊缝完好为合格。

i. 焊缝的修补。对初检不合格的部位，可在取样部位附近重新取样测试，以确定有问题的范围，用补焊或加覆一块等办法修补，直至合格为止。

2）湿铺法双面自粘防水卷材（BAC）与高密度聚乙烯土工膜（HDPE）的复合施工。

防水层采用湿铺法双面自粘防水卷材（BAC）。耐根穿刺层采用高密度聚乙烯土工膜。高密度聚乙烯土工膜（HDPE）作为耐根穿刺层，大面采用与湿铺法双面自粘防水卷材（BAC）空铺，搭接缝采用热焊接法施工，厚度应不小于 1.0mm。其物理性能应符合设计要求。

辅助材料：附加自粘封口条（120mm 宽）、专用密封胶、普通硅酸盐水泥、硅酸盐水泥、水、砂子等。

BAC 与 HDPE 复合施工的工艺流程见图 2-47。

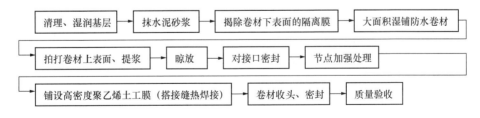

图 2-47 BAC 与 HDPE 复合施工的工艺流程

BAC 与 HDPE 复合施工的操作要点如下：

a. 主要施工机具。清理基层的工具有扫帚、开刀、钢丝刷等；铺抹水泥（砂）浆的工具有水桶、铁锹、刮杠、抹子等；铺贴卷材的工具有盒尺、壁纸刀、剪刀、刮板、压辊等；

铺设聚乙烯土工膜的机具有挤压焊机、热熔焊枪等。

b. 作业条件。湿铺法双面自粘防水卷材在施工前其基层验收应合格，要求基层无明水，可潮湿。湿铺法双面自粘防水卷材（BAC）铺贴时，环境温度宜为5℃以上。

c. 清理、湿润基层。基层表面的灰尘、杂物应清除干净，并充分湿润但无积水。

d. 抹水泥（砂）浆。当采用水泥砂浆时，其厚度宜为10～20mm，铺抹时应压实、抹平；当采用水泥浆时，其厚度宜为3～5mm。在阴角处，应用水泥砂浆分层抹成圆弧形。

e. 揭除卷材下表面的隔离膜。

f. 大面湿铺防水卷材。卷材铺贴时采用对接法施工，将卷材平铺在水泥（砂）浆上。卷材与相邻卷材之间为平行对接，对接缝宽度宜控制在0～5mm之间。

g. 拍打卷材上表面、提浆。用木抹子或橡胶板拍打卷材上表面，提浆，排出卷材下表面的空气，使卷材与水泥（砂）浆紧密贴合。

h. 晾放。晾放24～48h（具体时间应视环境温度而定），一般情况下，温度越高所需时间越短。

i. 对接口密封。可采用120mm宽附加自粘封口条密封，对接口密封时，先将卷材搭接部位上表面的隔离膜揭掉，再粘贴附加自粘封口条。

j. 节点加强处理。节点处在大面卷材铺贴完毕后，按规范要求进行加强处理。

k. 铺设高密度聚乙烯土工膜（搭接缝热焊接法施工）。双面自粘防水卷材上表面隔离膜不得揭掉，高密度聚乙烯土工膜施工大面采用空铺法，搭接缝热焊接法。

l. 卷材收头、密封。卷材收头部位采用密封胶密封处理。

（7）合金防水卷材（PSS）与双面自粘防水卷材的复合施工。

合金防水卷材（PSS）是以铅、锡、锑等为基础，经加工而成的一类金属防水卷材。此类卷材具有良好的抗穿孔性和耐植物根系穿刺性能，耐腐蚀、抗老化性能强，延展性好，卷材使用寿命长等优点。接缝采用焊接，该卷材集耐根穿刺及防水功能于一体，综合经济效益好。

合金防水卷材（PSS）大面采用与双面自粘橡胶沥青防水卷材粘结，搭接缝采用焊条焊接法施工，搭接宽度不小于5mm。铺贴完的合金防水卷材（PSS），平整、接缝严密，但大面上允许有小皱褶。

合金防水卷材表面应平整，不能有孔洞、开裂等缺陷。其边缘应整齐，端头里进外出不得超过10mm。

双面自粘橡胶沥青防水卷材作为防水层，同时还兼有过渡粘结的作用。

辅助材料有：①焊剂，焊剂应采用饱和的松香酒精溶液；②焊条，所采用的松香焊丝其含锡量应不小于55%；③专用基层处理剂、双面自粘胶带、专用密封膏和金属压条、钉子等。

合金防水卷材（PSS）与双面自粘防水卷材复合施工的工艺流程参见图2-48。

合金防水卷材（PSS）与双面自粘防水卷材复合施工的操作要点如下：

a. 消防准备。防水施工前先申请点火证，施工现场备好灭火器材。

b. 主要施工机具。清理基层工具有开刀、钢丝刷、扫帚等；铺贴卷材的工具有弹线盒、盒尺、刮板、压辊、剪刀、料桶、焊枪等。

c. 作业条件。基层要求坚实、平整、压光、干燥、干净。

d. 清理基层。在双面自粘橡胶沥青防水卷材铺贴之前，应彻底清除基层上的灰浆、油污等杂物。

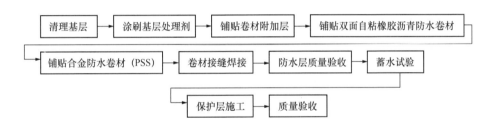

图 2-48　合金防水卷材（PSS）与双面自粘防水卷材复合施工工艺流程

e. 涂刷基层处理剂。将基层处理剂均匀地涂刷在基层表面，要求薄厚均匀、不露底、不堆积。

f. 铺贴附加层卷材。在细部构造部位，如阴阳角、管根、水落口、女儿墙泛水、天沟等处先铺贴一层附加层卷材。附加层卷材应采用双面自粘橡胶沥青防水卷材，粘贴牢固并用压滚压实。

g. 铺贴双面自粘橡胶沥青防水卷材。在基层弹好基准线。将双面自粘橡胶沥青防水卷材展开并定位，然后由低向高处铺贴。铺贴时边撕开底层隔离纸，边展开卷材粘贴于基层，并用压滚压实卷材，使卷材与基层粘结牢固。

h. 铺贴合金防水卷材（PSS）。在双面自粘橡胶沥青防水卷材上面铺贴一层合金防水卷材（PSS）。首先使合金防水卷材就位，铺贴时，边展开合金防水卷材，边撕开双面自粘橡胶沥青防水卷材的面层隔离纸，并用压辊滚压卷材，使合金防水卷材与双面自粘橡胶沥青防水卷材粘结牢固。

i. 卷材接缝焊接。合金防水卷材（PSS）的搭接宽度不应小于 5mm，搭接缝采用焊接法。焊接时先将卷材焊缝两侧 5mm 内的氧化层清除，涂上饱和松香酒精焊剂，用橡皮刮板压紧，然后方可进行焊接作业。在焊接过程中两卷材不得脱开，焊缝要求平直、均匀、饱满，不得有凹陷、漏焊等缺陷。

合金防水卷材（PSS）在檐口、泛水等立面收头处应用金属压条固定，然后用粘结密封胶带密封处理。

j. 质量检查。双面自粘橡胶沥青防水卷材及合金防水卷材（PSS）全部铺贴完毕，应按照《屋面工程质量验收规范》（GB 50207—2012）检查防水层质量。

k. 蓄水试验。种植屋面防水层及耐根穿刺层铺贴完毕，即可进行蓄水试验，蓄水 24h 无渗漏为合格。

l. 保护层施工。铺设保护层前可先铺一层隔离层。

合金防水卷材（PSS）表面必须做水泥砂浆或细石混凝土刚性保护层。做水泥砂浆保护层时，其厚度应不小于 15mm；做细石混凝土保护层时，厚度应不小于 40mm，且应设分格缝，间距不大于 6m，缝宽 20mm，缝内嵌密封胶。

防水保护层施工完毕，需进行湿养护 15d。

（8）地下建筑顶板的耐根穿刺防水层的施工。

地下顶板的绿化系统同一般种植屋面一样，也都包括荷载、耐根穿刺防水、排水和种植层等，但是阻根防水更为重要。

目前由于对阻根防水不够重视，一些车库顶层绿化后，地下车库也出现了渗水、漏水、根刺穿现象。地下顶板由于破坏严重而进行翻修处理，相关的经济损失是很大的，因此地下顶板防水施工更要严谨。

地下工程防水的设计与施工应遵循"防、排、截、堵相结合，刚柔相济、因地制宜、综合治理"的原则。地下室应采用"外防外贴"或"外防内贴"法构成全封闭和全外包的防水层。对于地下室的变形缝、施工缝、诱导缝、后浇带、穿墙管（盒）、预埋件、预留通道接头、桩头等细部构造，应采取加强的防水构造措施。

地下顶板防水层可采用卷材防水层或涂膜防水层。

卷材防水层的铺贴要求如下：卷材防水层为1～2层，高聚物改性沥青卷材的厚度要求单层使用不应小于4mm，双层使用每层不应小于3mm，高分子卷材的厚度要求单层使用不应小于1.5mm，双层使用总厚度不应小于2.4mm；平面部位的卷材宜采用空铺法或点粘工艺施工，从底面折向立面的卷材与永久保护墙的接触部位应采用空铺工艺，与混凝土结构外墙接触的部位应满粘，采用满粘工艺；底板卷材防水层上的细石混凝土保护层厚度不应小于50mm，侧墙卷材防水层宜采用6mm厚的聚乙烯泡沫塑料片材做软保护层。

涂膜防水的铺设要点如下：涂膜防水层应采用"外防外涂"的施工方法。所选用的涂膜防水材料应具有优良的耐久性、耐腐蚀性、耐霉菌性以及耐水性，有机防水涂膜的厚度宜为1.2～2.0mm。

种植屋面中的耐根穿刺防水层的设置是十分重要的，选择什么样的阻根材料和如何选择以及应用到种植屋面系统中去这些问题都需要进行认真研究和探讨。因为并不是所有可以阻根的材料都适宜用在种植屋面系统中的，除满足阻根性能以外，材料要具有环保、易施工、承重小等特点，并要做到与系统相匹配。如钢筋混凝土裂缝不可避免、承重过大及变形缝处理困难等，PSS、PVC不环保，HDPE热胀冷缩系数大、节点处理困难，这些问题都要考虑到实际应用中去。

7. 保护层和隔离层的施工

施工完毕的防水层应进行雨后观察、淋水或蓄水试验，其合格之后方可再进行保护层和隔离层的施工。在保护层和隔离层施工前，防水层和保温层的表面应平整、干净。保护层和隔离层施工时，应避免损坏防水层和保温隔热层。

（1）保护层的施工。

种植屋面耐根穿刺防水层上面宜设置保护层，保护层的施工应符合现行国家标准《屋面工程技术规范》（GB 50345—2012）、《地下工程防水技术规范》（GB 50108—2008）的有关规定。

水泥砂浆及细石混凝土保护层的铺设应符合下列规定：

① 水泥砂浆、细石混凝土保护层表面的坡度应符合设计要求，不得有积水现象。

② 在水泥砂浆及细石混凝土保护层铺设前，应在其下面（耐根穿刺防水层上面）做隔离层。

③ 细石混凝土保护层铺设时不宜留施工缝，当施工间隙超过时间规定时，应对接槎进行处理。

④ 水泥砂浆及细石混凝土表面应抹平压光，不得有裂纹、脱皮、麻面、起砂等缺陷，厚度应均匀。

⑤ 施工环境温度宜为5～35℃。

（2）隔离层的施工。

隔离层的施工要点如下：

① 隔离层的铺设，不得出现破损和漏铺现象。

② 干铺塑料膜、土工布、卷材时，其搭接宽度不应小于 50mm，铺设应平整，不得有皱褶。干铺塑料膜、土工布、卷材可在负温下进行。

③ 低强度等级砂浆铺设时，其表面应平整、压实，不得有起壳和起砂等现象出现，铺抹低强度等级砂浆的施工环境温度宜为 5～35℃。

8. 排（蓄）水层的施工

隔离过滤层的下部为排（蓄）水层，其作用是改善基质的通气状况，将通过过滤层的多余水分迅速排出，从而有效缓解瞬时的压力，但其仍可蓄存少量的水分。

排（蓄）水层的不同排水形式有三种：①专用的、留有足够空隙并具有一定承载能力的塑料或橡胶排（蓄）水板排水层；②粒径为 20～40mm，厚度为 80mm 以上的陶粒排水层（此类排水层应在荷载允许的范围内使用）；③软式透水管排水层（适用于屋面排水坡度比较大的情况）。

排（蓄）水设施在施工前应根据屋面坡向确定其整体排水方向；排（蓄）水层应与排水系统连通，以保证排水畅通；排（蓄）水层应铺设在排水沟边缘或水落口周边，铺设方法如

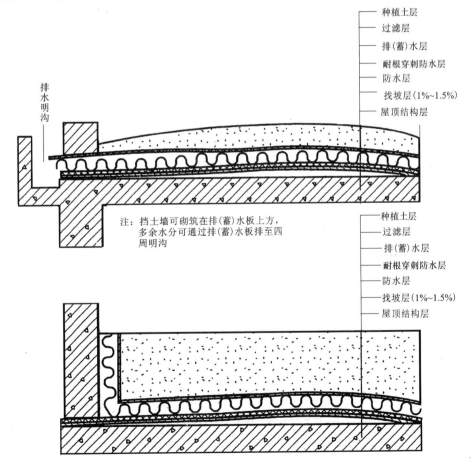

图 2-49　屋顶绿化排（蓄）水板铺设方法示意

图 2-49 所示。在铺设排（蓄）水材料时，不应破坏耐根穿刺防水层。

凹凸塑料排（蓄）水板的厚度、顺槎搭接宽度应符合设计要求，宜采用搭接法施工，其搭接宽度应视产品的具体规格而确定，但不应小于 100mm。若设计无要求时，搭接宽度应大于 150mm；网状交织、块状塑料排水板宜采用对接法施工，并应接槎齐整。采用卵石、陶粒等材料铺设排（蓄）水层时，铺设时粒径应大小均匀。屋顶绿化采用卵石排水的，粒径应为 3～5cm；地下顶板覆土绿化采用卵石排水的，粒径应为 8～10cm。卵石的铺设应平整，铺设厚度应符合设计要求。

四周设置明沟的，排（蓄）水层应铺设至明沟边缘；挡土墙下设排水管的，排水管与天沟或水落口应合理搭接，坡度适当。

施工时，各个花坛、园路的出水孔必须与女儿墙排水口或屋顶天沟连接成整体，使雨水或灌溉多余的水分能够及时顺利地排走，减轻屋顶的荷重且防止渗漏；还应根据排水口设置排水观察井，并定期检查屋顶排水系统的通畅情况，及时清理枯枝落叶，防止排水口堵塞造成壅水倒流。

屋面的排水系统和屋面的防水层一样，是保护屋面不漏水的关键所在。屋顶多采用屋面找坡、设排水沟和排水管的方式解决排水问题，避免积水造成植物根系腐烂。

（1）陶粒排水层。

传统的疏排水方式，使用最多的是采用河砾石或碎石作为滤水层，将水疏排到指定地点。如采用轻质陶粒做排水层时，铺设应平整，厚度应一致。

（2）排（蓄）水板排水层。

采用排（蓄）水板来排水省时、省力并可节省投资。屋顶的承重也可大大减轻。其滤水层的质量仅为 $1.30kg/m^2$。排（蓄）水板具有渗水、疏水和排水功能。它可以多方向排水，受压强度高，有良好的交接咬合，接缝处排水畅通、不渗漏。若用于种植屋面，可以有效排出土壤中多余水分，保持土壤的自然含水量，促进屋顶草木生长，满足大面积屋面绿化的疏水、排水要求。

排（蓄）水板与渗水管组成一个有效的疏排水系统，圆柱形的多孔排（蓄）水板与无纺布也组成一个排水系统，从而形成一个具有渗水、贮水和排水功能的系统。

排（蓄）水板主要由两部分组成：圆锥凸台（或中空圆柱形多孔）的塑胶底板和滤层无纺布。前者由高抗冲聚乙烯制成，后者交接在圆锥凸台顶面上（或圆柱孔顶面上）。其作用是防止泥土微粒通过，避免通道阻塞，从而使孔道排水畅通。其铺设方法如下：

排（蓄）水板可按水平方向或竖直方向铺设。应先清理基层，水平方向应先进行结构找坡，沿垂直找坡方向铺设，应逐批向前或向后施工。铺设完毕后，应在排水板上铺设施工通道，之后方可按设计要求覆土或浇混凝土。

排水板与排水板长边在竖直方向相接时，应拉开土工布，使上下片底板在圆锥凸台处重叠，再覆盖土工布。连接部位的高低、形成的坡度，应和水流方向一致。排水板在转角处折弯即可，也可以两块搭接。从挡土墙角向上铺设时，边铺边填土，接近上缘时，铺设第二批排水板，依次类推向上铺设。当遇到斜坡面时，竖直方向上的排水板在上，斜坡面的在下面直接搭接后，竖直面上的土工布压在斜坡面土工布上面。

模块式排水板铺设时先将排水板按照交接口拼装成片，再大面铺设土工布，在其上覆盖粗砂，回填种植土并绿化。也可将模块式排水板叠成双层固定，在大面积排水板边沿作为排水管排水。

塑料排（蓄）水板宜采用搭接法施工，搭接宽度不应小于 100mm，网状交织排（蓄）水板宜采用对接法施工。

排水板底板搭接方法：凸台向下时，小凸台套入大凸台；凸台向上时，大凸台套入小凸台；地板平面采用粘结连接。排水板采用粘结固定时，应用相容性、干固较快的胶水粘结。排水板采用钢钉固定时，用射钉枪把排水板钉在结构面层上，按两排布置。排水板平铺时，采用大凸台套入小凸台固定。

（3）软式透水管。

软式透水管，表面看就是螺旋钢丝圈外包过滤布，柔软可自由弯曲，其构造参见图 2-50。这种透水管在土壤改良工程，护坡、护堤工程，特殊用途草坪（如足球场、高尔夫球场）等的排水工程中早有应用，在普通绿地排水工程中也广泛应用。软式透水管用于绿化排水工程，具有耐腐蚀性和抗微生物侵蚀性能，并有较高的抗拉耐压强度，使用寿命长，可全方位透水，渗透性好，重量轻，可连续铺设且接头少，衔接方便，可直接埋入土壤中，施工迅速，并可减小覆土厚度等特点。软式透水管的这些特点，决定了它完全适用于"板面绿化"排水。

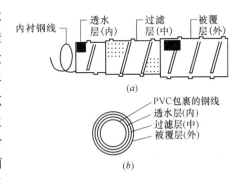

图 2-50　软式透水管详细构造

（a）纵向面图；（b）横向面图

软式透水管有多种规格，小管径多用于渗水，大管径多用于通水。作为渗水用的排水支管间距与覆土深度、是否设过滤层等因素有关。用于"板面绿化"排水的支管，宜选用较小的管径和较密的布置间距，因为排水管上面的覆土一般只有 30～40cm，土壤的横向渗水性差，每根排水支管所负担的汇水面积小，建议采用 ϕ50 的管径、1% 的排水坡度和 2.0m 的布置间距。

9. 过滤层的施工

为了防止种植土中小颗粒及养料随水流失，堵塞排水管道，需在植被层与排（蓄）水层之间，采用单位面积质量不低于 250g/m² 聚酯纤维土工布做一道隔离过滤层，用于阻止基质进入排水层，以起到保水和滤水的作用。其目的是将种植介质层中因下雨或浇水后多余的水及时通过过滤并排出去，以防止植物烂根，同时可将植物介质保留下来以免发生流失。

过滤层的材料规格、品种应符合设计要求，采用单层卷状聚丙烯或聚酯无纺布材料的，单位面积质量必须大于 150g/m²；采用双层组合卷状材料，上层有蓄水棉，单位面积质量应达到 200～300g/m²，下层无纺布材料单位面积质量应达到 100～150g/m²。

过滤层空铺于排（蓄）水层之上时，铺设应平整、无皱褶，向栽植地四周延伸，搭接宽度不应小于 150mm。过滤层无纺布的搭接，应采用黏合或缝合固定，无纺布边缘应沿种植土挡墙向上铺设至种植土高度。端部收头应用胶粘剂粘结，粘结宽度不得小于 5cm，或采用金属条固定。种植土挡墙或挡板施工时，留设的泄水孔位置应准确，并不得堵塞。

10. 种植土层的施工

种植土层是指能够满足植物生长的条件，具有一定渗透能力、蓄水能力和空间稳定性的一类轻质材料层。种植土层的施工要点如下：

① 种植土层应符合现行行业标准《园林绿化工程施工及验收规范》（CJJ 82—2012）中第 4.1.1 条和 4.1.3 条的规定。

② 种植土层的荷载应符合设计要求。

③ 种植土进场后不得集中码放，应及时摊平铺设，均匀堆放、分层压实，平整度和坡度应符合竖向设计要求，且不得损坏防水层。厚度 500mm 以下的种植土不得采用机械回填。

④ 进场后的种植土应避免雨淋，散装种植土应有防止扬尘的措施，摊铺后的种植土表面采取覆盖或洒水措施防止扬尘。

11. 植被层的施工

植被层的施工是指通过移栽，铺设和播种等形式来种植各种植物。

植被层景物的配置，应使其既具有独特的风格，又与所在的主体建筑及周边的环境相协调。在进行植被层施工时，应设置人员安全防护装置，在施工过程中还应避免对周边环境造成污染。

2.7 金属防水卷材焊接铺贴的施工

金属防水材料按其形式可分为金属钢板和金属防水卷材两大类别，金属防水卷材包括 PSS 合金卷材、不锈钢卷材等。一般 PSS 合金卷材耐久性强，其是采用铅、锡、锑等金属材料合成的，可用作屋面工程、地下工程、种植顶板、水池和游泳池的防水层。由于金属防水卷材的接缝一般是采用锡焊条进行焊接的，故要确保金属卷材防水层的质量，其关键是接缝的焊接质量。金属防水卷材焊接铺贴的施工要点如下：

（1）金属防水卷材防水层的施工，其主要材料和工具为：PSS 合金卷材、焊条、焊剂、丁基橡胶型胶粘剂、封闭钉眼和收头卷材边缝的密封材料、固定外墙卷材和收头卷材用的金属压条、金属钢钉和射钉、外墙防水层保护材料等材料，电烙铁、粉线袋、射钉枪和裁剪刀等施工工具。

（2）基层应干净，找平层应平整、光滑，不得有石子、砂粒，表面无凸起物，以免将金属防水卷材刺破。

（3）节点部位和转角、檐沟等处应在铺设金属防水卷材之前，先作附加增强处理，一般采用防水涂料增强。穿墙管部位的金属防水卷材应采用管箍箍紧，外墙收头部位在采用压条射钉钉压固定后，再用密封材料封严。

（4）铺贴金属防水卷材有采用空铺，有采用胶粘剂粘贴，其接缝焊接施工工艺如下：

① 先在基层上按照设计要求的尺寸弹出标准线，然后展开卷材沿线铺平，并用压辊滚压或用橡皮榔头轻轻敲打平整。尤其在两块卷材之间的搭接处；上下层之间的接触要紧密，上下层分开不得大于 1mm，并应检查搭接宽度是否准确（不小于 5mm）、平直、齐整。

② 对施焊缝处用钢丝刷擦除氧化层，涂刷饱和酒精松香焊剂，用橡皮榔头将不紧密处锤紧，随之可以进行施焊。

③ 焊接时应控制好温度，使焊锡熔化并流进两层卷材的搭接缝之间，然后用焊锡在其接缝处堆积一定的厚度，焊缝表面要求平整、光滑，不得有气孔、裂纹、漏焊、夹焊。

④ 待全部检查完毕确认合格后，在缝上涂刷一层涂料或密封胶，宽度宜为 20mm。

⑤ 焊接完工之后，金属卷材表面应保持清洁，并应及时清除杂物或施工时带入的砂粒。

（5）外墙金属卷材防水层其搭接边也采用对接焊。可用金属压条、金属钢钉或射钉固定，然后使用堆积焊，以使合金卷材铺贴牢固。也可采用射钉钉压平垫和密封胶垫固定卷材被搭接边，钉距应小于等于 1500mm，钉眼部位应采用密封材料封闭严密。

（6）检查金属防水卷材以及卷材搭接长度是否符合设计规定的要求，目测或采用仪器检查搭接边焊接的质量。若发现焊接不严或存在破损部位，则应重新补焊。

（7）应在金属卷材防水层表面抹聚合物砂浆或浇筑细石混凝土做其防水层的保护层。

第3章 建筑防水涂料的施工

涂料是一种呈现流动状态或可液化之固体粉末状态或厚浆状态的，能均匀涂覆并且能牢固地附着在被涂物体表面，并对被涂物体起到装饰作用，保护作用及特殊作用或几种作用兼而有之的成膜物质。建筑涂料是指涂敷于建筑构件表面，并能与构件表面材料很好地粘结，形成完整保护膜的一种成膜物质，其主要产品类型有墙面涂料、防水涂料、地坪涂料、功能性涂料等。建筑涂料主要产品的类型见表3-1。

建筑防水涂料简称为防水涂料，是指由沥青、合成高分子聚合物、合成高分子聚合物与沥青、合成高分子聚合物与水泥或以无机复合材料等为主要成膜物质，掺入适量的颜料、助剂、溶剂等加工制成的溶剂型、水乳型或反应型的在常温下呈无固定形状的黏稠状液态或可液化之固体粉末状态的高分子合成材料，是单独或与胎体增强材料复合，分层涂刷或喷涂在需要进行防水处理的基层表面上，通过溶剂的挥发或水分的蒸发或反应固化后可形成一个连续、无缝、整体的且具有一定厚度的、坚韧的、涂膜状态的能够满足工业与民用建筑的屋面、地下工程、厕浴厨房间以及外墙等部位防水防渗要求的一类建筑涂料。

涂膜防水由于其防水效果好，施工简单、方便，特别适合于结构表面形状复杂的防水工程，因而得到了广泛的应用。

表 3-1　建筑涂料主要产品的类型　（GB/T 2705—2003）

主要产品类型		主要成膜物质类型
墙面涂料	合成树脂乳液内墙涂料 合成树脂乳液外墙涂料 溶剂型外墙涂料 其他墙面涂料	丙烯酸酯类及其改性共聚乳液；醋酸乙烯及其改性共聚乳液；聚氨酯、氟碳等树脂；无机黏合剂等
防水涂料	溶剂型树脂防水涂料 聚合物乳液防水涂料 其他防水涂料	EVA、丙烯酸酯乳液；聚氨酯、沥青、PVC胶泥或油膏、聚丁二烯等树脂
地坪涂料	水泥基等非木质地面用涂料	聚氨酯、环氧等树脂
功能性涂料	防火涂料 防霉（藻）涂料 保温隔热涂料 其他功能性涂料	聚氨酯、环氧、丙烯酸酯类、乙烯类、氟碳等树脂

3.1　建筑防水涂料的分类和施工工艺

3.1.1　建筑防水涂料的分类

目前，防水涂料一般按涂料的类型和涂料的成膜物质的主要成分进行分类。

1. 按照涂料的液态类型分类

根据涂料的液态类型，可把防水涂料分为溶剂型、水乳型、反应型三种。

（1）溶剂型防水涂料：在这类涂料中，作为主要成膜物质的高分子材料溶解于有机溶剂中，成为溶液，高分子材料以分子状态存在于溶液（涂料）中。

该类涂料具有以下特性：通过溶剂挥发，经过高分子物质分子链接触、搭接等过程而结膜；涂料干燥快，结膜较薄而致密；生产工艺较简易，涂料贮存稳定性较好；易燃、易爆、有毒，生产、贮存及使用时要注意安全；由于溶剂挥发快，施工时对环境有污染。

（2）水乳型防水涂料：这类防水涂料作为主要成膜物质的高分子材料以极微小的颗粒（而不是呈分子状态）稳定悬浮（而不是溶解）在水中，成为乳液状涂料。

该类涂料具有以下特性：通过水分蒸发，经过固体微粒接近、接触、变形等过程而结膜；涂料干燥较慢，一次成膜的致密性较溶剂型涂料低，一般不宜在5℃以下施工；贮存期一般不超过半年；可在稍微潮湿的基层上施工；无毒，不燃；生产、贮运、使用比较安全；操作简便，不污染环境；生产成本较低。

（3）反应型防水涂料：在这类涂料中，作为主要成膜物质的高分子材料以预聚物液态形状存在，多以双组分或单组分构成涂料，几乎不含溶剂。

此类涂料具有以下特征：通过液态的高分子预聚物与相应物质发生化学反应，变成固态物（结膜）；可一次性结成较厚的涂膜，无收缩，涂膜致密；双组分涂料需现场准确配料，搅拌均匀，才能确保质量；价格较贵。

2. 按照涂料的组分不同分类

根据组分不同，一般可分为单组分防水涂料和双组分防水涂料两类。

单组分防水涂料按液态不同，一般有溶剂型、水乳型两种。

双组分防水涂料属于反应型。

3. 按照涂料的主要成膜物质不同分类

根据构成涂料的主要成分不同，可分为四大类：合成高分子类（又可再分为合成树脂类和合成橡胶类）、高聚物改性沥青类（亦称橡胶沥青类）、沥青类、聚合物水泥类。

4. 按照涂料成膜形式不同分类

按其涂料成膜形式的不同，可分为固化类和非固化类。

非固化防水涂料主要产品有非固化橡胶沥青防水涂料、水性非固化橡胶沥青防水涂料等。非固化橡胶沥青防水涂料其不同于传统的防水涂料成膜形式，它是一种非固化、蠕变型、集防水、粘结、密封、注浆浆料等多种功能于一体的防水材料。

防水涂料的分类参见图3-1。

3.1.2　建筑防水涂料的施工工艺

建筑防水涂料的施工工艺包括基层处理和涂刷两部分。基层处理时基本操作工艺有清除，嵌，批，打磨；涂刷工艺则根据防水涂料的摊铺方法不同分为刷涂、刮涂、滚涂、喷涂。

1. 清除

清除是指对各类基层在涂饰前进行处理的技术。清除的操作技术主要有手工清除、机械清除、化学清除和热清除等。

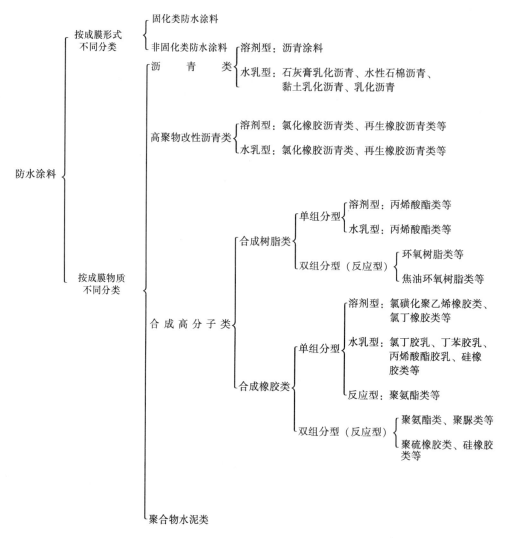

图 3-1 建筑防水涂料的分类

基层手工清除主要包括手工铲除和刷除。手工清除的方法见表 3-2。

表 3-2 基层手工清除的方法

种类	操作方法	适用范围
扁錾铲除	需与手锤配合使用，錾削时要稍有凹坑，不要有凸出。铲除边沿时要从外向里铲或顺着边棱铲，以防损伤工件。錾子的后刀面与工作面要有 5°～8°的夹角。錾子前后刀面的夹角叫楔角，铲除材料不同，楔角的大小也各异	铲除金属面上的毛刺、飞边、凸缘等
铲刀清除	一般选用刀刃锋利、两角整齐的约 8cm 的铲刀。在木面上应顺木纹铲除，铲除水浆涂料应先喷水湿润；铲除水泥、砂浆等硬块时，最好使用斜口铲刀，要满掌紧握手把，用手指顶住刀把顶端使劲铲刮	清除水泥、抹灰、木质、金属面上的旧涂层、硬块及灰尘杂物等
刮刀刮除	有异形刮刀和长柄刮刀两种，异形刮刀一般与脱漆剂或火焰清除设备配合使用。长柄刮刀单独使用时，一手压住刮刀端部，另一手握住把柄用力向下刮除，一般是顺木纹刮除，最好从各个方向交叉刮除，与木纹成垂直方向刮除时力不要过大，以免损伤木纹刮出凹痕	异形刮刀可刮线脚和细小装饰件上的旧涂层，长柄刮刀用来刮除室外大面积粗糙木质面上的漆膜

种类	操作方法	适用范围
金属刷清除	有钢丝刷和铜丝刷两种，铜丝刷不易引起火花，可在极易起火的环境使用。清除时脚要站稳，紧握刷柄，用拇指或食指压在刷背上向前下方用力推进，使刷毛倒向一顺，回来时先将刷毛立起然后向后下方拉回，不然刷子就容易边走边蹦，按不住，除掉的东西也不多，只有几道刷痕。如果刷子较大，在刷背上安一个手柄，双手操作会更省力	消除金属面上的锈蚀、氧化铁皮或旧涂层，也可清除水泥面上的沉积物或旧涂层

2. 嵌、批

嵌、批腻子的目的是将已经过清除处理的基层尚存在的缺陷进行填平。嵌、批腻子的要求是实、平、光。即与基层或后续涂层接触紧密，粘结牢固，表面平整光滑，减少打磨量，为漆面质量打好基础。

（1）嵌（补）腻子。

嵌（补）腻子的目的就是将被涂饰基层表面的局部缺陷和较大的洞眼、裂缝、坑洼不平处填平填实，达到平整光滑的要求。熟练地掌握嵌（补）腻子的技巧和方法，是油漆工的基本功。在嵌补腻子时，手持工具的姿势要正确，手腕要灵活，嵌补要用力将工具上的腻子压进缺陷内，要填满、填实，不可一次填得太厚，要分层嵌补，分层嵌补时必须待上道腻子充分干燥并经打磨后再进行下道腻子的嵌补，一般以2～3道为宜。为防止腻子塌陷，复嵌的腻子应比物面略高一些，腻子也可稍硬一些。嵌补腻子时应先用嵌刀将腻子填入缺陷处，再用嵌刀顺木纹方向先压后刮，来回刮一至两次。填补范围应尽量局限在缺陷处，并将四周的腻子刮干净，以减少沾污，减少刮痕。填刮腻子时不可往返次数太多，否则容易将腻子中的油分挤出表面，造成不干或慢干的现象，还容易发生腻子裂缝。嵌补时，要将整个被涂覆的基层表面的大小缺陷都填到、填严，不得遗漏，边角不明显处要格外仔细，将棱角补齐。对木材面上的翘花及松动部分要随即铲除，要用腻子填平补齐。

嵌补腻子还要掌握腻子中各种材料的性能与涂饰材料之间的关系，掌握各层油漆之间的特点，选用适当性质的腻子嵌补也是重要的一环。工具的选用要根据工程对象，一般用嵌刀、牛角腻板、椴木腻板等。

（2）批（刮）腻子。

批（刮）腻子一般是对面积较大、比较平整的被涂饰表面进行处理的一种方法，即所谓满批腻子。其目的与嵌补腻子相同，不同之处是对基层面进行全面刮腻子，基本不能遗漏。批（刮）腻子要从上至下，从左至右，先平面后棱角，以高处为准，一次刮下，手要用力向下按腻板，倾斜角度为60°～80°，用力要均匀，才可使腻子饱满又结实。如在木基层上批刮腻子并且是清水显木纹时要顺木纹批刮，不必要的腻子要搜刮干净，以免影响纹理清晰。搜刮腻子只准一两个来回，不能多刮，防止腻子起卷。如在抹灰墙上或混凝土面上批刮腻子，选用的腻子应有所不同，批刮的方法和选用工具也有所不同。批头道腻子主要考虑与基层结合，要刮实；二道腻子要刮平，可以略有麻眼，但不能有气泡，气泡处必须铲掉，重新进行修补；最后一道腻子是刮光和填平麻眼，为打磨创造有利条件。

（3）嵌、批腻子的注意事项。

在进行嵌、批腻子的操作时，还应注意以下几个方面：

① 嵌、批腻子要在涂刷底漆并干燥后进行，以免腻子中的漆料被基层过多地吸收，影响腻子的附着性，出现脱落。

② 为避免腻子出现开裂和脱落，要尽量降低腻子的收缩率，一次填刮不要过厚，最好不要超过 0.5mm。

③ 腻子的稠度和硬度要适当。

④ 批刮动作要快，特别是一些快干腻子，不宜过多地往返批刮，以免出现卷皮脱落或将腻子中的漆料挤出，封住表面不易干燥。

⑤ 要根据基层、面漆及各层油料的性能特点选择适宜的腻子和嵌批工具，并注意腻子的配套性，以保持整个涂层的物理和化学性能的一致性。

3. 打磨

无论是基层处理，还是涂饰工艺过程中，打磨都是必不可少的操作环节，在涂饰工程中占有极其重要的位置，它对涂层的平整光滑、附着力及被涂物的棱角、线条、外观和木纹的清晰都有很大的影响。

打磨有手工打磨和机械打磨两种方法，而其中又包括干磨和湿磨。干磨是用木砂纸、铁砂布、浮石等对表面进行研磨；湿磨则是为了卫生防护的需要及为了防止漆膜打磨受热变软漆、尘黏附在磨粒间影响打磨效率和质量，而将水砂纸或浮石蘸上水或润滑剂进行打磨的一种打磨工艺。硬质涂料或含铅涂料一般采用湿磨。当基层易吸收水或环境不利于干燥时，则可用松香水和生亚麻油（3∶1）的混合物做润滑剂打磨。

（1）手工打磨。

将砂纸、砂布的 $\frac{1}{2}$ 或 $\frac{1}{4}$ 张对折或三折，包在垫块上，右手抓住垫块，手心压住垫块上

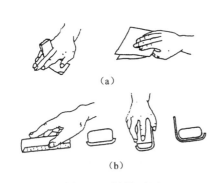

图 3-2 砂纸打磨法
（a）用手打磨；（b）砂纸包在木块上打磨

方，手臂和手腕同时均匀用力打磨，如不用垫块，可用大拇指、小拇指和其他三根手指夹住，参见图 3-2。不能只用一两根手指压着砂纸打磨，以免影响打磨的平整度。打磨一段时间后应停下来，将砂纸在硬处磕几下，除去堆积在磨料缝隙中的粉尘。打磨完毕后要用除尘布将表面的粉尘擦去。在各道腻子面上打磨时要掌握不能把棱角磨圆，该平则平，该方则方，打磨后的面层手感要光滑绵润。

打磨要正确选择砂纸的型号，一般木材表面局部填补的腻子层常用 1 号或 $1\frac{1}{2}$ 号木砂纸，满刮的腻子和底漆多用 0 号木砂纸，混凝土墙面水泥腻子的打磨可用砂布；湿磨多用水砂纸；底层腻子可用较粗的砂纸，上层腻子则应用较细的砂纸。要掌握不同的打磨方法及面漆以下各层漆膜的不同性质，做到表面平整，不伤实质，基本上要做到每道涂层之间要打磨一遍，由重到轻，才能保证涂饰表面的质量。

（2）机械打磨。

机械打磨主要使用风动打磨器和滚筒打磨器打磨木地板或大面积平面，圆盘式打磨器常用于金属面和抹灰面。风动打磨器和滚筒打磨器的操作方法见表 3-3。

表 3-3 打磨设备的操作工艺

设备名称	操 作 工 艺
风动打磨器	使用风动打磨器时，首先检查砂纸是否已被夹子夹牢，并开动打磨器检查各活动部位是否灵活，运行是否平稳，打磨器工作的风压应为 0.5～0.7MPa。操作时双手向前推动打磨器，不得重压，使用完毕后用压缩空气将各部位积尘吹掉
滚筒打磨器	由电机带动包有砂布的滚筒进行工作，主要用于打磨地板，每次打磨的厚度约为 1.5mm，打磨器工作时会自动前移，下压或上抬手柄即可控制打磨器的打磨速度和打磨深度

打磨工作在整个涂饰过程中，按照对打磨的不同要求和作用，可大致分为三个阶段，即基层打磨、层间打磨、面层打磨。各个阶段的打磨要求和注意事项见表 3-4。

表 3-4 不同打磨阶段的要求和注意事项

打磨阶段	打磨方式	要求及注意事项
基层打磨	干磨	用 $1～1\frac{1}{2}$ 号砂纸打磨。纸角处要用对折砂纸的边角砂磨。边缘棱角要打磨光滑，去其锐角以利涂料的黏附，在纸面石膏板上打磨，则应注意不能使纸面起毛
层间打磨	干磨或湿磨	用 0 号砂纸、1 号旧砂纸或 280～320 号水砂纸打磨。木质面上的透明涂层应顺木纹方向直磨，遇到凹凸线角部位可适当运用直磨、横磨交叉进行的方法轻轻打磨
面层打磨	湿磨	用 400 号以上水砂纸蘸清水或肥皂水打磨。打磨至从正面看上去是暗光，但从水平侧面看上去如同镜面。此工序仅适用于硬质涂层，打磨边缘、棱角、曲面时不可使用垫块，要轻磨并随时查看，以免磨透、磨穿

要想得到预期的打磨效果，必须根据不同工序的质量要求，选择适当的打磨方法和工具，打磨时还应注意以下几点：

① 打磨必须在基层或涂膜干固后方可进行，以免磨料粘进基层或涂膜内，达不到打磨的效果。

② 水腻子、不易憎水的基层或水溶性涂料涂层不能采用湿磨。

③ 涂膜坚硬不平或软硬相差较大时，必须选用磨料锋利并且坚硬的磨具打磨，避免越磨越不平。

④ 打磨后应清除表面的浮粉和灰尘，以利于下道工序的进行。

4. 刷涂

刷涂是涂饰工程中应用最早、最普遍的施工方法。它的优点是工具简单，节省涂料，适应性强，不受场地大小、物面形状和尺寸的限制，涂膜的附着力和涂料的渗透性优于其他涂饰方法。缺点是工效低，涂膜的外观质量不是很好，挥发性快的涂料如硝基漆、过氯乙烯漆采用刷涂施工困难就更大些。在下列情况下常采用刷涂：

① 滚涂或喷涂易产生遗漏的细小不平整部位。

② 角落、边缘或畸形物面。

③ 细木饰件、线角等细小部位。

④ 采用喷涂施工，但又必须将周围遮挡起来的小面积。

（1）刷涂的基本操作方法。

刷涂前先将漆刷蘸上涂料（蘸油），需使涂料浸满全刷毛的二分之一，漆刷在蘸涂料后，应在涂料桶边沿内侧轻拍一下，以便理顺刷毛并去掉蘸得过多的涂料。

刷涂通常按涂布、抹平（涂布和抹平亦称为摊油）、修整（理油）三个步骤，参见图 3-3。涂布是将漆刷刷毛所含的涂料涂布在漆刷所及范围内的被涂覆物表面，漆刷运行轨迹可根据所用涂料在被涂覆物表面的流平情况，保留一定的间隔；抹平则是将已涂布在被涂覆物表面的涂料展开抹平，将所有保留的间隔面都覆盖上涂料，不得使其露底；修整是按一定方向刷涂均匀，消除刷痕与漆膜厚薄不均的现象。

刷涂快干涂料（如硝基纤维素涂料）时，则不能按照涂布、抹平、修整三个步骤进行，只能采用一步完成的方法。由于快干涂料干燥速度快，不能反复涂刷，必须在将涂料涂布在被覆盖面上的同时，尽可能快地将涂料抹平、修整好漆膜。漆刷运行宜采用平行轨迹，并重叠漆膜三分之一的宽度，参见图 3-4。

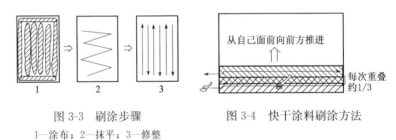

图 3-3　刷涂步骤　　　　　　图 3-4　快干涂料刷涂方法
1—涂布；2—抹平；3—修整

（2）刷涂的注意事项。

① 刷涂时漆刷蘸涂料、涂布、抹平、修整这几个步骤应该是连贯的，不应该有停顿的间隙。熟练的操作者可以将这几个操作步骤一步完成。

② 涂布、抹平、修整三个步骤应纵横交替地刷涂，但被涂物的垂直面，最后一个步骤应沿着垂直方向进行竖刷。刷涂木质被涂物时最后一个步骤应与木纹方向相同。

③ 在进行涂布和抹平操作时，漆刷要求处于垂直状态，并用力将刷毛大部分贴附在被涂物表面。但在修整时，漆刷应向运行的方向倾斜，用刷毛的前端轻轻地刷涂修整，以便达到满意的修整效果。

④ 漆刷每次的涂料蘸量最好基本保持一致。只要漆刷的规格选用得当，漆刷每次蘸的涂料刷涂面积也能基本保持一致。

⑤ 刷涂面积较大的被涂物时，通常应先从左上角开始刷涂，每蘸一次涂料后按照涂布、抹平、修整三个步骤完成一块刷涂面积后，再蘸涂料刷涂下一块刷涂面积。

⑥ 仰面刷涂时，漆刷蘸涂料要少一点，刷涂时用力不要太重，漆刷运行不要太快，以免涂料掉落。

5.刮涂

刮涂是采用刮刀对黏稠涂料进行厚膜涂装的一种施工方法。刮涂一般用于刮涂腻子、厚质防水涂料等。

（1）腻子的刮涂。

① 腻子刮涂的次数。腻子要进行多次刮涂，腻子层才能牢固结实，不能要求一次刮涂

的腻子层即达到预定的厚度。因为一次刮涂过厚，腻子层容易开裂脱落，且干燥慢。为保证刮涂质量，一般刮涂不少于三次，即通常所说的头道、二道、末道。对三次刮涂各自的要求是不相同的：

刮涂头道腻子要求腻子层与被涂物表面牢固粘结，刮涂时要使腻子浸润被涂物表面，渗透填实微孔，对个别大的陷坑需先用填坑腻子填实。

刮二道腻子要求腻子层表面平整，将被涂物表面粗糙不平的缺陷完全覆盖。二道腻子的稠度应比头道腻子高，刮涂时应逢高不抬，逢低不沉，尽量使腻子层表面平整，允许稍有针眼，但不应有气孔。

刮末道腻子要求腻子层表面光滑，填实针眼，刮涂时用力要均衡，尽量使腻子层表面光滑，不出现明显的粗糙面，所用腻子稠度应比二道腻子低。

② 腻子稠度的调整。腻子稠度与刮涂效果有密切的关系，稠度适当才能浸润底层又能确保必要的厚度。腻子稠度通常随时间而增高，这是稀释剂挥发的结果。在刮涂前如发现腻子的稠度过高，不符合刮涂要求，应用与其配套的稀释剂进行调整。

③ 刮涂腻子的步骤。刮涂操作通常分为抹涂、刮平、修整三个步骤，但要根据刮涂的要求灵活运用。干燥速度慢的腻子与干燥速度快的腻子刮涂时的三个步骤是有区别的，前者可以明显地分为三个步骤，后者如过氯乙烯树脂腻子干燥速度快，刮涂时不能明显地分为三个步骤，抹涂、刮平、修整应连续一步完成。

a. 抹涂是用刮刀将腻子抹涂在被涂物表面，抹涂时先用刮刀从腻子托盘中挖取腻子，然后将刮刀的刃口贴附在被涂物的表面，刮刀运行初期应稍向前倾斜，与被涂物表面呈 $80°$ 夹角，随着刮刀运行移动，腻子不断地转移到被涂物表面，同时刮刀上的腻子逐渐减少，因此要求刮刀在移动过程中逐渐加大向前倾斜的程度，迫使腻子黏附在被涂物表面，直至夹角约为 $30°$ 时，将刮刀黏附的腻子完全抹涂在被涂物表面。

b. 刮平是将抹涂在被涂物表面的腻子层刮涂平整，消除明显的抹涂痕迹，刮平时应先将刮刀上残留的腻子去掉，然后用力将刮刀尽量向前倾斜贴附于腻子层上，并按照抹涂时刮刀的运行轨迹向前刮，随着刮刀的移动，刮刀上黏附的腻子会逐渐增多，刮刀与被涂物表面的夹角也应逐渐增大，直到夹角呈 $90°$ 时把多余的腻子刮下来。

c. 修整是腻子层已基本刮涂平整后，修整个别不平整的缺陷、接缝痕迹、边沿缺损等。修整时刮刀应向前倾斜，或用少许腻子填补，或用刮刀挤刮，用力不宜过大，以防损坏整个腻子层。

④ 打磨腻子。刮涂的腻子层往往表面粗糙，留有刮痕及其他缺陷，需要打磨才能达到平整光滑的要求，打磨腻子是刮涂所必需的后处理工序。

打磨头道腻子层要求去高就低，采用粗砂布或粗砂纸打磨。

打磨二道腻子层要求打磨平整，没有明显的高低不平缺陷，可采用粗砂布或砂纸进行干磨或湿磨，最好用垫板卡住砂布打磨，要求腻子层都要打磨到，不能遗漏，打磨顺序先平面后棱角，打磨用力要均衡，要纵横交替，反复打磨。

打磨末道腻子层的要求是要将腻子层打磨光滑，采用细砂布或砂纸，如腻子层仍有不平整的缺陷，应先用粗砂布磨平后再进行磨光工序，打磨顺序同打磨第二道腻子一样。

腻子层的打磨通常采用手工操作，为了提高效率，可采用打磨机打磨。

⑤ 刮涂的注意事项。

a. 选用的腻子要与整个涂装体系配套，即与底漆、面漆配套，为调整黏度除可以添加配套的稀释剂外，不能在腻子中间添加任何其他的填料；

b. 被涂物表面应清理干净，如发现原涂底漆漆膜脱落或出现锈蚀时，应重新进行表面处理；

c. 要根据被涂物的表面形状与刮涂要求，正确选用刮刀；

d. 刮涂一个被涂物时，其操作顺序应先上后下，先左后右，先平面后棱角；

e. 每道腻子都不能刮得过厚，要刮得结实，但不能漏刮，不能有气泡，厚度最好控制在 0.3～0.5mm 范围内，二道腻子也不应超过 1mm，腻子层必须干结后，方可进行下一道刮涂或打磨；

f. 刮刀在使用过程中难免会有损伤，要及时进行修整，使刀刃保持垂直；

g. 采用湿磨方法打磨时，为防止钢铁被涂物锈蚀，最好采用防锈打磨，防锈水可参考如下配方：硼纱 1%（质量分数）、三乙醇胺 0.2%（质量分数）、香精 0.003%（质量分数）、水适量。

（2）防水涂料的刮涂。

防水涂料的刮涂是将厚质防水涂料均匀地批刮于防水基层上，形成厚度符合设计要求的防水涂膜。

① 刮涂施工工艺。刮涂常用的工具有牛角刀、油灰刀、橡皮刮刀和钢皮刮刀等。刮涂施工的要点如下：

a. 刮涂时应用刮刀，使刮刀与被涂面的倾斜角为 50°～60°，刮刀要用力均匀。

b. 对涂层厚度的控制采用预先在刮板上固定铁丝（或木条）或在屋面上做好标志的方法。铁丝（或木条）的高度应与每遍涂层厚度要求一致。一般需刮涂两至三遍，总厚度为 4～8mm。

c. 刮涂时只能来回刮 1～2 次，不能往返多次刮涂，否则将会出现"皮干里不干"现象。

d. 遇有圆、棱形基面，可用橡皮刮刀进行刮涂。

e. 为了加快施工进度，可采用分条间隔施工，待先批涂层干燥后，再抹后批空白处。分条宽度一般为 0.8～1.0m，以便于抹压操作，并与胎体增强材料宽度相一致。

f. 待前一遍涂料完全干燥后可进行下一遍涂料施工。一般以脚踩不沾脚、不下陷（或下陷能回弹）时才进行下一道涂层施工，干燥时间不宜少于 12h。

g. 当涂膜出现气泡、皱褶不平、凹陷、刮痕等情况，应立即进行修补。修补好后才能进行下一道涂膜施工。

② 刮涂施工注意事项。

a. 防水涂料使用前应特别注意搅拌均匀，因为厚质防水涂料内有较多的填充料，如搅拌不均匀，不仅涂刮困难，而且未搅匀的颗粒杂质残留在涂层中，将成为隐患。

b. 为了增加防水层与基层的结合力，可在基层上先涂刷一遍基层处理剂。若使用某些渗透力强的涂水防料，可不涂刷基层处理剂。

c. 防水涂料的稠度一般应根据施工条件、厚度要求等因素确定。

d. 待前一遍涂料完全干燥，缺陷修补完毕并干燥后，才能进行下一遍涂料施工。后一遍涂料的刮涂方向应与前一遍刮涂方向垂直。

e. 立面部位涂层应在平面涂层施工前进行，视涂料的流平性好坏确定涂刮遍数。流平性好的涂料应按照多遍薄刮的原则进行，以免产生流坠现象，使上部涂层变薄，下部涂层变厚，影响防水质量。

f. 防水涂层施工完毕，应注意养护和成品保护。

③ 刮涂施工质量要求。刮涂施工要求涂膜不卷边、不漏刮，厚薄均匀一致，不露底，无气泡，表面平整，无刮痕，无明显接槎。

6. 滚涂

滚涂是将由羊毛或化纤等吸附性材料制成的滚筒（又称辊刷）在平盘状容器内滚蘸上涂料，然后轻微用力滚压在被涂物面上。滚涂适用于大面积涂漆，省时、省力，操作容易，在大面平面上效率比刷涂高2倍。在建筑涂装上，它是应用较广的一种涂装方法，砖石面、混凝土面、粗抹灰面、乳雕装饰面等多种室内外平面都适宜滚涂。对金属网、带孔吸声板、波纹瓦面以及管件等效果也很好。但对滚涂窄小的被涂物，以及棱角、圆孔等形态复杂的部位比较困难。

滚涂的操作要点如下：

（1）滚涂前的准备。

为有利于滚筒对涂料的吸附和清洗，必须先清除滚筒上影响涂膜质量的浮毛、灰尘、杂物。

滚涂前应用稀料清洗滚筒，或将滚筒浸湿后在废纸上滚去多余的稀料后再蘸取涂料。

（2）涂料的蘸取。

蘸取涂料时只需浸入筒径三分之一即可，然后在托盘内的瓦楞斜板或提桶内的铁网上来回滚动几下，使筒套被涂料均匀浸透，如果涂料吸附不够可再蘸一下。

（3）滚涂的施工。

① 辊刷涂料时，当滚筒压附在被涂物表面初期，用力要轻，随后逐渐加大压力，使滚筒所蘸的涂料均匀地转移到被涂物的表面。

② 滚涂时其滚筒通常应按W形轨迹运行，如图3-5（a）所示，滚动轨迹纵横交错，相互重叠，使漆膜厚度均匀。滚涂快干型涂料或被涂物表面涂料浸渗强的场合，滚筒应按直线平行轨迹运行，如图3-5（b）所示。

③ 墙面的滚涂。在墙面上最初滚涂时，为使涂层厚薄一致，阻止涂料滴落，滚筒要从下向上，再从上向下或M形滚动几下。当滚筒已比较干燥时，再将刚滚涂的表面轻轻理一下，然后就可以水平或垂直地一直滚涂下去。

④ 顶棚及地面的滚涂。顶棚的滚涂方法与墙面的滚涂基本相同，即沿着房间的

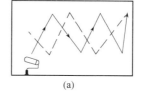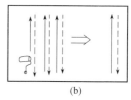

图3-5　滚涂时滚筒的运行轨迹

（a）W形运行轨迹；（b）直线形运行轨迹

宽度辊刷，顶棚过高时，可使用加长手柄。用滚筒滚涂地面时，可将地面分成许多1m² 左右的小块，将油漆涂料倒在中央，用滚筒将涂料摊开，平稳地慢慢地滚涂，要注意保持各块边缘的湿润，避免衔接痕迹。

⑤ 滚筒经过初步的滚动后，筒套上的绒毛会向一个方向倒伏，顺着倒伏方向进行滚涂，

形成的涂膜最为平整,因此滚涂几下后,应查看一下滚筒的端部,确定一下绒毛倒伏的方向,用滚筒理油时也最好顺这一方向滚动。

⑥ 滚筒使用完毕后,应刮除残留的涂料,然后用相应的稀释剂清洗干净,晾干后妥善保存。

7. 喷涂

喷涂是利用压缩空气或其他方式做动力,将涂料从喷枪的喷嘴中喷出,成雾状分散沉积形成均匀涂膜的一种施工工艺。喷涂的施工效率较刷涂高几倍甚至十几倍,尤其是大面积施工时更能显示其优越性。喷涂对缝隙、小孔及倾斜、曲线、凹凸等各种形状的物体都能适应,并可获得平整、光滑、美观的高质量涂膜。喷涂的种类包括空气喷涂、高压无气喷涂、热喷涂及静电喷涂等,但应用最广泛的还是空气喷涂和高压无气喷涂。

(1)空气喷涂和高压无气喷涂的原理。

① 空气喷涂的原理如图3-6所示,是用压缩空气从空气帽的中心孔中喷出,在涂料喷嘴前端形成负压区,使涂料容器中的涂料从涂料喷嘴喷出,并迅速进入高速压缩空气,使液-气相急骤扩散,涂料被微粒化,呈漆雾状飞向并附着在被涂物体的表面,涂料雾粒迅速集聚成连续的漆膜。

② 无气喷涂的原理参见图3-7,对涂料施加高压(通常为11～125MPa),使其从涂料喷嘴喷出,当涂料离开涂料

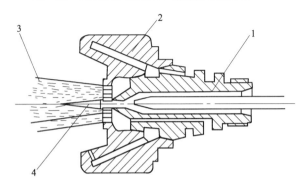

图3-6 空气喷涂喷枪喷嘴工作原理
1—涂料喷嘴;2—空气帽;3—空气喷射;4—负压区

喷嘴的瞬间,便以高达100m/s的速度与空气发生激烈的高速冲撞,使涂料破碎成微粒,在涂料粒子的速度未衰减前,涂料粒子继续向前与空气不断的多次冲撞,涂料粒子不断地被粉碎,使涂料雾化,并黏附在被涂物体表面。

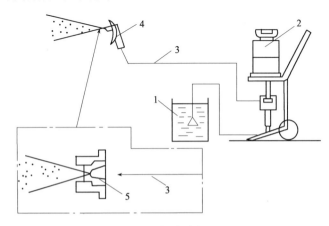

图3-7 无气喷涂的原理
1—涂料罐;2—高压泵;3—高压涂料输送管;4—喷枪;5—喷嘴

(2)喷涂的基本工艺。

① 喷枪的拿握方法和姿势。手拿喷枪不要大把满握，无名指和小拇指轻轻拢住枪柄，食指和中指钩住扳机，枪柄夹在虎口中，上身放松，肩要下沉，以免因时间过长而导致手腕和肩膀疲劳。喷涂时要眼随喷枪走，枪到哪里眼跟到哪里，既要找准喷枪要去的位置，又要注意喷过涂料后其涂膜形成的情况和喷束的落点。喷枪与物面的喷射距离和垂直喷射角度，主要靠身躯来保证，喷枪的移动同样要用身躯来协助膀臂的移动，不可能移动手腕，但手腕要灵活。

② 喷涂方法有纵向、横向交替喷涂和双重喷涂两种方法，双重喷涂也叫压枪法，是使用较为普遍的一种喷涂方法。

喷枪喷涂出的喷束是呈锥形射向物面的，喷束中心距物面最近，边缘离物面最远，因而中心比边缘的涂料落点多，形成的涂膜中心厚、边缘薄。压枪法喷涂工艺是将后一枪喷涂的涂层压住前一枪喷涂涂层的二分之一，以使涂层的厚薄一致，并且喷涂一次即可得到两次喷涂的厚度。采用压枪法喷涂的顺序和方法如图 3-8 所示。

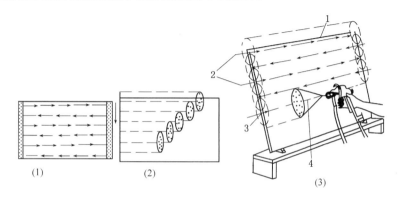

图 3-8　喷枪的用法
（1）先喷两端部分，再水平喷涂其余部分；（2）喷路互相重叠一半；
（3）1—第一喷路；2—喷路开始处；3—扣动开关处；4—喷枪口对准上面喷路的底部

压枪法喷涂的要点如下：

a. 先将喷涂面两侧边缘纵向喷涂一下，然后再喷涂线路，从喷涂面的左上角横向喷涂。

b. 第一喷涂的喷束中心，必须对准喷涂面上侧的边缘，以后各条喷路间要相互重叠一半。

c. 各喷路未喷涂前，应先将喷枪对准喷涂面侧缘的外部，缓慢移动喷枪，在接近侧缘前扣动扳机（即要在喷枪移动中扣动扳机）。在到达喷路末端后，不要立即放松扳机，要待喷枪移出喷涂面另一侧的边缘后再放松扳机（即放松扳机要在喷枪停止移动前进行）。

d. 喷枪必须走成直线，不能呈弧形移动，喷嘴与物面要垂直，否则就会形成中间厚、两边薄或一边厚一边薄的涂层，如图 3-9 所示。

e. 喷枪移动的速度应稳定不变，每分钟为 10～12m，每次喷涂的长度为 1.5m 左右。

f. 角落的喷涂。为减少漏喷或多喷，对于阳角，可先在端部自上而下地垂直喷涂一下，然后再水平喷涂。喷涂阴角时，不要对着角落直喷，这样会使角落深处两边的涂层过薄，而角落外部的涂层过厚。应先分别从角的两边，由上而下垂直喷一下，然后再沿水平方向喷涂。垂直喷涂时，喷嘴离角的顶部要远一些，以便与喷在角顶部的涂料交融，不致产生

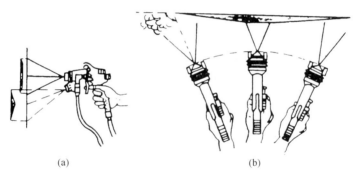

图 3-9　喷枪的角度和移动方法

（a）喷枪与墙面的角度应垂直；（b）喷枪移动时不可走弧线

流坠。

　　g. 喷涂粗糙面时应水平喷一遍，垂直喷一遍。若只从一个方向进行喷涂，则会产生微小的遗漏。

　　③ 喷涂作业的要点。在喷涂作业中，掌握选择喷枪的原则、选择合适的喷嘴口径、空气压力、涂料黏度以及掌握喷枪距离、喷枪运行速度、喷雾图形的搭接要领是提高涂膜质量、减少涂料损失的关键。

　　a. 选择喷枪的原则。无论是选用内混式喷枪还是外混式喷枪，都应从枪体的质量和大小、涂料的供给方式、涂料喷嘴口径、空气使用量四个要素并结合作业条件进行考虑，选择适当的喷枪，见表 3-5。

表 3-5　选择喷枪的四个要素

要　素	意　义
枪体质量和大小	从减轻操作者的劳动强度考虑，希望选用轻便的小型喷枪。但是，由于小型喷枪的涂料喷出量与空气量都比较小，喷涂速度低，因而喷涂次数多，效率低，不适宜大批量、连续喷涂作业。另外，如果用大型喷枪喷涂小的被涂物或管状被涂物，涂料损失大，漆雾飞散多，也是不适的。因此，选用喷枪应在满足喷涂作业条件的前提下，考虑喷枪的大小和质量，大型被涂物和大批量连续喷涂作业，可选用大型喷枪；小型被涂物或凹凸不平比较突出的表面喷涂作业，可选用小型喷枪
涂料供给方式	涂料用量少、涂料的颜色更换比较频繁、小批量的各种涂装作业，可选用涂料罐容量为 1L 以下的重力式喷枪。但重力式喷枪不适合用于仰喷。涂料用量稍大，且要求更换涂料颜色，又有仰喷作业的，可选用涂料罐容量为 1L 的吸上式喷枪。 　　涂料用量大，颜色比较单一的连续喷涂作业，可选用压送式喷枪，涂料供给可选用容量为 10～100L 的涂料增压罐。如增压罐不能满足要求，可采用涂料泵压送配以循环管路供给涂料，这种压送循环供给方式，不会因涂料供给而中断喷涂作业。压送式喷枪如果配置快速换色装置，就能适应在连续喷涂作业时满足频繁换色的要求。压送式喷枪由于枪体不带涂料罐，质量较轻，仰喷、俯喷、侧喷都很方便，它的缺点是清洗较重力式和吸上式喷枪困难，涂料压力与空气压力的平衡调节控制比较复杂，但熟悉后也容易掌握

要 素	意 义
涂料喷嘴口径	根据涂料喷嘴选择喷枪，应考虑涂料喷嘴口径要适应所要求的涂料喷出量，喷嘴口径越大，涂料喷出量也越大。黏度高的涂料相对喷出量少，应选用喷嘴口径较大的喷枪。压送式喷枪的涂料喷出量随压送涂料的压力提高而增加，因此可选用喷嘴口径较小的喷枪。喷涂底涂以及对涂膜外观要求不高或漆膜要求较厚时，可选择涂料喷嘴口径较大的喷枪。喷涂面漆时涂料雾化要求高，可选用喷嘴口径较小的喷枪。喷涂底漆如果黏度较低，也可选择喷嘴口径较小的喷枪。当使用重力式喷枪用高位涂料罐供给涂料时，可选用涂料喷嘴口径较小的喷枪
空气使用（消耗）量	各种喷嘴口径的喷枪空气使用量是不相同的，在压力相同的条件下，喷嘴口径大的空气消耗量大，相应的涂料喷出量也大，喷嘴口径小空气消耗量小，相应的涂料喷出量也小。如果使用大口径喷枪，进行涂料喷出量小的喷涂作业，尽管通过调节空气使用量以达到涂料喷出量小的要求。从结构来看，空气使用量过大是不可取的，因此，要求涂料喷出量小，就应选用空气使用量小的喷枪。另外，压缩空气供给充足，才能确保喷枪的空气使用量稳定，通常空气使用量为 100L/min 以上时，必须配备功率为 1.5kW 以上的空气压缩机

　　b. 喷嘴口径、空气压力和涂料黏度的选择。喷嘴口径和空气压力，必须与喷涂面积、涂料的种类和黏度相适宜，小口径喷嘴和较低的空气压力，适宜喷涂小面积和低黏度的涂料；大口径喷嘴和较高的空气压力，则适宜喷涂黏度高的涂料。在不影响施工和涂膜质量的前提下，应尽量选用较低的空气压力、较小的喷嘴口径和黏度高的涂料。涂料喷嘴口径与空气消耗量的关系参见图 3-10。

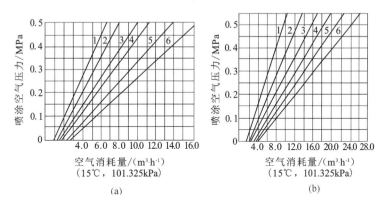

图 3-10　涂料喷嘴口径与空气消耗量的关系

（a）圆形喷雾；（b）椭圆形喷雾

1—喷嘴口径 1.0mm；2—喷嘴口径 1.5mm；3—喷嘴口径 2.0mm；

4—喷嘴口径 2.5mm；5—喷嘴口径 3.0mm；6—喷嘴口径 3.5mm

　　每一个喷嘴的涂料喷出量和喷雾图形幅宽都有一个固定的范围，如果要改变就必须更换喷嘴，因此喷嘴的型号和规格很多，以适应不同的需要，在实际涂装作业中主要是采用标准型喷嘴。

　　c. 喷枪的距离。喷枪的距离是指喷枪前端与被涂物之间的距离，在一般情况下，使用大型喷枪喷涂施工时，喷枪的距离应为 20～30cm；使用小型喷枪进行喷涂施工时，喷枪的距离为 15～25cm。喷涂时，喷枪的距离保持恒定是确保漆膜厚度均匀一致的重要因素之一。

喷枪距离影响漆膜的厚度与涂装效率，在同等条件下，距离近漆膜厚，距离远则漆膜薄，距离近涂装效率高，如图 3-11 和图3-12所示。喷枪距离过近，在单位时间内形成的漆膜过厚，易产生流挂，喷枪距离过远，则涂料飞散过多，且由于漆雾粒子在大气中运行的时间长，稀释剂发挥太多，漆膜表面粗糙，涂料损失也大，如图 3-13 所示。

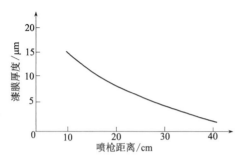

图 3-11　喷枪距离与漆膜厚度的关系

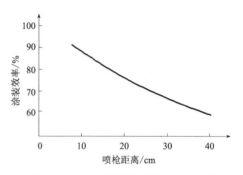

图 3-12　喷枪距离与涂装效率的关系

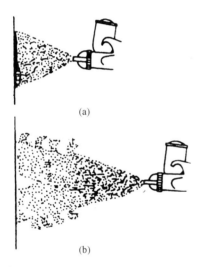

图 3-13　喷枪距离不当所产生的弊病
（a）距离过近；（b）距离过远

喷枪距离和涂料的种类、黏度有关，它直接影响涂料的损耗和涂膜的质量。在选择喷枪距离时，应以既不会产生大粒的漆雾，又能覆盖最大的面积为宜。涂料黏度高时，喷枪距离应近些，否则涂料尚未到达被涂物面时溶剂已挥发，导致涂膜粗糙不平，疏松多孔、没有光泽。涂料黏度低时，喷枪距离可以远些，否则易发生冲撞、流淌现象。

喷涂时喷枪必须与被涂表面垂直，运行时保持平行才能使喷枪距离恒定。如果喷枪呈圆弧状运行，则喷枪与被涂表面的距离不断变化，所获得的漆膜中部与两端的厚度会具有明显的差别，如果喷枪倾斜，则喷雾图形的上下部的漆膜厚度也将产生明显的差别。

喷涂距离与喷雾图形的幅宽也有密切关系，如图 3-14 所示。如果喷枪的运行速度与涂料喷出量保持不变，喷枪距离由近及远逐渐增大，其结果将是喷枪距离近时，喷雾图形幅宽小，漆膜厚；喷枪距离大时，则喷雾图形幅宽大，漆膜薄。如果喷枪距离过大，喷雾图形幅宽也会过大，会造成漆膜不完整露底等缺陷。

d. 喷枪运行的速度。在进行喷涂施工作业时，喷枪的运行速度要适当，并保持恒定，其运行速度一般应控制在 30～60cm/s，当运行速度小于 30cm/s 时，形成的漆膜厚且易产生流挂；当运行速度大于 60cm/s 时，形成的漆膜薄且易产生露底的缺陷。被涂物小且表面凹凸不平时，运行速度可慢一些；被涂物体大且表面较平整时，在增加涂料喷出量的前提下，运行速度可快一点。

喷枪的运行速度与漆膜的厚度有密切关系，如图 3-15 所示。在涂料喷出量恒定时，运行速度为 50cm/s 时的漆膜厚度与运行速度为 25cm/s 时的漆膜厚度之比为 1：4，所以应按照漆膜设计的厚度要求确定适当的运行速度，并保持恒定，否则漆膜厚度达不到设计要求，导致漆膜厚度不均匀一致。

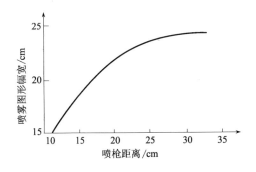

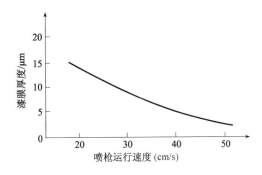

图 3-14　喷枪距离与喷雾图形幅宽的关系　　　图 3-15　喷枪运行速度与漆膜厚度的关系

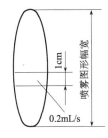

确定喷枪运行速度，还应考虑涂料的喷出量。在通常情况下对于 1cm 喷雾图形幅宽的涂料喷出量以 0.2mL/s 为宜，如图 3-16 所示。如果喷雾图形幅宽为 20cm，则涂料喷出量应为 4mL/s。由此可见，如果喷雾图形幅宽不变，而涂料喷出量增加或减少时，则喷枪运行速度应随之加快或者减慢；同样，如果涂料喷出量不变，而喷雾图形幅增宽或减小时，喷枪运行速度应随着加快或减慢。可见喷枪的运行速度受涂料喷出量与喷雾图形幅度的制约，见表 3-6。

图 3-16　涂料喷出量与喷雾图形幅宽

　　e. 喷雾图形的搭接是指喷涂中喷雾图形之间的部分重叠。由于喷雾图形中部漆膜较厚，边沿较薄，故喷涂时必须使前后喷雾图形相互搭接，方可使漆膜均匀一致，如图 3-17 所示。控制相互搭接的宽度，对漆膜厚度的均匀性关系密切。搭接的宽度应视喷雾图形的形态不同而各有差异，如图 3-18 所示，椭圆形、橄榄形和圆形三种喷雾图形的平整度是有差别的。一般情况下，按照表 3-7 所推荐的搭接宽度进行喷涂，可获得平整的漆膜。

表 3-6　影响喷枪运行速度的因素

涂料喷出量	喷雾图形幅宽	喷枪运行速度	涂料喷出量	喷雾图形幅宽	喷枪运行速度
多	大	快	多	小	快
少	大	慢	少	小	慢

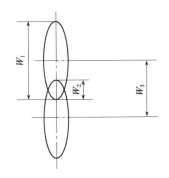

图 3-17　喷雾图形的搭接
W_1—喷雾图形幅宽；W_2—重叠宽度；
W_3—搭接间距

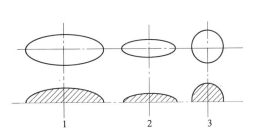

图 3-18　喷雾图形的种类与平整度
1—椭圆形；2—橄榄形；3—圆形

表 3-7　喷雾图形的搭接

喷雾图形形状	重叠宽度	搭接间距
椭圆形	1/4	3/4
橄榄形	1/3	2/3
圆形	1/2	1/2

f. 涂料的黏度是喷涂施工作业要注意的问题，其直接影响涂料的喷出量。若用同一口径的喷嘴去喷涂不同黏度的涂料，由于其阻力不同，黏度高的涂料受阻力大，喷出的量则小；黏度低的涂料所受的阻力小，其喷出的量则相对要多一些。

涂料的黏度对雾化效果有着密切的关系，如在涂料喷出量相同的情况下，黏度为 20s 和 40s 的两种涂料，其漆雾粒子直径相差是明显的，如图 3-19 所示，漆雾粒子直径的差异，势必导致漆膜平整度的差异。

喷涂时应重视涂料的黏度，在喷涂前应对涂料进行必要的稀释，将黏度调整到合适的程度。常用涂料适宜的喷涂黏度见表 3-8。

表 3-8　常用涂料适宜的喷涂黏度

涂料种类	涂-4 杯黏度/s	标准黏度/(10^{-3}Pa·s)
硝基树脂漆和热塑性丙烯酸树脂漆	16～18	35～46
氨基醇酸树脂漆和热固性丙烯酸树脂漆	18～25	46～78
自干型醇酸树脂漆	25～30	78～100

温度可使涂料黏度发生变化，而且这种变化会因稀释剂的不同而不同，如图 3-20 所示。温度过低会使涂料黏度增高，影响涂料雾化效果，且涂膜平整度差；温度过高，会使涂料的黏度急剧降低，导致漆膜厚度下降。涂料喷涂施工时，应将涂料温度控制在 20～30℃，同时还应注意作业环境温度对涂料黏度的影响并适时调整喷涂条件。

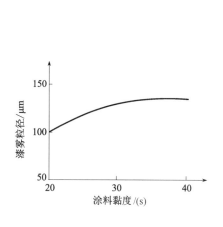

图 3-19　涂料黏度对漆雾料径的影响

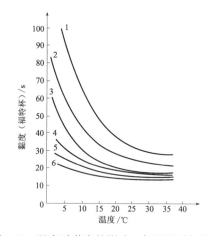

图 3-20　温度对黏度的影响（氨基醇酸树脂漆）
1—稀释 10%；2—稀释 15%；3—稀释 20%；
4—稀释 25%；5—稀释 30%；6—稀释 35%

3.2　聚氨酯防水涂料防水层的施工

聚氨酯防水涂料是由异氰酸酯基（—NCO）的聚氨酯预聚体和含有多羟基（—OH）或

氨基（—NH$_2$）的固化剂以及其他助剂的混合物按一定比例混合所形成的一种反应型涂膜防水材料。

3.2.1 聚氨酯防水涂料的分类

聚氨酯防水涂料根据所用原料和配方的不同，可制成性能各异、用途不同的防水涂料。按所用多元醇的品种不同，可分为聚酯型、聚醚型和蓖麻油型系列品种；按固化方式可分为双组分化学反应固化型、单组分潮湿固化型、单组分空气氧化固化型；按所用溶剂的不同可分为溶剂型、无溶剂型和水乳型。作为工业产品，习惯上将聚氨酯防水涂料以包装形式分为单组分、双组分和多组分三大类别。

单组分聚氨酯防水涂料实为聚氨酯预聚体，是在施工现场涂覆后经过与水或潮气的化学反应，形成高弹性的涂膜。

双组分聚氨酯防水涂料是由 A 组分主剂（预聚体）和 B 组分固化剂组成，A 组分主剂一般是以过量的异氰酸酯化合物与多羟基聚酯多元醇或聚醚按 NCO/OH＝2.1～2.3 比值制成含 NCO 2%～3%的聚氨酯预聚体，B 组分固化剂实际上是在醇类或胺类化合物的组分内添加催化剂、填料、助剂等，经充分搅拌后配制而成的混合物。目前我国的聚氨酯防水涂料多以双组分的形式使用为主。

多组分反应型聚氨酯防水涂料也有生产使用，其性能比双组分还要好。

聚氨酯防水涂料的分类如图 3-21 所示。

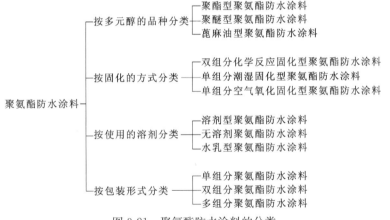

图 3-21　聚氨酯防水涂料的分类

3.2.2 聚氨酯防水涂料的施工

1. 材料准备

① 涂料材料。聚氨酯防水涂料的用量及配比应按照产品说明书执行。一般情况下，涂料的用量，聚氨酯底漆为 0.2kg/m^2 左右，聚氨酯防水涂料为 2.5kg/m^2 左右。

② 辅助材料。聚氨酯稀释剂、107 胶、水泥、玻璃纤维布或化纤无纺布等。

③ 保护层材料。根据设计要求选用。

2. 施工工具

电动搅拌器、拌料桶（圆底）、小型油漆桶、塑料刮板、铁皮小刮板、橡胶刮板、油刷、辊刷、小抹子、铲刀、50kg 磅秤、扫帚、电动吹尘器等。

3. 基层要求及处理

① 基层坡度符合设计要求，如不符合要求，可用 1：3 水泥砂浆找坡，其表面要抹平压光，不允许有凹凸不平、松动和起砂掉灰等缺陷存在。排水口或地漏部位应低于整个防水层，以便排除积水。有套管的管道部位应高出基层面 20mm。阴阳角部位应做成小圆角，以便涂料施工。

② 所有管件、卫生设备、地漏或排水口等必须安装牢固，接缝严密，收头圆滑，不得有任何松动现象。

③ 施工时，基层应基本干燥，含水率不大于 9%。

④ 应用铲刀和扫帚将基层表面突起物、砂浆疙瘩等异物铲除，将尘土、杂物、油污等清除干净。对阴阳角、管道根部、地漏和排水等部位更应认真检查，如有油污、铁锈等，要用钢丝刷、砂纸和有机溶剂等将其清除干净。

4. 特殊部位处理

底涂料固化 4h 后，对伸缩缝、阴阳角、管道根部等处，铺贴一层胎体增强材料。固化后再进行整体防水层施工。

5. 防水层的施工

① 施工工艺流程。聚氨酯防水涂料的施工工艺流程如图 3-22 所示。

图 3-22　聚氨酯防水涂料的施工工艺流程

② 涂刷底层涂料。涂布底层涂料（底漆）的目的是隔绝基层潮气，防止防水涂膜起鼓脱落，加固基层，提高防水涂膜与基层的粘结强度，防止涂层出现针眼、气孔等缺陷。

底层涂料的配制：将聚氨酯涂料的甲组分和专供底层涂料使用的乙组分按 1：(3～4)（质量比）的配合比混合后用电动搅拌器搅拌均匀；也可以将聚氨酯涂料的甲、乙两组分按规定比例混合均匀，再加入一定量的稀释剂搅拌均匀后使用。应当注意，选用的稀释剂必须是聚氨酯涂料产品说明书指定的配套稀释剂，不得使用其他稀释剂。

一般在基层面上涂刷一遍即可。小面积的涂布可用油漆刷进行。大面积涂布时，先用油漆刷将阴阳角、管道根部等复杂部位均匀地涂刷一遍，然后再用长柄辊刷进行大面积涂刷施工。涂刷时，应满涂、薄涂，涂刷要均匀，不得过厚或过薄，不得露白见底。一般底层涂料用量为 0.15～0.20kg/m²。底层涂料涂布后应干燥 24h 以上，才能进行下一道工序施工。

③ 涂料配置。根据施工用量，将涂料按照产品说明书提供的配合比进行配合。先将甲组分涂料倒入搅拌桶中，再将乙组分涂料倒入搅拌桶，用转速为 100～500r/min 的电动搅拌器搅拌 5min 左右即可使用。

④ 涂刮第一道涂料。待局部处理部位的涂料干燥固化后，便可进行第一道涂料涂刮施工，将已搅拌均匀的拌合料分散倾倒于涂刷面上，用塑料或橡胶刮板均匀地刮涂一层涂料。刮涂时，要求均匀用力，使涂层均匀一致，不得过厚或过薄，涂刮厚度一般以 1.5mm 左右为宜，涂料的用量为 1.5kg/m² 左右。开始刮涂时，应根据施工面积大小、形状和环境，统一考虑涂刮顺序和施工道路。

⑤ 涂刮第二道涂料。待第一道涂料固化 24h 后，再在其上刮涂第二道防水涂料。涂刮的方法与第一道相同。第二道防水涂料厚度为 1mm，涂料用量约为 $1kg/m^2$。涂刮的方向应与第一道涂料的方向垂直。

⑥ 铺贴胎体增强材料。当防水层需要铺贴玻璃纤维或化纤无纺布等胎体增强材料时，则应在涂刮第二道涂料前进行粘贴。铺贴方法可采用湿铺法或干铺法。

⑦ 稀撒石渣。为了增加防水层与水泥砂浆保护层或其他贴面材料的水泥砂浆层之间的粘结力，在第二道涂料未固化前，在其表面稀撒一层干净的石渣。当采用浅色涂料保护层时，不应稀撒石渣。

⑧ 保护层施工。待涂膜固化后，便可进行刚性保护层施工或其他保护层施工。

6. 施工注意事项

① 当涂料黏度过高，不便进行涂刮施工时，可加入少量稀释剂。所用稀释剂必须是产品说明书指定的配套稀释剂或配方，不得使用其他稀释剂。

② 配料时必须严格按产品说明书中提供的配合比准确称量，充分搅拌均匀，以免影响涂膜固化。

③ 施工温度以 0℃以上为宜，不能在雨天、雾天施工。

④ 施工环境应通风良好，施工现场严禁烟火。

⑤ 刮涂时，应厚薄均匀，不得过厚或过薄，不得露白见底。涂膜不得出现起鼓脱落、开裂翘边和收头密封不严等缺陷。

⑥ 若刮涂第一层涂料 24h 后仍有发黏现象时，可在第二遍涂料施工前，先涂一些滑石粉后上人施工，可以避免粘脚现象。这种做法对防水层质量并无不良影响。

⑦ 涂层施工完毕，尚未达到完全固化前，不允许踩踏，以免损坏防水层。

⑧ 刚性保护层与涂膜应粘结牢固，表面平整，不得有空鼓、松动脱落、翘边等缺陷。

⑨ 该涂料需在现场随配随用，混合料必须在 4h 以内用完，否则会固化而无法使用。

⑩ 将用过的器皿及用具清洗干净。

⑪ 涂料易燃、有毒。贮存时应密封，存放于阴凉、干燥、无强阳光直射的场所。

3.3 喷涂聚脲防水涂料防水层的施工

喷涂聚脲防水涂料是以异氰酸酯类化合物为甲组分，胺类化合物为乙组分，采用喷涂施工工艺使甲、乙两组分混合、反应生成的一类弹性体防水涂料。

喷涂聚脲弹性体技术的发展，大体经历了聚氨酯、聚氨酯（脲）、（纯）聚脲三个阶段，并形成了既有共性，又各具特色的技术体系。在我国，国家标准《喷涂聚脲防水涂料》（GB/T 23446—2009）则包含了喷涂聚氨酯（脲）防水涂料和喷涂（纯）聚脲防水涂料两大技术体系的产品。

3.3.1 喷涂聚脲防水涂料的分类

喷涂聚脲防水涂料按其是否使用溶剂可分为无溶剂聚脲防水涂料、溶剂型聚脲防水涂料、水性聚脲防水涂料；按其化学结构的不同，可分为脂肪族喷涂聚脲防水涂料和芳香族喷涂聚脲防水涂料；按其包装形式的不同，可分为单组分聚脲防水涂料和双组分聚脲防水涂料。双组分聚脲防水涂料按其化学成分的不同，又可分为喷涂（纯）聚脲防水涂料（其代号为：JNC）和喷涂聚氨酯（脲）防水涂料（其代号为：JNJ）；按其物理力学性能的不同的分为I型喷涂聚脲防水涂料和II型喷涂聚脲防水涂料。喷涂聚脲防水涂料的分类如图 3-23 所示。

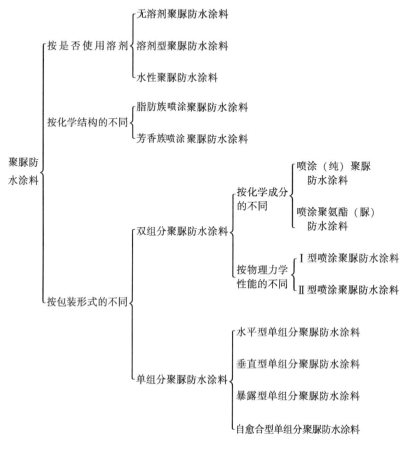

图 3-23　聚脲防水涂料的分类

1. 喷涂（纯）聚脲和聚氨酯（脲）防水涂料

（1）喷涂（纯）聚脲防水涂料。

喷涂（纯）聚脲防水涂料是指由异氰酸酯组分（简称为甲组分或 A 组分）与胺类化合物（简称为乙组分、B 组分、R 组分、树脂组分）反应生成的一类弹性体物质。其中的甲组分可以是异氰酸酯单体、聚合体、异氰酸酯的衍生物、预聚体或半预聚体，其预聚物和半预聚物是由端氨基化合物或端羟基化合物（通常可采用低聚物二元醇、三元醇或其两者的混合物）与异氰酸酯反应制得的，异氰酸酯既可以是芳香族的，又可以是脂肪族的；其中的乙组分则必须是由端氨基树脂（端氨基聚醚）和端氨基扩链剂等组成的胺类化合物与颜料、填料助剂等混合而成。在端氨基树脂中，不得含有任何羟基成分和催化剂。

喷涂（纯）聚脲在乙组分中全部使用了胺类反应成分，由于异氰酸酯与氨基的反应速度极快，使得异氰酸酯与水来不及参与反应产生 CO_2，从而解决了涂膜的发泡问题。若将其应用于几乎吸满水分的基材上，其涂层也不会产生发泡反应。若空气中含有大量水分，其涂层也不会出现起泡，甚至在 $-20℃$ 的低温下，其涂层仍能正常固化。在"（纯）聚脲技术体系"

中，由于甲组分和乙组分混合后的反应速度极快，故其涂膜必须采用专用的设备在一定的温度、压力下通过撞击方式混合，利用喷涂工艺才能成形。

（2）喷涂聚氨酯（脲）防水涂料。

喷涂聚氨酯（脲）又叫杂合体（hybrid），俗称其为半聚脲。喷涂聚氨酯（脲）防水涂料是指由异氰酸酯组分与胺类化合物反应生成的一类弹性体物质。其中的甲组分与喷涂（纯）聚脲防水涂料的甲组分基本相同，而乙组分既可以是端羟基树脂，也可以是端羟基树脂和端氨基树脂二者的混合物与端氨基扩链剂等组成的含有胺类的化合物及颜料、填料和助剂等组成。在乙组分中，可以含有用于提高反应活性的催化剂。

喷涂聚氨酯（脲）防水涂料由于在乙组分中引入了端氨基扩链剂，替代了聚氨酯涂料中的端羟基扩链剂，在一定程度上阻止了异氰酸酯与水、湿气的反应，从而使材料的力学性能得到了改善。相对于喷涂聚氨酯体系，聚氨酯（脲）体系有了更大的应用范围，但混合物中催化剂的存在，使聚氨酯（脲）体系比（纯）聚脲体系对湿气、温度更加敏感，故其不能从根本上解决喷涂聚氨酯体系所存在的异氰酸酯易与施工环境周围的水分、湿气反应，产生二氧化碳，生成泡沫状弹性体，造成材料力学性能不稳定的这一困扰着施工界的重大技术难题。由于对被催化的多元醇/异氰酸酯反应对温度敏感，所以多元醇/异氰酸酯反应行为不同于氨基/异氰酸酯体系，故聚氨酯（脲）这个体系受施工环境影响较大。

有关半聚脲，过去一直存在着很大的分歧，有关专家通过理论计算表明，目前市场上有的"纯聚脲"中脲基含量为 $80\% \sim 90\%$，还包含了 $10\% \sim 20\%$ 的氨基甲酸酯键，而"半聚脲"的脲基含量为 $70\% \sim 80\%$。这也就是说，目前市场上有的"纯聚脲"其实也并不是纯的，而"半聚脲"也不能说其不是聚脲。因此，喷涂（纯）聚脲防水涂料和聚氨酯（脲）防水涂料只是按其化学成分的不同进行分类而得出的两个聚脲产品的类别，二者都是聚脲大家庭中的成员。我们应该停止"纯聚脲"和"半聚脲"的称谓之争，承认聚氨酯（脲）在聚脲大家庭中的合法身份，以便发挥喷涂（纯）聚脲防水涂料和喷涂聚氨酯（脲）防水涂料各自的优势，更好地为不同要求的用户服务。

2. Ⅰ型和Ⅱ型喷涂聚脲防水涂料

国家标准《喷涂聚脲防水涂料》（GB/T 23446—2009）按其产品的物理力学性能将其分为Ⅰ型喷涂聚脲防水涂料和Ⅱ型喷涂聚脲防水涂料并包含了喷涂（纯）聚脲防水涂料和喷涂聚氨酯（脲）防水涂料两个类别。我国在聚脲标准方面已走在了世界的前列，将聚脲产品按物理力学性能进行划分，这是与国际标准一致的。

3.3.2　喷涂聚脲施工常用的喷涂设备

聚脲涂料的综合性能十分突出，故对其喷涂设备的要求甚高，必须对聚脲涂料甲、乙两组分之间的快速化学反应进行有效的控制。喷涂聚脲防水涂料所采用的喷涂设备是喷涂聚脲防水技术的关键。

涂料喷涂工艺是指利用压缩空气或其他方式做动力，将涂料制品从喷枪的喷嘴中喷出，使其成雾状分散沉积形成均匀涂膜的一种涂料涂装方法。喷涂的施工效率较刷涂等其他涂装方法要高几倍至十几倍，尤其是在大面积涂装施工时，更显示出其优越性。喷涂对缝隙、小孔及倾斜、曲线、凹凸等各种形状的基面都能适应，并可获得美观、平整、光滑的涂膜。

聚脲涂料的施工技术非常先进，自聚脲涂料开发出来后，历经20余年，与之相匹配的喷涂设备亦应运而生，其设备水平也在不断地提高，为聚脲涂料的发展和应用提供了有力的保证。如果没有聚脲涂料喷涂设备的研制、开发和提高，那么聚脲涂料产品则无法实现目前的在各个领域的广泛应用。

3.3.2.1 喷涂设备的基本组成

喷涂聚脲防水涂料是由两种化学活性极高的组分（甲组分和乙组分）所组成的，两组分若混合后，其快速的反应可导致黏度迅速地增高。因此，若没有由适当的供料系统、加压加热计量控制系统（主机）、输送系统、雾化系统以及物料清洗系统所组成的专业喷涂设备，那么这一反应将是无法控制的。

1. 聚脲喷涂设备的标准配置。

聚脲喷涂设备的标准配置如图 3-24 所示。

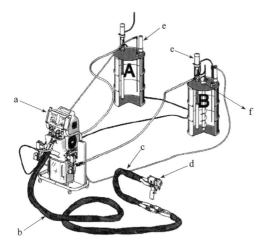

图 3-24 聚脲喷涂设备的标准配置
a—反应器；b—加热软管；c—加热快接软管；
d—喷枪；e—供料泵；f—搅拌器

（1）供料系统。

由于原料大部分采用 200L 标准圆桶（图 3-24 中的 A 桶和 B 桶）贮存，且甲组分的异氰酸酯（A 桶）若长时间接触空气，则会与空气中的水分发生反应而产生结晶，因此需要用专门的供料泵（图 3-24e）用 2MPa 以下的压力将其从原料桶 A 中输送到主机（图 3-24a）中。供料泵具有双向送料及输出量能满足主机需求量等工作特点，对于双组分的聚脲体系而言，其黏度通常比一般的双组分涂料体系要高。操作时，可根据聚脲涂料的具体黏度情况选用供料泵，一般采用 2∶1 气动供料泵，在喷枪（图 3-24d）停止喷涂时可利用空气驱动的原理自动停止。待喷枪再次开启时，可自动恢复工作，以适当的压力向主机平稳供料。供料泵分别插入 200L 的 A 桶（甲组分）和 B 桶（乙组分）中，用螺纹连接并用密封圈进行密封。料桶应配有空气干燥器、气管等，以便向料桶内供给带压干燥空气。料桶 B 还配有气动或电动搅拌器（图 3-24f），使乙组分中的颜料、填料得以混合均匀。搅拌器应可无级调速，转速不宜过高，以免将空气及湿气混入乙组分料中。为避免因严寒季节而导致原料黏度过高并影响供料，料桶上还可装盘式、毯式等加热器，给原料加温，其最低供料温度为 20℃。若温度过低，则会增加上料泵和比例泵的负载，并可在泵内形成空穴。

（2）加压加热计量控制系统（主机）。

加压加热计量控制系统是整套喷涂设备中最为关键的部分。聚脲涂料需要在一定的温度和压力下进行混合，方可进行充分的化学反应而生成良好的涂膜。因此，主机的功能是提供稳定的压力和温度，无论是在静态下还是在动态（喷涂）下都要求保证压力和温度的基本恒定，并且要保证甲组分、乙组分的精确配比（误差小于 0.3%），甲、乙两组分的泵通常是一起控制的。

① 比例泵。传统比例泵的驱动方式有液压及气动两种形式，由于液压系统具有不依赖气源、压力稳定、使用可靠等优点，故大多数设备都采用液压驱动。近年来还出现了电力驱

动的比例泵，具有质量轻、结构简单、运行稳定的特点。

液压驱动系统一般采用通用型的，打开液压马达开关，很快就可产生液压，该液压由液压油传递至液压缸中，再通过活塞轴把液压传递给 A、B 两个比例泵，使其获得高压。液压泵的布置方式有直立式和水平式两种，水平式最为常用。水平式的液压泵在运行时两个比例泵、液压缸三点在同一条直线上，并且两个比例泵以液压缸为中心左右对称。在液压缸的驱动下，同步运动，使两个比例泵获得相同的压力，消除了压力不平衡或不对称等易导致混合不匀的问题。直立式的液压泵较为节省空间，质量也稍小，但其上下两部分的压力不对称，这将使得两个组分的压力不平衡的可能性增加，导致物料在管道中压力时大时小，使得物料混合不好或涂层厚度不一致。

气压泵通常是气驱活塞型的，利用机械式气体分配阀使气压泵连续运转，气压泵输出气体的压力取决于活塞面积比、驱动气体的压力及气体输入门的预增压气体的压力。与液压泵相比，气压泵具有体积小、成本低的特点。采用气体驱动气压泵，可以安全用于有易燃、易爆液体或气体的环境。但由于气体具有可压缩性，使得采用气体驱动工作方式的比例泵在输送物料量较大时，会产生输送物料不稳定的问题，故通常应用于对气体消耗流量不大的主机上。

电动泵则摒弃了之前大多数喷涂设备所采用的液压、气压驱动，采用了全新概念的电机驱动方式，通过对电机和控制元器件的有机组合，实现对开关枪操作的瞬间压力及动力控制。与传统的液压泵相比，体积小、质量轻，极大地方便了运输和现场施工。

② 主加热器。物料在经过比例泵精确计量后变成高压高速液流经主加热器。为了确保高速运动的高黏度物料充分地混合均匀，主加热器必须满足迅速平稳升温并且能完成自动化控制等要求，把室温或经预加热器预热后抽入的物料瞬间加热到设定的温度。主加热器一般都要经过特殊设计，方可有效避免液流因局部升温过高而产生灼烧的现象。

目前先进的聚脲喷涂设备均具有自我诊断和控制功能。若温度、压力和物料混合比例超出其设定的范围，则将会自动报警停机，并且在设备上显示故障情况，便于操作人员查找故障的部位，以免在施工中出现失误。

（3）输送系统。

为了方便施工，通常在主加热器与接枪管之间配备有加热软管（图 3-24b）及加热快接软管（图 3-24c）输送系统。由于聚脲涂料对温度的要求很高，因此其输送的管道也和其他设备有很大的不同，主要是管道本身具有加热保温功能，对流经管道的物料进行加热并对温度进行自动控制，其温度传感器靠近喷枪，以保证到达喷枪的物料具有规定的温度。长管的加热系统一般采用安全可靠的低压电源，以确保人身安全，设备的标准软管长 18.3m（60英尺），并可根据用户要求进行加长。

（4）雾化系统。

物料的混合与雾化设备是喷涂技术的关键设备之一，在聚脲涂料领域中，应用较为广泛的是撞击混合型的喷枪。此类喷枪主要有两种类型：活动阀杆式机械自清洁喷枪和活动混合室的空气自清洁喷枪。聚脲技术对喷枪的要求就是尽快地使物料在混合室内混合、喷出。无论何种类型的喷枪，物料在枪内的流动是受到绝对控制的，是不允许自由流动的。只有这样方可保证压力、配合的稳定和喷枪的有效清洁。

由于聚脲涂料是一类双组分快速固化的材料，其固化速度一般以秒计，因此这类涂料不能预先混合，故雾化系统，即喷枪有着非常特殊的结构和原理。

聚脲涂料在进行喷涂施工时，扣动喷枪扳机，汽缸拉动开停阀杆退出混合室，来自主机的 A、B 两股高压高温物流（甲组分和乙组分）从混合室周边的小孔中冲入容积很小（0.0125cm³）的混合室，从而产生撞击高速湍流，瞬间实现均匀混合，且从混合室到喷嘴之间的距离极短，甲、乙两组分的混合物料在喷枪内的反应时间极短，几乎同时就被喷涂到底材上，这种结构对于凝胶时间以秒计的聚脲涂料的喷涂是极为适宜的。停止喷涂时，松开扳机，阀杆立即复位，进入混合室，将甲、乙两组分物料完全隔绝并终止混合，同时阀杆把混合室内残留的物料全部推出，完成自清洁，不再需要采用溶剂进行清洗。喷枪所起到的混合雾化效果对于聚脲涂料的应用是极为重要的，因为混合雾化实际上就是聚脲涂料甲、乙两组分在喷枪中完成了一次化学反应的过程，并且以喷涂的方式输出，使其在所喷涂到的材质的表面形成良好的、均匀的涂层，以达到我们所希望的效果。

在喷枪的出口处配置有不同模式的控制盘（喷嘴），可以通过改变混合室和喷嘴的型号，实现扇形喷涂、圆形喷涂以及改变输出量，以获得最佳的混合和喷涂效果。聚脲涂料喷涂的雾化主要是通过主机所产生的高压来实现的，并同时在甲、乙组分混合料喷出模式控制盘时，开启气帽辅助雾化，以获得均匀的涂层。

（5）物料清洗系统。

在停止喷涂时，整个喷涂设备系统是全封闭的，A、B 两股物料（甲、乙两组分）是各自独立的，只有在扣动喷枪扳机后，才能在喷枪的混合室内相互接触，因此在喷涂结束后，抽料泵、主机、输送系统一般都不需要清洗，仅需清洗雾化系统即可。

对喷涂设备雾化系统的清洗，一般采用专门的便携式不锈钢清洗罐或清洗壶，清洗系统带有压力调节和快速接头适配器，可使清洗剂（溶剂）在压力的作用之下，对喷枪或混合室的原料孔进行清洗，清除掉残余的原料。由于自清洗枪设计上的特点，不必像传统的喷枪那样，在暂停喷涂时必须用有机溶剂或高压空气来清洗枪头，仅需在较长时间停用喷枪时（如过夜、周末等），才需用上述设备和少量的溶剂进行清洗，必要对可拆卸枪体进行彻底的清洗，这就大大减少了维护和保养的工作量，且这类喷枪拆卸、安装都比较简单。

2. 聚脲涂料甲、乙组分的混合形式

聚脲涂料甲、乙两组分的混合形式有两种即宏观混合和微观混合。

（1）宏观混合。

聚脲涂料其甲、乙两组分原料在混合室内高速撞击过程中所产生的剧烈的湍流、剪切和拉伸运动，可使每组分的液流变成很薄的液层，约为 $100\mu m$ 数量级。若每一组分的液层越薄，两组分的混合效率就越高。

宏观混合发生在喷枪的混合室内，宏观混合时间是混合室长度和液流速度的函数，混合室长度越短，宏观混合时间越短，一般在 0.2～0.3ms 级。混合室内的湍流运动在撞击点后 2～3 倍混合室直径的距离即衰减成层流，因反应开始黏度急剧增加，湍流衰减为层流后宏观混合即告结束。甲、乙组分原料在混合室内是高压混合，较低压喷出，其喷涂形式则是柔和而无反弹。

宏观混合和工艺参数的关系可用雷诺数表示，雷诺数是流量和黏度的函数，流量越大，黏度越低，则雷诺数越大，雷诺数大于 300 之后形成剧烈的湍流，则可实现充分的混合。工艺压力越高则通过混合室的流量亦越大，工艺温度越高则原料的黏度越低，故高的工艺压力和高的工艺温度会使雷诺数增大，这有利于实现良好的宏观混合。

（2）微观混合。

聚脲涂料甲、乙组分薄层间的界面作用和扩散，达到分子间的接触，实现均匀的微观混合，最终完成固化反应。微观混合虽然在混合室内与宏观混合是同时发生的，但原料在混合室内的停留时间不足 1ms，故微观混合主要发生在混合室之外，基本完成微观混合所需的时间在分钟的数量级，而完全完成微观混合则约需数天时间。微观混合的效果取决于宏观混合的效果，即后混合温度（喷涂时以及喷涂后的环境温度）。

3.3.2.2　常见的喷涂设备及类型

聚脲防水涂料施工所使用的喷涂机品种繁多，按其喷涂的工艺方法不同，可分为高压加热喷涂机和低压静态喷涂机；按其主机驱动形式的不同，可分为气压喷涂机、液压喷涂机和电动喷涂机；按其体积大小的不同，可分为大型喷涂机和小型喷涂机。

1. 美国固瑞克公司的喷涂设备

自 20 世纪 80 年代聚脲材料诞生以来，其喷涂设备的水平也在不断提高，为聚脲材料的发展和应用提供了有力的保证。自 20 世纪 90 年代至 21 世纪初，在世界范围内引领聚脲设备行业开发生产的厂家主要有卡士马（Gusmer）公司、格拉斯（Glas-craft）公司和固瑞克（Graco）公司。

卡士马公司在 20 世纪 80 年代中期，为配合开发聚脲技术，对其原有的聚氨酯 RIM 设备进行了相应的设计改进，在继承其计量、混合原理的基础上，推出了第一代喷涂聚脲施工设备的组合，即 H-2000 主机和 GX7-100 喷枪，并在此基础上进行了逐步地完善，于 20 世纪 90 年代中期推出了第二代喷涂聚脲施工设备的组合，即 H-3500 主机和 GX7-400 喷枪；2000 年又推出了性能更加卓越的 H-20/35 主枪和 GX7-DI 喷枪；2004 年又推出了改进型的 H-20/35Pro 主机。

格拉斯公司生产的 MX 型、MH 型主机均适用于聚脲涂料的喷涂施工，该公司于 2002 年推出了专门用于聚脲涂料施工的设备组合 MXⅡ主机和 LS 喷枪。

固瑞克公司是一家在流体输送方面有着悠久历史的公司，在 2003 年推出了极具竞争力的 Reactor E-XP2 主机和 FUSION 喷枪组合。FUSION 喷枪有两种，即 AP 枪（空气自清洁枪）和 MP 枪（机械自清洁枪）。出于公司实力和战略的考虑，固瑞克公司于 2005 年和 2008 年先后全资收购了卡士马公司和格拉斯公司，将三家合而为一，从而成为行业中的领导者。2007 年至 2008 年，为了满足聚脲涂料快速发展的需要，他们又推出了新一代聚脲喷涂设备 Reactor H-XP3 主机以及 CS 喷射自清洁喷枪。

固瑞克公司在整合各家技术的基础上，推出的最新技术的聚脲涂料喷涂设备，其品牌为 REACTOR，形成了两大系列多个型号的产品，其主机分别为电力驱动（E 系列）和液压驱动（H 系列），可以覆盖目前的所有聚脲涂料产品的喷涂施工设备。固瑞克公司的聚脲涂料喷涂主机及喷枪的特征参见表 3-9、表 3-10。

表 3-9　固瑞克公司 REACTOR 系列主机的特性

特　性	型　号				
	REACTOR E-10	REACTOR E-XP1	REACTOR H-XP2	REACTOR E-XP2	REACTOR H-XP3
最大流量	12 磅/分钟（5.4kg/min）	1.0 加仑/分钟（3.8L/min）	1.5 加仑/分钟（5.7L/min）	2.0 加仑/分钟（7.6L/min）	2.5 加仑/分钟（9.5L/min）

特　　性	型　　号				
	REACTOR E-10	REACTOR E-XP1	REACTOR H-XP2	REACTOR E-XP2	REACTOR H-XP3
最高加热温度	160°F（71℃）	190°F（88℃）	190°F（88℃）	190°F（88℃）	190°F（88℃）
最大输出工作压力	2000psi（13.8MPa）	2500psi（17.2MPa）	3500psi（24.0MPa）	3500psi（24.0MPa）	3500psi（24.0MPa）
可接最长加热软管	105英尺（32m）	210英尺（64m）	310英尺（94m）	310英尺（94m）	410英尺（125m）
电源及加热器参数	电源230V：16A-230V，1-ph，可选加热或不加热	10.2kW加热器：69A-230V，1-ph 43A-230V，3-ph 24A-380V，3-ph	15.3kW加热器：100A-230V，1-ph 62A-230V，3-ph 35A-380V，3-ph	15.3kW加热器：100A-230V，1-ph 62A-230V，3-ph 35A-380V，3-ph	20.4kW加热器：90A-230V，3-ph 52A-380V，3-ph
主机驱动形式	电力驱动	电力驱动	液压驱动	电力驱动	液压驱动
应用	小型工业项目，混凝土接缝充填和地坪应用，小型罐槽喷涂，工业维护，实验室	混凝土，生活用水，卡车垫层内衬，船舶和造船，废水处理，辅助防护层，防水材料			

表 3-10　固瑞克公司喷枪的特性

特　　性	型　　号						
	FUSION®CS	FUSION AP	GAPPRO	FUSION®MP	GX-7™	GX-7DI	GX-8
最大输出流量	25磅/分钟（11.3kg/min）	40磅/分钟（18kg/min）	40磅/分钟（18kg/min）	45磅/分钟（20.4kg/min）	40磅/分钟（18kg/min）	22磅/分钟（10kg/min）	1.5磅/分钟（0.7kg/min）
最小输出流量	<1磅/分钟（<0.45kg/min）	2磅/分钟（0.9kg/min）	3磅/分钟（1.4kg/min）	2磅/分钟（0.9kg/min）	3.5磅/分钟（1.6kg/min）	4磅/分钟（1.8kg/min）	<1磅/分钟（0.45kg/min）
最大流体工作压力	3500psi（24.0MPa）	3500psi（24.0MPa）	3000psi（20.7MPa）	3500psi（24.0MPa）	3500psi（24.0MPa）	3500psi（24.0MPa）	3500psi（24.0MPa）
清洗方式	喷射自清洁	空气清洁	空气清洁	机械式清洗	机械式清洗	机械式清洗	机械式清洗
应用	住宅泡沫绝缘层、屋顶、混凝土、防水材料及其他聚氨酯泡沫和弹性材料涂层						低流量、快速定型聚脲聚氨酯和杂合体涂料

（1）主机。

固瑞克公司的 REACTOR 主机为品牌产品，是一种性能优越、在双组分计量喷涂过程中温度和压力控制精确，可获得最佳表面涂装效果的高效喷涂设备，适用于聚脲涂料、发泡材料及其他双组分原料的喷涂施工。

1）REACTOR E-XP2 型电动喷涂机（图 3-25）。

REACTOR E-XP2 型电动喷涂机是一种性能优越、控制精度高的双组分计量喷涂系统，其主机的技术参数参见表 3-9。每周的近似泵出量（A＋B）为 0.042 加仑（0.16L）；液压比为 279∶1，适用于聚脲等材料的喷涂施工。

该主机采用了最先进的电机驱动方式，从而改变了之前物料计量系统所采用的气动驱动、液压驱动的设计理念，通过对电机和控制元器件的有机组合，实现对开、关枪操作的瞬间控制，与传统采用的液压泵相比较，不再需要上百千克的液压油，减轻了设备的体积和质量，整机质量为 180kg，仅为 H-20/35 主机的一半，极大地方便了野外喷涂施工和设备的运输。该主机采用立式泵设计，正弦曲线的曲柄传动方式能提供更稳定的操作，并能消除传统卧式机

图 3-25　REACTOR E-XP2 型电动喷涂主机

泵所需的快速换向操作过程。该主机配备有数字式加热和压力控制系统，提高了应用的控制精度，能够对在喷涂过程中 A 料（甲组分）、B 料（乙组分）和管道的温度、压力进行实时监控和记录。当压力发生波动时，能够方便、及时地进行观察，以便施工操作人员采取相应的措施，有利于施工结束后的数据分析和查找事故原因。REACTOR 主机还设计有较为方便的回流系统，当甲、乙两组分压力不平衡时，即能自行停机，以避免将不符合甲、乙两组分配合比的涂料喷涂到基面上，从而保证了施工质量。操作时，施工人员旋转相应的阀门，即可使压力快速平衡，不必像之前的主机那样必须经过拆卸喷枪后才能调整压力，从而大大方便了施工人员的现场操作。该主机的控制板面还可以根据施工的需要，加装其长度可达 91m 的延长线，实现施工人员对设备参数的零距离控制，从而减少了以往施工设备在远距离操作时的联络不畅和控制失灵，极大地改善了现场的监控能力，提高了工程的质量。

2）REACTOR H-XP3 型液压驱动聚脲喷涂机（图 3-26）。

REACTOR H-XP3 型液压驱动聚脲喷涂机是一种性能优越、控制精度高的、混合式加热器设计可将材料快速加热并保持在设定温度，适用于大流量喷涂应用场合的双组分计量喷涂设备。其主机系列可使用不同的电压，包括三相 230V 和 380V。其主机的技术参数参见表 3-9，每周的近似泵出量（A＋B）为 0.042 加仑（0.16L）；液压比为 2.79∶1；最高环境温度为 120°F（49℃）；软管最大长度为 410 英尺（125m），适用于聚脲等材料的喷涂施工。

该设备的特点是配置有性能卓越的对置式计量泵系统，采用 Softstart 技术，启动电流消耗可减少 1/3；轻便、耐用可靠的液压计量系统；提供连续的喷涂效果，系统设有自诊断、数据报告及应用控制功能等。

（2）喷枪。

1）FUSION® CS 喷射自清洁喷枪。

固瑞克公司新型的 FUSION® CS 喷枪采用了全新的喷射自清洁（Clearshot/cs）技术，

适用于聚氨酯发泡材料、聚脲涂料等。如图 3-27 所示。

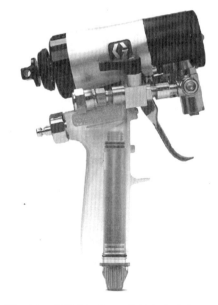

图 3-26　REACTOR H-XP3 型液压驱动
　　　　聚脲喷涂机

图 3-27　FUSION®CS 喷射自清洁喷枪

FUSION® CS 喷射自清洁喷枪的技术参数参见表 3-10。最高进气工作压力为 130Pis（0.9MPa）；最高流体温度为 200°F（93℃）；质量 2.6 磅（1.2kg）；喷枪尺寸 6.25 英寸×8.0 英寸×3.3 英寸（15.9cm×20.3cm×8.4cm）。

FUSION® CS 喷枪具有如下特点：

① 采用 Clearshot 技术的 FUSION® CS 喷枪与其他喷枪全然不同，其奥秘源于蓝色的、无毒的、专用的在线清洁液（CSL）。一次性 CSL 清洁液能快捷方便地安装在喷枪的手柄中，FUSION® CS 喷枪汽缸内置的专用计量泵计量精确地喷射 CSL 清洁液。当 CSL 清洁液穿过混合室时，可溶解堆积的已发生化学反应的泡沫或涂层，以确保混合室保持清洁状态，使雾化喷幅及混合比例稳定，完全避免了在喷涂作业时进行停枪清洁混合室的操作，减少了维护所需的停工时间，从而增加了喷涂时间。每支 CSL 清洁液可注射 1500 次。

② 枪头组件为业界首个可快速调换的组件设计，可在数秒钟内采用手动旋转方式更换枪头组件。采用不粘聚合物材料制造的枪头罩，清洁十分便捷。"气刀"式的气帽设计可减少混合后的材料出现堆积现象。

③ 设有流量调节按钮，设置十挡不同的流量，无须更换不同流量喷枪或调换不同主机，大小喷涂流量即可在数秒内进行快速切换。

④ 喷枪的侧密封部件和混合室采用镀铬（chromex）涂层，可提高抗腐蚀和抗磨损性能，节省综合更换部件的时间和采购成本。

⑤ 喷枪的侧密封部件采用拧入式侧密封设计，使综合维护工作更加快捷，程序更加简化。O 形圈更少，具有良好的审料保护功能：保持计量/混合比例，达到最佳的喷涂效果。

⑥ 采用新型的料管和喷枪歧管，便捷的开/关阀，歧管断开时，单向阀可关闭原料，滤网的更换十分快捷。

⑦ 自清洁效果佳，清洁空气可减少75%。喷枪可大大减少喷涂反弹现象。喷枪拥有更好的灵活性和机动性，可适应狭小空间的喷涂作业。

2）FUSION AP 空气自清洁喷枪。

FUSION AP 空气自清洁喷枪如图 3-28 所示。其主要技术参数见表 3-10。

FUSION AP 空气自清洁喷枪具有如下特点：

① 采用气爆式喷嘴清洁技术，减少了材料堆积和喷嘴阻塞的现象。

② 采用耐用材料制成的不锈钢混合室和滑动密封，其耐磨损性能佳，在取得更长久的使用寿命的同时，还减少了维护工作量。

③ 拆卸简单，零配件少，维护方便。手动紧固前罩，不需要使用任何工具即可将枪头打开，清理和维护混合室和密封件。短时间停机则不需要洗枪，加注专用的油脂即可。

图 3-28　FUSION AP 空气自清洁喷枪

④ 采用耐溶剂的部件，不会产生任何膨胀或损坏现象。

⑤ 独特的金属混合室流体动力学设计，可优化聚脲材料的混合、雾化效果。甲、乙组分材料在混合室内高压撞击混合后喷出，其撞击角度采用了非直接对撞，即两个组分的进料孔错开一定的角度，从而使物料在进入混合室后形成涡流，达到较好的混合效果。

图 3-29　FUSION MP 机械自清洁喷枪

⑥ 革新的扇形喷嘴可使阻塞现象显著减少，喷涂产生的涂层更趋平滑，不出现"指状"或"拖尾"等现象。

3）FUSION MP 机械自清洁喷枪。

FUSION MP 机械自清洁喷枪如图 3-29 所示，其主要技术参数见表 3-10。

FUSION MP 机械自清洁喷枪除了具有 FUSION AP 空气自清洁喷枪的优点外，还具有如下特点：

① 混合室采用聚碳酸酯材料，比采用尼龙材料的混合室更加耐磨，从而延长了喷枪的使用寿命。

② 采用 CeramTip™喷嘴，使用寿命延长了4倍。

③ 采用一体式阀杆，具有更长的使用寿命。喷枪阀杆的调整，避免了复杂的阀杆调节工作，使喷枪在施工时更加便捷和方便，一步设定阀杆即可随时开始喷涂。

④ 可调前密封件。

⑤ 一体式空气阀，仅需要使用三枚 O 形圈。更少量的零部件意味着更少的维护需求和喷枪型号的简化，使用成本更低。

2. GAMA（卡马）机械公司的喷涂设备

GAMA（卡马）机械公司是美国 PMC Global lnc 集团旗下的生产双组分喷涂和灌注设

备的专业公司，所生产的双组分高压喷涂机适用于喷涂聚氨酯泡沫、聚脲涂层以及部分环氧等双组分体系的原料，在建筑保温及防水、钢结构及混凝土的防护、泡沫及弹性体制品的生产等行业广为应用。GAMA 由 GAMA-USA、GAMA-Europe 和 GAMA-China 三个公司组成，分别为美洲、欧洲和亚洲的客户提供服务。在中国，卡马机械（南京）有限公司（GAMA China）拥有完善的销售服务网络和具有丰富专业知识的销售及服务工程师，有充足的库存，能够及时为客户提供高质量的服务，帮助客户解决实际应用中所遇到的各种问题。

图 3-30　EVOLUTION G-250H 液压
驱动高压喷涂机

（1）EVOLUTION G-250H 液压驱动高压喷涂机。

EVOLUTION G-250H 是一种能对各种双组分体系的原料比例进行精确控制，达到最佳混合效果的，能满足聚氨酯泡沫和聚脲弹性体等施工的液压驱动高压喷涂机。该喷涂机开放式的结构使设备操作简单且易于维护，如图 3-30 所示。

此喷涂机的产品技术特点如下：

① 主加热系统采用了双路独立主加热器，每个独立加热器包含六个 1.25kW（可选 1.5kW）的加热单元，单边加热总功率为 7.5kW（可选 9kW），温度单独可调。主加热器采用了精确的独立数字温度控制，配合完善的过热、过压和过流保护，升温迅速准确，独立的智能控制系列能有效抑制动态使用时的温度波动。

② 软管加热系统的最大功率可达 5kW，支持长达 94m（310 英尺）的低电压加热软管，控制单元采用数字温控（可选配双路数字温控），加热电流自适应控制，从而获得最佳的加热效果和温度均匀性，与之相配的低电压加热软管采用均布加热元件加热，传热效率高，温升迅速。

③ 电气控制箱的面板为触摸式开关，通过软件控制各功能单元并通过数字显示方式显示设备状态，操作方便。为获得现场应用的高度可靠性，系统控制部分采用经多年验证的继电器控制单元，有很强的抗干扰能力。

④ 完善的报警电路，提供了包括电源错相报警在内的多重保护，封闭的抗电磁辐射电气控制箱配合完善的保护电路，杜绝了电压波动造成的设备损坏。

⑤ 水平对置的双向工作定排量比例泵采用同轴式设计，可完全消除因重力引起负载不均匀所导致的压力差，换向时的输出压力波动极小，同时大大延长了密封件的使用寿命，是达到高质量喷涂效果的有力保证。比例泵有多种不同的尺寸和容量可供选择，以满足 1∶3 到 3∶1 的不同原料的需求。此外，每个泵都配备有过压安全开关，可通过控制电路使比例泵在超过设定压力极限时停止工作。

⑥ 双向工作的液压泵通过自触发回动系统驱动水平对置的比例泵，获得平稳而有力的驱动。液压动力是由电机驱动的液压泵所产生的，通过调节液压泵上的可调补偿器可获得不同的液压力，从而调节喷涂时的原料混合压力。液压操作保证了良好的瞬态响应和喷面质量。

⑦ 带有 Data Logger 数据库存储器的 G-250H 型液压驱动聚脲喷涂机，其存储器通过插入设备控制面板上 USB 接口中的专用 U 盘实时记录主加热器和软管加热器的原料温度、输出压力、总输出量等信息，通过计算机软件处理后以曲线方式显示，能有效记录和分析设备在使用过程中的各项参数，从而帮助用户改进和优化施工工艺，提高喷涂质量。Data Logger 数据库存储器还记录了设备出现的所有报警信息，以帮助用户查找和分析故障原因。为了配合高速铁路聚脲防水层喷涂施工的需要，特别在标准型 G-250H 型设备的基础上增加了数据存储和下载功能，能够全程记录设备在喷涂施工过程中两个组分原料温度、压力等数据，从而为保证工程质量提供了一种有效的手段。

G-250H 型液压驱动高压喷涂机的主要技术参数如下：

最大输出量：14/9 kg/min（31/20 lb/min）；

最大工作压力：14/24MPa（2000/3400psi）；

主加热器功率：15kW（可选 18kW）；

软管加热功率：4kW；

电源（400V）：41@3×400V 50/60Hz；

质量：270kg（595 lb）；

外形尺寸：高 120cm，宽 90cm，深 70cm。

（2）EVOLUTION VR 闭环控制全自动连续无级变比高压喷涂/灌注机。

EVOLUTION VR 闭环控制全自动连续无级变比高压喷涂/灌注机是为满足有不同比例要求的聚氨酯泡沫和聚脲弹性体原料的喷涂和灌注施工而设计的。该设备采用双独立液压系统、变频电机驱动、流量计闭环控制，能精确控制 A、B 料的输出量，从而获得从 1∶5 到 5∶1 的原料连续可变的 A、B 料混合比例，参见图 3-31。

此喷涂机的产品技术特点如下：

① 主加热器采用双路独立的加热器，加热总功率为 18kW，满负荷输出条件下的温升率可达 50℃/min；

② 软管加热系统采用两路独立的 4kW 软管加热变压器、数字温度控制。软管采用了新型的网状加热元件，其温度控制比传统结构的软管更准确；

③ 采用定排量双向工作柱塞式比例泵，A、B组分原料侧各配置有一个独立的双向工作的柱塞式比例泵，并分别由两套独立的液压泵系统驱动，有多种不同规格的泵体可供选择，可以获得不同的输出压力和更大的变比范围；

图 3-31　EVOLUTION VR 闭环控制全自动连续无级变比高压喷涂/灌注机

④ 原料循环系统允许在不开机的情况下自动加热原料，从而减少了开始喷涂施工前的准备时间；

⑤ 通过微电脑软件系统集中控制所有输入的设定参数，通过变频电机驱动液压系统和

比例泵工作，其参数在工作期间可做后台修改，并可在喷涂完成后下载并以曲线方式显示；

⑥ 该设备具有流量计闭环反馈功能，其输出端配有两个流量计，能精确测量每侧原料的流量并反馈给控制单元。

EVOLUTION VR 型喷涂机的主要技术参数如下：

输出量：1～15kg/min（2.2～33 lb/min）；

变比范围：1：5～5：1连续无级变比；

最大工作压力：300MPa（4300psi）；

主加热器功能：18kW；

软管加热功率：8kW；

电源（400V）：70@3×400V 50/60Hz；

质量：500kg（1100lb）；

外形尺寸：1250mm×1110mm×1200mm。

（3）MASTER 空气自清洁喷枪。

MASTER 空气自清洁喷枪是聚氨酯泡沫和聚脲弹性体涂层施工专用喷枪。此喷枪采用全新设计的人机工程手柄，配合重新调整的喷枪重心设置，为操作人员提供了平衡而稳定的手感，从而减少了疲劳，提高了施工效率，如图 3-32 所示。其技术特点如下：

① 空气自清洁，对原料的适应性广泛；

② 两种边密封可选，可适应不同的原料、压力和使用寿命的要求而不必更换喷枪；

图 3-32　MASTER 空气自清洁喷枪

③ 高压对冲混合，多种混合室可供选择，以满足从喷涂到灌注、从圆喷到扇喷的各种应用要求；

④ 外部润滑系统，可减少日常的维护工作量。

该喷枪的技术参数如下：

最大工作压力：21MPa（3000psi）；

供气压力：0.6～0.8MPa（85～114psi）；

比例为 1：1 时的最大输出量：18kg/min（40lb/min）；

比例为 1：1 时的最小输出量：1.5kg/min（3.3lb/min）；

气压 0.6MPa 时的开枪拉力：90kg（200lb）；

气压 0.6MPa 时的关枪推力：93kg（205lb）；

气压 0.6MPa 时的空气消耗量：约 307L/min。

3. 北京金科聚氨酯技术有限责任公司的喷涂设备

北京金科聚氨酯技术有限责任公司专业从事聚氨酯发泡设备的设计、制造和销售。其制造的聚脲喷涂设备有多功能喷涂王 A-30、H-80 液压驱动高压聚脲/聚氨酯喷涂设备以及 JKQ-207 型聚脲高压喷涂枪等。

（1）多功能喷涂王 A-30。

多功能喷涂王 A-30 集多种功能于一体，适用于聚脲弹性体、聚氨酯弹性体、聚氨酯发泡材料及聚脲、聚氨酯黏合剂等多种双组分材料的防水、防腐、保温隔热工程的施工。既能进行喷涂施工，也能进行浇注施工；能圆喷也能平喷；能使用硬质泡沫原料，也能使用半硬质泡沫原料，如图3-33所示。

多功能喷涂王 A-30 采用微电子技术程序控温，能自动跟踪加热，控温准确；新型贮热螺旋式四级加热器，加热均匀且速度快，确保使用工艺温度；能自动计量，使用原料的数量精确。

多功能喷涂王 A-30 喷涂设备的主要技术参数如下：

最大工作压力：20MPa；

最大输出流量：3～8kg/min；

加热功率：6000W×2；

加热方式：A、B、C 路分别独立加热；

控温范围：20～100℃；

标准保温料管长度 15m（可加长至 90m）；

发泡枪操作软管：1.5m；

保温原料混合比：（A∶B）1∶1；

使用气压：0.6～0.8MPa；

使用电源要求：三相四线 380V/50Hz/27A；

使用空气压缩机额定气压：1MPa；

排气量≥1.5～1.6m³/min。

图 3-33　多功能喷涂王 A-30

（2）H-80 液压驱动高压聚脲/聚氨酯喷涂设备。

H-80 液压驱动高压聚脲/聚氨酯喷涂设备适用于聚脲弹性体、聚氨酯弹性体、聚氨酯发泡材料及聚脲/聚氨酯黏合剂/密封胶条等的喷涂施工。其主要特点是：压力强劲稳定，能确保甲、乙组分获得足够的混合压力，使两组分材料混合均匀；有自动降温装置，若液压油温达到 40℃时，则可自动启动降温，若液压油温达到 60℃时，则可自动断电停机，以确保设备的安全使用；微电子技术加热系统，具有可靠的控制料液所需的工艺温度；设备使用简单方便，如图 3-34 所示。

该设备的主要技术参数如下：

最大工作压力：20MPa；

最大输出流量：2～7kg/min；

电机功率：5500W/8.3A；

加热功率：6000W×2；

加热器加热范围：20～100℃；

加热方式：A、B、C 三路分别独立加热；

保温料管长度：15m（可加长至 90m）；

发泡枪操作软管：1.5m；

图 3-34　H-80 液压驱动高压
聚脲/聚氨酯喷涂设备

标准原料混合比：（A：B）1：1；

工作使用气压：0.6～0.8MPa；

外部尺寸：700mm×900mm×1218mm；

质量：280kg；

设备使用电源要求：三相四线 380V/50Hz/18000W/35A；

设备使用空气压缩机额定气压：1MPa；

排气量≥0.5m³/min。

图 3-35　JHPK-SG15 型聚脲
喷涂专用设备

4. 北京京华派克聚合机械设备有限公司的喷涂设备

北京京华派克聚合机械设备有限公司是一家集开发、生产、制造、销售聚氨酯硬泡原料以及聚氨酯高压无气喷涂（灌注）机、双组分聚脲高压高温喷涂机等高性能喷涂设备的专业性公司。该公司生产的聚脲喷涂设备有 JHPK-SG15 型聚脲喷涂机以及与之配套的喷枪。该公司生产的可与任何一种喷涂设备配用的喷枪有 JHPK-GZ Ⅰ型和Ⅱ型等。

JHPK-SG15 型聚脲喷涂专用设备是该公司全新推出的双组分、高性能计量喷涂系统，JHPK-SG15 系统适用于各种施工环境，应用于聚脲弹性体、聚氨酯弹性体、聚氨酯发泡材料以及聚脲（聚氨酯）黏合剂/密封胶等的喷涂施工，如图 3-35 所示。

该设备移动方便，功能多。专用的 JS 喷枪操作简单，雾化效果佳。设备的标准配置为：气压驱动主机 1 台，喷枪 1 把，加热保温管路 15m，喷枪连接管 1.5m，供料泵 2 只。其技术参数如下：

电源：三相四线 380V 50Hz 14A×3＋16A；

原料加热器功率：6000W×2；

管路加热功率：3500W；

气源：0.6～0.8MPa，1m³/min；

原料输出量：2～7.8kg/min；

混合压力：20MPa；

质量：170kg；

体积：800mm×700mm×1500mm。

5. 北京东盛富田聚氨酯设备制造有限公司的喷涂设备

北京东盛富田聚氨酯设备制造有限公司是一家集聚氨酯（聚脲）设备生产及聚氨酯（聚脲）施工为一体的综合公司，生产有多种聚脲喷涂设备。

（1）DF-20/35Rro（卧式）喷涂机。

DF-20/35Rro（卧式）喷涂机应用于聚脲弹性体防腐、防水工程的喷涂施工，其标准配置为：液压驱动主机 1 台，喷枪 1 把，供料泵 2 只，15m 加热保温管道 1 套。此设备性能稳定，技术先进，为该公司的最新产品，如图 3-36 所示。

DF-20/35Rro（卧式）喷涂机的主要技术参数如下：

最大输出量：8～11kg/min；

最大流体温度：90℃；

混合压力：20MPa；

软管最大长度：90m；

电源参数：40A—380V 三相；

驱动方式：液压驱动；

体积：850mm×880mm×1100mm。

（2）DF-20/35 液压型液动高压无气弹性体喷涂机。

DF-20/35 液压型液动高压无气弹性体喷涂机是该公司根据多年设备制造经验，结合现场施工情况研制生产出的聚脲弹性体喷涂、浇注两用机。该设备具有质量轻、移动方便、工作性能稳定、性价比高的优点，可以在各种环境条件下进行聚脲材料的喷涂作业，适用于聚脲弹性体防滑、防水工程的施工。该设备在性能上已经完全达到同

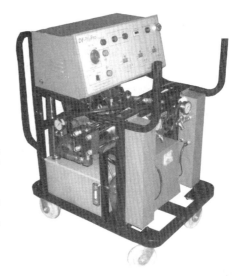

图 3-36　DF-20/35Rro
（卧式）喷涂机

类型进口设备的技术水平，为国内聚脲涂料的广泛应用提供了条件。该设备的标准配置为：液压驱动主机 1 台，喷枪 1 把，供料泵 2 只，15m 加热保温管道 1 套，如图 3-37 所示。

DF-20/35 液压型液动高压无气弹性体喷涂机的主要技术参数如下：

最大输出量：8kg/min；

最大流体温度：90℃；

混合压力：20MPa；

加热功率：11～15kW；

软管最大长度：90m；

电源参数：40A—380V 三相；

驱动方式：液压驱动；

体积：700mm×900mm×1250mm。

6. 河田防水科技（上海）有限公司的喷涂设备

河田防水科技（上海）有限公司是一家专营 JETSPRAY 新型防水、防腐、地坪材料和专用喷涂设备及喷涂工艺的日资企业。公司的总部河田化学株式会社是日本一家知名的经营建筑、土木、桥梁、管道等领域的防水、防腐、地坪材料，研究开发相关喷涂设备并进行各种防水、防腐及地坪施工的企业。

该公司经过多年的研究和实践，开发出了瞬干、聚氨酯聚脲弹性体喷涂工艺（JETSPRAY 喷涂工艺）。JETSPRAY 喷涂工艺是一种全新的喷涂施工工艺，与目前普遍采用的高温高压撞击混合喷涂技术相比，具有设备结构简单、操作灵活方便、不易受施工环境和条件影响、涂膜的物理性能在某些方面更优异等特点。JETSPRAY 喷涂工艺的应用范围有防水工程、防腐工程、地坪及防护工程、

图 3-37　DF-20/35 液压型液动高压无气弹性体喷涂机

缓冲保护工程等。就防水工程而言,适用于各种结构、材质的建筑物屋顶、屋顶停车场、工业厂房、冷库等需要进行防水保温隔热的场所,还可以用作防水内衬,用于水库、污水处理池、游泳馆、水族馆等场所。针对一些如桥梁、隧道、地下工程、码头、支撑架、公路护坡等建筑物结构,可进行永久性加固,以消除其结构开裂、腐蚀变形等各种安全隐患。JETSPRAY 喷涂工艺须使用专用的喷涂设备,将双组分的喷涂材料搅拌均匀并混合后,再由压力空气喷涂至施工基面,并在施工基面瞬间硬化而形成涂膜。

JETSPRAY 喷涂工艺所使用的专用喷涂设备有便携式喷枪、小型喷涂机和车载系统等,其特点是多种设备对应不同的工程需求。便携式喷枪主要应用于各种小型的修补;专用的喷涂机小巧、方便、结构简单,可对应各种复杂的施工环境,完成单机 $500 \sim 700 m^2$ 的施工量;而车载系统则可针对超大面积地面施工发挥威力,日施工面积可超过 $1200 m^2$。

■ 喷枪

图 3-38 小型喷涂机(JETSPRAY Dynamic Machine)

(1) 小型喷涂机(JETSPRAY Dynamic Machine)。

此喷涂机由机身、输料管、喷枪三部分组成,辅助设备有 2.2kW 以上空压机、输气管、发电机(在无电源情况下)等,如图 3-38 所示。

该设备的工作原理是将 A、B 两组分材料经输料系统分别输入喷枪,在搅拌管内得到快速充分搅拌混合,在喷嘴处与压缩空气汇合,被高压空气调速喷出,快速形成 JETSPRAY 涂膜。

该设备的特点如下:

① 机身小巧、轻便、结构简洁、性能优越、机身质量仅 50kg、移动灵活方便,可对应各种复杂的施工环境,不受施工场地大小及所处位置的限制;

② 以 3L/min 的喷涂量,使用 2.2kW 以上的空压机即可保证正常作业,喷出美观均一的涂膜,单机每日可完成 $500 \sim 700 m^2$ 的施工量;

③ 可根据现场施工状况使用不同容量的材料盛装罐,降低废料量;

④ 喷枪前端的特殊配件(附件)有平喷及圆喷两种类型,另外,还有一种用于进行防滑处理的特殊配件,喷涂施工时可根据实际用途选择使用;

⑤ 在喷涂中喷出的材料微粒还能填充基面上的裂纹裂缝,不留任何痕迹。

该设备的主要技术参数如下:

使用电力:100V 50A;

喷涂量:3L/min;

使用压力范围:0~12MPa;

混合比率:A 液∶B 液=1∶1(体积比);

设定温度:厂家指定温度;

机身尺寸:宽 450mm×高 550mm×长 550mm;

机身质量:50kg。

(2) 便携式喷枪(JETSPRAY Top Gun)。

便携式喷枪由更换式涂料套装及喷枪枪体两部分组成。喷枪由枪身、搅拌管、套筒等组成，辅助设备有空压机（1.9kW 以上）、输气管、发电机（在无电源情况下）等，如图 3-39 所示。

便携式喷枪　　　　　　涂料套装　　　　　　专用工具袋

图 3-39　便携式喷枪（JETSPRAY Top Gun）

该喷枪的工作原理是由喷枪助推器将 A、B 两组分材料推入搅拌管，并在搅拌管内得到快速充分搅拌混合，在喷嘴处与压缩空气汇合，被高压空气高速喷出，快速形成 JETS-PRAY 涂膜。

该喷枪装卸简单，使用方便，在设计上简化了复杂的操作，适合进行屋顶、外墙、地板、走廊、楼梯、阳台等小范围的修补。

喷枪使用方法如下：

① 涂料套装应在保质期内使用，使用温度不超过 40℃，使用时不能接近火源及高温物体，使用时必须佩戴防护设施（如专用口罩、眼镜、手套等）；

② 卸下涂料套装的螺母，拔出中栓，将搅拌管插在涂料套装的出料口上，套上螺母调节喷枪推进器速度，将涂料套装装入枪体内并用螺母固定，安装外筒，调节空气压力，扣动扳机，进行喷涂；

③ 每次开始进行喷涂时，一定要挤掉最初的 10mL 喷涂剂，以免出现因搅拌不良而导致不能硬化的情况；

④ 若喷出时阻力过大（特别是在温度较低时），只要把涂料套装桶加温，阻力就会变小，但温度绝对不要超过 40℃；

⑤ 套装桶里不能残留余料。

（3）车载系统（JETSPRAY System Car）。

该系统由发电机、空压机、储料罐、操作箱、吸料泵、保温桶、加热器、供给泵、混合泵等组成。其工作原理是将两组分材料经输料系统分别输入喷枪，在搅拌管内得到快速充分搅拌混合，在喷嘴处与压缩空气汇合，被高压空气高速喷出，快速形成 JETSPRAY 涂膜。此系统施工能力强，特别适合大面积的喷涂施工，如桥梁、高速公路、大型体育场等，如图 3-40 所示。

喷涂机×2台　　50m喷管×2条　　最长喷管100m×2条　　可以边补充材料边施工

图 3-40　车载系统（JETSPRAY System Car）

该车载系统采用了全自动电脑控制，配备大型罐装喷涂材料，车载容器容积罐的容积为1200L，两个喷罐可同时作业，达到200m²/h的喷涂施工速度，车载系统具有边移动边施工的优点。

车载系统的主要技术参数参见表3-11。

表3-11 JETSPRAY 喷涂设备——车载系统
（JETSPRAY System Car）主要技术参数

发电机	50Hz：功率 20kW 三相 200V 单机 100V	柴油发动机
	60Hz：功率 25kW 三相 200V 单相 100V	
空压机	空气量：1.4m³/min	柴油发动机
	额定压力：0.69MPa	
空气干燥机	50Hz：处理空气量 1.6m³/min	
	60Hz：处理空气量 1.8m³/min	
操作箱	可以控制发电机、空压机、空气干燥机以外的机器	
	胶体：自动-手动-洗净	
储料罐容量	主剂：600L	
	硬化剂：600L	
吸料泵	操作箱控制式	
	DF 泵	
加热器	操作箱控制式	
	温度设定：手动转盘设定式	
保温桶容量	主剂：65L	
	硬化剂：65L	
	保温桶内液体温度：30℃±5℃	
供给泵	操作箱控制式	
	空气马达泵	
混合泵	1∶1	
	空气马达泵压送式	
喷涂量	3L/min×2 台	

3.3.2.3 喷涂施工常见的辅助设备

聚脲涂料进行喷涂施工时，除了喷涂机和喷枪外，常见辅助设备有空压机、冷冻式空气干燥净化器、全自动平面往复机、喷涂施工车等。

1. 空压机

气源是为供料泵、气动比例泵、喷枪等提供动力。空压机有活塞式和螺杆式两种类型，前者虽噪声较大，但其质量和体积较小，适用于施工车内使用。若施工条件允许，可配备功率和体积较大的空压机，并配备储气罐，这样可在充气后，关闭空压机以减少噪声。若其作业场地已具备气源，则可用作动力源，省掉空压机。

2. 冷冻式空气干燥净化器

气动设备的动力来源于压缩空气，但空气压缩机所提供的压缩空气中，往往含有水分、油分和微小的杂质。这类未经干燥净化的压缩空气会使气动设备中的零件锈蚀和磨损，并可造成聚脲涂层产生缩孔、鼓泡和针眼等缺陷，导致涂膜出现质量问题，因此需加装冷冻过滤式空气干燥净化装置（冷干机），即通过冷媒对压缩空气中含有的水分、油分进行有效的分离，以达到净化空气的目的，从而提高涂膜的质量。此类装置一般采用处理能力在 $0.8m^3/min$ 以上的冷干机。

3. 全自动平面往复机

全自动平面往复机是一类用于聚脲涂料喷涂施工时，具有固定往复宽度和可变往复宽度的设备。北京格莱克斯科技有限公司根据京沪高速铁路施工的特点，结合京津高速铁路聚脲防水涂料的施工经验，以先进的理念开发出了两款符合高速铁路喷涂聚脲防水涂料施工的全自动平面往复机。

此设备性能稳定高效、操作简便、功能强大、转向灵活、运输方便，其主要特点如下：

① 操作方便，通过遥控装置，只需一人便可根据施工现场的需要，随时调整往复机的行走方向和开关喷枪的作业。

② 设备具有强大的爬坡能力，可翻越 90mm 的台阶，不打滑、不失速。快速的喷枪连接装置，可适用于各种喷枪，无须再购买昂贵的自动喷枪，以减少聚脲喷涂设备的购置成本，往复机所设置的管道悬吊装置，可减少管道反复摆动时的应力，延长管道的使用寿命。

③ 该设备设置有全自动厚度控制和边缘厚度控制装置，当输入喷涂厚度等参数后，往复机的全自动厚度控制系统便可自动确定喷涂车的往复速度与小车的前进速度，以保证涂层厚度的高平整度，并能够达到无重叠纹的完美效果。边缘厚度控制系统可变往返宽度型具有边缘厚度控制功能，可随时开启其中一侧或两侧的边缘厚度控制，使该侧折返点涂层厚度变薄，留出搭接区，以避免两次搭接时的厚度过大。

④ 该设备的往复宽度有两种：其一为固定往复宽度，其往复宽度为 3.3m，可用于 3.1m 轨道板的喷涂；其二为可变往复宽度，其往复宽度为 0～3.2m，可调节，既可适用于 3.1m 轨道板的喷涂，又可通过设定喷涂往复宽度，用于 1.9m 隔离带的喷涂。模块化的设计，可方便更换固定往复宽度与可变往复宽度的往复箱。

⑤ 可拆卸往复箱。可将往复机与聚脲喷涂机装在同一辆箱式货车中，包装运输方便。

4. 喷涂施工车

喷涂施工车的主要作用是可将成套的施工设备整体运送到施工现场。聚脲涂料进行喷涂施工所需的设备较多，如供料泵、主机、喷枪及加热软管、冷冻过滤式空气干燥净化装置（冷干机）、加温设备以及盘管架、电源开关等配套设备，有了喷涂施工车，则可将这些设备整体安排在车内，到达施工现场后，就不必对这众多的设备进行装卸和现场连接，只需接通电源即可马上工作。施工车有简易型施工车、大型拖车式施工车、车载集装箱式施工车等多种类型。

简易型施工车一般没有加热和保温功能，只能在 19℃ 以上环境温度下施工。由于车内的空间狭窄，原料的贮存量较少，施工时供料泵需放在车外。其优点是小巧灵活，适用于各种施工场地，车行速度快，成本亦较低。

　　大型拖车式施工车载质量较大，有足够的内部空间，具有加热保温功能，可以减少对外界条件的依赖，车内可安装 1 至 2 套施工设备，以及发电机等其他设备。原料的贮存量较多，还可安排出一个休息房间，其缺点是由于车子的体积大，若在狭窄的施工场地作业，移动受到限制，需要配备足够长度的加热软管。

　　车载集装箱式施工车内部的空间相对较大，可装一定数量的原料，有加热和保温的功能，集装箱可拆卸，若设备不用时，还可以将集装箱卸下，当作一般的运输货车用。

3.3.2.4　喷涂设备的操作方法

　　高压加热喷涂设备类型众多，其操作方法各有不同。现以 REACTOR H-XP2、H-XP3 为例，介绍其具体的使用方法。

　　1. 部件及性能

　　H-XP2、H-XP3 聚脲喷涂设备部件的组成如图 3-41 所示，其技术数据参见表 3-12，涂层喷涂性能如图 3-42 所示，加热器性能如图 3-43 所示。

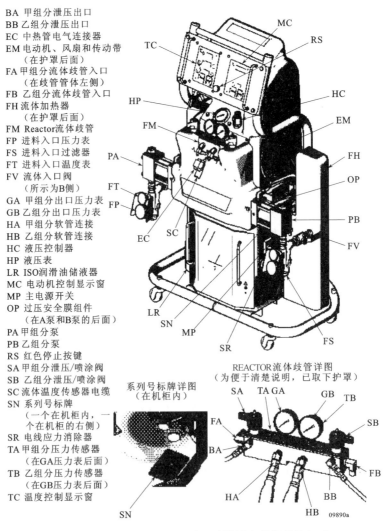

BA 甲组分泄压出口
BB 乙组分泄压出口
EC 中热管电气连接器
EM 电动机、风扇和传动带
　　（在护罩后面）
FA 甲组分流体歧管入口
　　（在歧管管体左侧）
FB 乙组分流体歧管入口
FH 流体加热器
　　（在护罩后面）
FM Reactor流体歧管
FP 进料入口压力表
FS 进料入口过滤器
FT 进料入口温度表
FV 流体入口阀
　　（所示为B侧）
GA 甲组分出口压力表
GB 乙组分出口压力表
HA 甲组分软管连接
HB 乙组分软管连接
HC 液压控制器
HP 液压表
LR ISO润滑油储液器
MC 电动机控制显示窗
MP 主电源开关
OP 过压安全膜组件
　　（在A泵和B泵的后面）
PA 甲组分泵
PB 乙组分泵
RS 红色停止按键
SA 甲组分泄压/喷涂阀
SB 乙组分泄压/喷涂阀
SC 流体温度传感器电缆
SN 系列号标牌
　　（一个在机柜内，一
　　个在机柜的右侧）
SR 电线应力消除器
TA 甲组分压力传感器
　　（在GA压力表后面）
TB 乙组分压力传感器
　　（在GB压力表后面）
TC 温度控制显示窗

系列号标牌详图
（在机柜内）

REACTOR 流体歧管详图
（为便于清楚说明，已取下护罩）

图 3-41　H-XP2、H-XP3 聚脲喷涂设备其部件的组成

表 3-12 技术数据

类　　别	数　　据
最大流体工作压力	H-25 型和 H-40 型：2000psi（13.8MPa，138bar） H-XP2 型和 H-XP3 型：3500psi（24.1MPa，241bar）
流体：油压比	H-25 型和 H-40 型：1.91：1 H-XP2 型和 H-XP3 型：2.79：1
流体入口	甲组分（ISO）：1/2npt（内螺纹），最大 250psi（1.75MPa，17.5bar） 乙组分（树脂）：3/4npt（内螺纹），最大 250psi（1.75MPa，17.5bar）
流体出口	甲组分（ISO）：8 号 J10（3/4-16unf），带 6 号 J10 转换接头 乙组分（树脂）：10 号 J10（7/8-14unf），带 5 号 J10 转换接头
流体循环口	1/4nosm（外螺纹），带塑料管，最大 250psi（1.75MPa，17.5bar）
最高流体温度	190°F（88℃）
最大输出（环境温度下 10 号油）	H-25 型：22 磅/分钟（10kg/min×60Hz） H-XP2 型：1.5 加仑/分钟（5.7L/min×60Hz） H-40 型：48 磅/分钟（20kg/min×60Hz） H-XP3 型：2.8 加仑/分钟（10.6L/min×60Hz）
每周的泵出量	H-25 型和 H-40 型：0.053 加仑（0.23L） H-XP2 型和 H-XP3 型：0.042 加仑（0.15L）
线路电压要求	230V 单相和 230V 三相设备：195～264V 交流，50/60Hz 400V 三相设备：338～457V 交流，50/60Hz
电流要求	型号不同，电流要求有所不同，具体参见说明书
加热器功率	型号不同，加热器功率有所不同，具体参见说明书
液压储液器容量	3.5 加仑（13.6L）
推荐的液压流体	citgo A/W 液压油，ISO 46 级
噪声功率，按照 ISO 9614-2 规定	90.2dB（A）
噪声压力，离设备 1m	82.6dB（A）
质量	带 8.0kW 加热器的设备：535 磅（243kg） 带 12.0kW 加热器的设备：597 磅（271kg） 带 15.3kW 加热器的设备：（B-25/H-XP2）：552 磅（255kg） 带 15.3kW 加热器的设备（B-40/H-XP3 型）：597 磅（271kg） 带 20.4kW 加热器的设备：597 磅（271kg）
流体部件	铝质、不锈钢、镀锌碾钢、黄铜、硬质合金、镀铬材料、氟橡胶、PTFE、超高分子量聚乙烯、耐化学 O 形圈

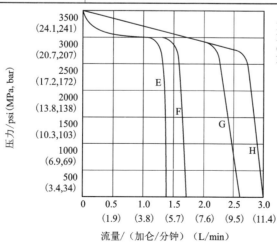

图 3-42 涂层喷涂性能

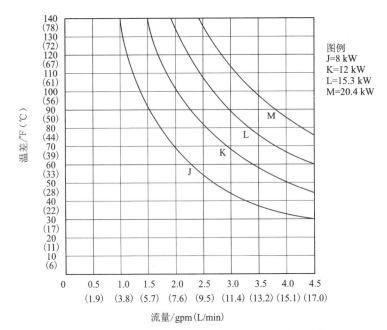

★加热器性能数据是基于采用10wt 液压油和230V加热器电源电压所进行的测试

图 3-43　加热器性能

所有其他品牌的名称或标志均属其各自所有者的商标，在此仅用于辨认。

2. 电气控制系统

（1）主电源开关。

主电源开关位于设备的右侧，如图 3-41 所示中 MP，用于接通和切断 REACTOR 的电源，不会接通加热器各区或泵。

（2）红色停止按键。

红色停止按键位于温度控制面板和电动机控制面板之间，见图 3-41 中 RS。按下红色停止按键只关断电动机和加热器各区的电源。要关断设备的所有电源，使用主电源开关。

（3）温度控制及指示灯。

温度控制及指示灯如图 3-44 所示。

按下实际温度键，LED 指示灯显示实际温度，按下并按住实际温度键，LED 指示灯显示电流。

按下目标温度键，LED 指示灯显示目标温度，按下并按住目标温度键，LED 指示灯显示加热器控制电路板温度。

按下温标键，LED 指示灯显示改变温标℉或℃。

按下加热器区的接通/关断键，LED 指示灯亮或暗，显示接通和关断加热器各区，同时也清除加热器区的诊断代码，见 3.3.2.4 节 9（表 3-15）。加热器各区接通时，LED 指示灯会闪烁。每次闪烁的持续时间表示其加热器接通的程度。

按下温度箭头键，向上或向下调节温度设定值。

根据所选择的模式显示加热器各区的实际温度或目标温度。启动时默认显示为实际温

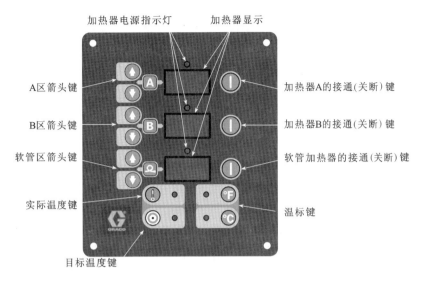

图 3-44　温度控制及指示灯

度。A 区控制甲组分的加热，B 区控制乙组分的加热，A 和 B 区的显示范围为 0～88℃（32～190℉），软管的显示范围为 0～82℃（32～180℉）。

（4）电动机控制及指示灯。

电动机控制及指示灯参见图 3-45。

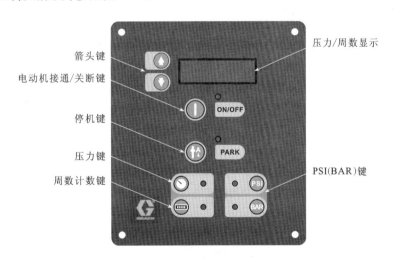

图 3-45　电动机控制及指示灯

按下电动机接通（关断）键，LED 指示灯显示接通（关断）电动机，同时也清除某些电动机控制诊断代码，见本节后文 9（表 3-15）。

在一天的工作结束时，按下停机键，使甲组分泵循环到原始位置，将活塞柱浸没。扣动喷枪扳机，直至泵停止运转。停机后，电动机会自动关闭。

按下 PSI（BAR）键，改变压力标度。

按下压力键，LED 指示灯显示流体压力。如果两个压力不平衡，则显示较高的一个压力值。

按下周数计数键，LED指示灯显示运行周数。要清除计数器上的计数，可按下周数计数键，并按住3s。

使用电动机控制箭头键可进行压力不平衡调节设置以及待机设置调整。

液压控制旋钮用于调节提供给液压驱动系统的液压压力。

3. 设备的安装

设备的安装可分为带循环安装和不带循环安装，如图3-46、图3-47所示。

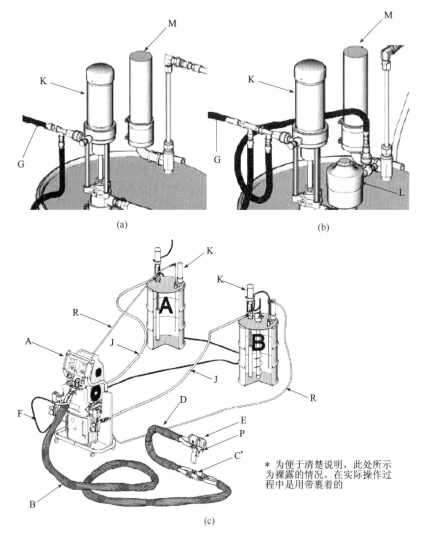

(a)

(b)

(c)

图3-46 设备带循环 安装

(a) 侧供料详图（一）；(b) 侧供料详图（二）；(c) 整体图

A—REACTOR 配比器；B—加热管；C—流体温度传感器（FTS）；D—加热快接软管；

E—Fusion 喷枪；F—喷枪供气软管；G—进料泵供气管路；J—供料管路；K—进料泵；

L—搅拌器；M—干燥器；P—喷枪流体歧管（喷枪的一部分）；R—循环管路

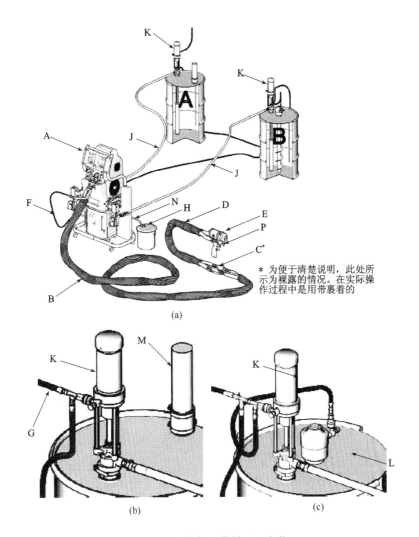

图 3-47　设备不带循环　安装

（a）整体图；（b）侧供料详图（一）；（c）侧供料详图（二）

A—REACTOR 配比器；B—加热管；C—流体温度传感器（FTS）；D—加热快接软管；

E—Fusion 喷枪；F—喷枪供气软管；G—进料泵供气管路；H—废料桶；J—供料管路；

K—进料泵；L—搅拌器；M—干燥器；N—放气管路；

P—喷枪流体歧管（喷枪的一部分）

（1）放置 REACTOR。

将 REACTOR 放置在水平的表面上。有关间隙和安装孔的尺寸如图 3-48 所示。不要让 REACTOR 暴露在雨水中。在举升前，要用螺栓将 REACTOR 固定到原始装运托盘上，用脚轮将 REACTOR 移到需固定的位置，或用螺栓将其固定在装运托盘上，用铲车搬动。要想安装在推车的车板或拖车上，可去掉脚轮并用螺栓将其直接固定到推车或拖车的车板上。

（2）电气要求。

电气要求参见表 3-13。

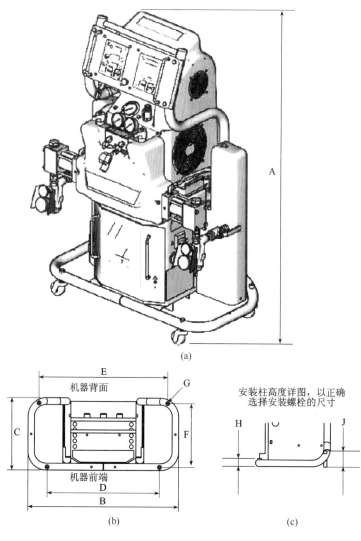

图 3-48　尺寸图

（a）整体图；（b）俯视图；（c）侧视图

尺寸	英寸（mm）	尺寸	英寸（mm）
A（高度）	55.0（1397）	F（侧安装孔）	16.25（413）
B（宽度）	39.6（1006）	G（安装柱内径）	0.44（11）
C（深度）	18.5（470）	H（前安装柱高度）	2.0（51）
D（前安装孔）	29.34（745）	J（后安装柱高度）	3.6（92）
E（后安装孔）	33.6（853）		

表 3-13　电气要求（kW/满载电流）

部件	型号	电压（相数）	满载电流*	系统功率**
253403	H-XP3	230V（1）	100	23100
253404	H-XP3	230V（3）	90	31700
253405	H-XP3	400V（3）	52	31700

部件	型号	电压（相数）	满载电流*	系统功率**
255403	H-XP2	230V（1）	100	23260
255404	H-XP2	230V（3）	59	23260
255405	H-XP2	400V（3）	35	23260

* 所有装置均运行在最大能力时的满载电流。在不同的流量和混合室尺寸下对保险丝的要求可能会低一些。

** 系统总功率，根据每个设备的最大软管长度计算。

（3）连接电线。

连接电线（不包括电源）参见表 3-14。

表 3-14　电源线的要求

部　　件	型　　号	线缆的规格 AWG（mm²）
253404	H-XP3	4（21.2），3 线＋接地
253405	H-XP3	6（13.3），4 线＋接地
255403	H-XP2	4（21.2），2 线＋接地
255404	H-XP2	6（13.3），3 线＋接地
255405	H-XP2	8（8.4），4 线＋接地

（4）连接进料泵。

将进料泵（K）装入甲组分和乙组分的供料桶 A、B 内。如图 3-46、图 3-47 所示。两个进料入口压力表要求有 50psi（0.35MPa，3.5bar）的最小进料压力。最大进料压力是 250psi（1.75MPa，17.5bar）。A 和 B 供料桶的进料压力差要保持在 10％以内。

密封甲组分供料桶 A 并在通气口内放置干燥器。

如果有必要，可将搅拌器装入乙组分供料桶 B 内。

确保甲组分和乙组分供料桶的入口阀关闭。

将乙组分的供料软管与其入口阀上的 3/4npt（内螺纹）旋转接头连接并拧紧。将甲组分的供料软管与其入口阀上的 1/2npt（内螺纹）旋转接头连接并拧紧。从进料泵接出的供料软管内径应为 3/4 英寸（19mm）。

（5）连接泄压管路。

不要在泄压（喷涂）阀出口的下游安装截止阀。当被置于喷涂位置时，这些阀作为过压释放阀使用。必须保持管路的通畅，使机器在运行时能自动释放压力。如果需要让流体循环回到供料桶，应使用额定能承受设备的最大工作压力的高压软管。

建议将高压软管连接到两个泄压（喷涂）阀的泄压接头上，然后将软管接回到甲、乙组分供料桶上，如图 3-46 所示，或者将所提供的放气管牢固插入接地的密闭废液桶内，如图 3-47所示。

（6）安装流体温度传感器（FTS）。

流体温度传感器要安装在主软管和快接软管之间。

（7）连接加热管。

流体温度传感器和快接软管必须与加热管一起使用。软管的长度，包括快接软管在内，必须最短 60 英尺（18.3m）。

关断主电源。组装加热管、FTS 及快接软管。将 A 软管和 B 软管分别连接到 REAC-TOR 流体歧管的甲组分出口和乙组分出口上。软管采用颜色标识：红色用于甲组分，蓝色用于乙组分。两个接头的大小不同，以避免出现连接错误。歧管的软管转换接头（N，P）可连接内径为 1/4 英寸和 3/8 英寸的流体软管。要连接内径为 1/2 英寸（13mm）的流体软管，可从流体歧管上卸下转换接头并按需要连接快接软管。

连接电缆、电气连接器。要确保在软管弯曲时电缆仍有一定的松弛量。用绝缘胶带将电缆及电气连接处缠上。

关闭喷枪的流体歧管阀。将快接软管连接到喷枪的流体歧管上，不要将歧管连接到喷枪上。对软管进行加压检查，确定是否有渗漏。如果没有渗漏，则将软管和电气连接处缠上，以避免损坏。

（8）系统接地。

REACTOR 通过电源线接地。将快接软管的接地导线连接到 FTS 上，不要断开接地导线或没有连接快接软管就进行喷涂。

供料桶：按照当地的规范进行。被喷物体：按照当地的规范进行。冲洗时所用的溶剂桶：按照当地的规范进行。只使用放置在已接地表面上的导电金属桶。不要将桶放在诸如纸或纸板等非导电的表面上，这样的表面会影响接地的连续性。

为了在冲洗或释放压力时维持接地的连续性，将喷枪的金属部分紧紧靠在接地金属桶的侧边，然后扣动喷枪扳机。

（9）检查液压流体的液位。

液压储液器出厂时已注满。首次工作之前要检查液位，此后每周检查一次。

（10）润滑系统的设置。

甲组分泵：用 Graco 喉管密封液（部件号为 206995，随供）注满润滑油储液器。将润滑油储液器从托架中升起，并从帽上卸下该容器。注满新鲜的润滑油。将储液器拧在帽组件上，并将其放入托架（RB）中。

将较大直径的供液管推入储液器内约 1/3 行程的距离。将较小直径的回液管推入储液器，直至底部，确保异氰酸酯沉在底部，不被吸入供液管及返回到泵。

润滑系统准备好进行工作，不需要填料。

4. 开机步骤

在所有盖子和护罩被装回原处之前，不要运行 REACTOR。

穿好防护服、戴好防护眼镜、防护手套等防护用品。

（1）用进料泵注流体。

产品出厂前用油对 REACTOR 进行过测试，进行喷涂之前要用适当的溶剂将油冲出。

检查确认所有设置步骤均已完成。每天启动前，要检查入口滤网是否清洁，每天检查润滑油情况和液位。

接通乙组分的搅拌器（若使用）。

将两个泄压（喷涂）阀都旋到喷涂位置。

启动进料泵。

打开流体入口阀，检查是否有渗漏。

用进料泵加载系统，将喷枪的液体歧管固定在两个接地的废液桶上方；打开流体阀，直至从阀内流出清洁、无空气的流体；关闭阀门。

注意：在启动期间不要混合甲组分和乙组分，要始终提供两个接地的废液桶，以分开甲组分和乙组分的流体。

（2）设定温度。

本设备配用加热流体，设备表面会变得非常热。为了避免严重烧伤，不要接触热的流体或设备；要待设备完全冷却之后再触摸；如果流体温度超过 110 ℉（43℃），要戴上手套。

接通主电源。分别设置 A 桶、B 桶、软管的加热温度，接通加热区，预热软管（15～60min）。当流体达到目标温度时，指示灯会非常慢地闪烁，显示窗显示出软管内 FTS 附近的实际流体温度。

注意：软管内没有流体时不要接通软管加热器。热膨胀可造成压力过高，导致设备破裂或严重损伤，包括流体注射。在预热软管时不要给系统加压。

检查各区的电流以及加热器控制电路板温度。

当处于手动电流控制模式时，要用温度计监测软管的温度。温度计的读数不得超过 160 ℉（71℃）。当处于手动电流控制模式时，切勿将机器置于无人看管的状态。如果 FTS 被断开或者显示窗显示诊断代码 E04，则先关断主电源开关，然后再接通以清除诊断代码并进入手动电流控制模式。

显示窗将显示流向软管的电流，电流不受目标温度的限制。为避免过热，将软管温度计安装在靠近喷枪一端可被操作员看到的位置。将温度计穿过甲组分软管的泡沫罩插入，使温度计的芯杆紧靠内管。温度计的读数会比实际流体温度低大约 20 ℉。如果温度计的读数超过 160 ℉（71℃），应降低电流。

（3）设定压力。

启动电动机和泵，显示系统压力。调节液压控制器，直至显示窗显示出所期望的流体压力。

如果显示压力超过所需压力，降低液压并扣动喷枪扳机以降低压力。

用甲组分压力表和乙组分压力表检查每个配比泵的压力是否正确。两压力应近似相等，且必须保持固定。

改变压力不平衡设置可选可不选。压力不平衡功能可检测出哪些可能会造成喷涂比率失当的条件，如供料失压（缺料）、泵密封损坏、流体入口过滤器堵塞或流体泄漏等。代码 24（压力不平衡）被默认设为发出警报。

出厂时将压力不平衡的默认值设定为 500psi（3.5MPa，35bar）。要进行较严格的比率错误检测，可选择较低值；要进行较宽松的检测或避免令人讨厌的警报，可选择较高值。

5. 喷涂

锁上喷枪的活塞保险栓；关闭喷枪的流体歧管阀；装上喷枪的流体歧管；连接喷枪的气路，打开气路阀；将泄压（喷涂）阀置于喷涂位置；检查确认加热区已接通，而且温度已达到目标温度；按下电动机的启动键启动电动机和泵；检查流体压力的显示，并根据需要进行调节。

检查流体压力表，以确保压力正确平衡。如果不平衡，稍微朝泄压（循环）位置转动压力较高组分的泄压（喷涂）阀，降低该组分的压力，直至压力表显示压力已平衡。

打开喷枪的流体歧管阀。对于撞击式喷枪，如果压力不平衡，切勿打开流体歧管阀或扣动喷枪扳机。

放开活塞保险栓。在纸板上检验喷涂效果，调节温度和压力，以获得所期望的效果。

设备已准备就绪，可以开始喷涂。如果在一段时间里停止喷涂，设备将进入待机状态（若启用）。

6. 待机和关机

（1）待机。

如果在一段时间里停止喷涂，设备将进入待机状态，关闭电动机和液压泵。这样可减少对设备的磨损，最大限度地减少热量积聚。当处于待机状态时，电动机控制面板上的 LED 接通（关断）指示灯和压力（循环）显示窗将闪烁。

在待机时，A、B 加热区将不关闭。

要重新启动，先在远离喷涂目标的地方喷涂 2s。系统将检测到压降，电动机会在几秒钟内急剧达到满速。调节电动机控制板上的 DIP 开关 3 可启用或禁止待机状态。

可按以下方法设置进入待机状态前的空闲时间：关断主电源开关，按下并按住电动机控制器上的周数计数键，接通主电源开关，然后用上下键选择所需的定时器设置，5～20min，以 5min 为增量。它设定设备在进入待机状态前为不活动时间。最后关断主电源开关，以保存这些变化。

（2）停止工作。

关闭 A、B 加热区，泵停机，关断主电源，关闭两个流体供料阀（FV）。释放压力（参见 7 泄压步骤），根据需要关断进料泵。

7. 泄压步骤

释放喷枪内的压力并进行喷枪停机。关闭喷枪的流体歧管阀。关闭进料泵和搅拌器（若使用）。将泄压（喷涂）阀旋至泄压（循环）位置。将流体引到废液桶或供料桶内。确认压力表读数已降到 0。

锁上喷枪的活塞保险栓。断开喷枪的气路连接并卸下喷枪的流体歧管。

8. 流体循环

（1）通过 REACTOR 循环。

未向材料供应商查询有关材料的温度范围前，不要循环含有发泡剂的流体。用进料泵注流体。不要在泄压（喷涂）阀出口的下游安装截止阀。当被置于喷涂位置时，这些阀作为过压释放阀使用。必须保持管路的通畅，使机器在运行时能自动释放压力。

参见图 3-46，将循环管路引回到各自的甲组分、乙组分供料桶，应使用额定能承受设备的最大工作压力的软管（参见表 3-12 的技术数据）。

将泄压（喷涂）阀置于泄压（循环）位置。接通主电源。设定目标温度（参见本节 4 开机步骤）。接通 A 和 B 加热区。除非软管内已注满流体，否则不要接通软管加热区。显示实际温度。

启动电动机前，将液压降至循环流体所需最小值，直到 A 和 B 温度达到目标温度。

启动电动机和泵。在尽可能低的压力下循环流体，直到温度达到目标温度。

接通软管加热区，将泄压（喷涂）阀置于喷涂位置。

（2）通过喷枪的歧管循环。

未向材料供应商查询有关材料的温度范围前，不要循环含有发泡剂的流体。

通过喷枪的歧管循环流体，可使软管快速预热。

将喷枪的流体歧管安装在循环附件上。将高压循环管路连接到循环歧管上。将循环管路引回到各自的甲、乙组分供料桶。应使用额定能承受设备的最大工作压力的软管，如图3-47所示。

用进料泵注流体进行。接通主电源。设定目标温度参见本节 4 开机步骤（2）。接通 A、B 和软管加热区，显示实际温度。启动电动机前，将液压降至循环流体所需最小值。启动电动机和泵，在尽可能低的压力下循环流体，直到温度达到目标温度。

9. 诊断代码

部分诊断代码参见表 3-15。

表 3-15　部分诊断代码

代码	代码名称	报警区	代码编号	代码名称	警报或警告
01	流体温度过高	单独	21	没有传感器（A组分）	警报
02	电流过大	单独	22	没有传感器（B组分）	警报
03	无电流	单独	23	压力过高	警报
04	FTS 未连接	单独	24	压力不平衡	可选择，参见修理手册
05	电路板的温度过高	单独	27	电动机温度过高	警报
06	没有区间通信	单独	30	瞬间没有通信	警报
		全部	31	泵管路开关故障/高循环速率	警报
		全部	99	没有通信	警报

（1）温度控制诊断代码。

温度控制诊断代码显示在温度显示窗上。这些警报会关闭加热。E99 在恢复通信后自动清除。代码 E03 至 E06 可通过按下予以清除。对于其他代码，先关断主电源然后再接通主电源即可清除。

（2）电动机控制诊断代码。

电动机控制诊断代码 E21 至 E27 显示在压力显示窗上。有两类电动机控制代码：警报或警告。警报比警告优先。

警报会关闭 REACTOR。先关断主电源然后再接通主电源，即可清除。

除代码 23 之外，其他警报也可通过按下电动机接通（关断）键进行清除。

发生警告时 REACTOR 会继续运行。按下压力键即可清除。在预定的时间内（不同警报的时间不同）或在主电源被关断然后再接通之前，警告不会重复发出。

10. 维护及冲洗

（1）维护。

每天检查液压管路和流体管路有无泄漏。清除所有液压漏出物，确定并排除泄漏的原因。

每天检查流体入口过滤器的滤网。

每周用 FUSION 润滑脂润滑循环阀。

每天检查 ISO 泵的润滑油情况和液位，根据需要重新注满或更换。

每周检查液压流体的液位，检查油尺上液压流体的液位。流体液位必须位于油尺的凹刻标记之间。根据需要重新注入认可的液压流体。如果流体的颜色很深，则更换流体和过滤器。

在运行 250h 后或在 3 个月内，应更换新设备内的磨合油。有关推荐的换油频率，参见表 3-16。

表 3-16　换油频率

环　境　温　度	建　议　频　率
0～90 ℉（−17～32℃）	12 个月或每使用 1000h（取最先时间）
90 ℉及以上（32℃及以上）	6 个月或每使用 500h（取最先时间）

要防止将甲组分暴露在大气的水分中，以避免发生结晶。定期清洗喷枪混合室各口。定期清洗喷枪止回阀滤网。用压缩空气来防止灰尘在控制板、风扇、电动机（护罩下面）及液压油冷却器上聚积。保持电柜底部的通风孔通畅。

（2）流体入口过滤器滤网。

入口过滤器将可能堵塞泵入口止回阀的颗粒物滤掉，作为启动程序的一部分，每天要检查滤网，并根据需要进行清洗。

使用洁净的化学品并遵循正确的存放、运输和操作步骤，以最大限度地减少 A 侧滤网的污染。在日常启动过程中仅清洗 A 侧滤网。这样可在开始分配操作时立即冲洗掉任何残留的异氰酸酯，将湿气污染减至最低程度。

关闭泵入口的流体入口阀，并使相应的进料泵停机。这样可以防止在清洗滤网时发生泵送涂料的情况。在过滤器歧管下面放一个承接流体的容器。取下过滤器的插塞，从过滤器歧管取下滤网。用适当的溶剂彻底清洗滤网，将其甩干，检查滤网。如果多于 25％的网眼被堵塞，则需更换滤网。检查垫圈，根据需要进行更换。确保管塞拧入过滤器的插塞内。将过滤器插塞与滤网和垫圈安装到位并拧紧。不要拧得太紧，让垫圈起到密封的作用。打开流体入口阀，确保没有泄漏，将设备擦干净。

（3）泵润滑系统。

每天检查 ISO 泵润滑油的情况。如果变成凝胶状、颜色变深或被异氰酸酯稀释，则更换润滑油。

凝胶的形成是由于泵润滑油吸收了湿气所致。多长时间进行更换取决于设备工作的环境。泵润滑系统可使暴露在湿气中的可能性减至最小，但仍有可能受到一些污染。

润滑油变色是由于在运行时有少量异氰酸酯通过泵密封件不断渗出。如果密封件工作正常，因变色而更换润滑油不必过于频繁，每 3 或 4 周更换一次即可。

更换泵润滑油：①释放压力，将润滑油储液器从托架中升起，并从帽上卸下储液器；②将帽放在适当的容器内，卸下止回阀，排出润滑油，将止回阀重新装到入口软管上；③排空储液器，用干净的润滑油进行清洗；④当储液器清洗干净时，注入新鲜的润滑油；⑤将储液器拧在帽组件上，并将其放入托架中；⑥将较大直径的供液管推入储液器内约 1/3 行程的距离；⑦将较小直径的回液管推入储液器直至底部；⑧润滑系统已准备好进行工作，不需要填料。

如前所述，回液管必须到达储液器的底部，确保异氰酸酯晶体沉在底部，不被吸入供液管及返回到泵。

（4）冲洗。

仅在通风良好的地方冲洗设备。不要喷涂易燃的流体。用易燃的溶剂进行冲洗时，不要接通加热器电源。

在通入新的流体之前，用新的流体冲出旧的流体，或者用适当的溶剂冲出旧的流体。冲洗时应使用尽可能低的压力。所有的流体部件均可用常用的溶剂，但只能使用不含水分的溶剂。

要想将进料软管、泵及加热器与加热管分开冲洗，可将泄压（喷涂）阀置于泄压（循环）位置通过放气管路进行冲洗。

要冲洗整个系统，通过喷枪的流体歧管进行循环（将歧管从喷枪上取下）。为了防止异氰酸酯受潮，要始终保持系统干燥或注入不含水分的增塑剂或油，不要用水。

11. 注意事项

使用人员要详细阅读使用规范，并对设备的各个部件熟知牢记；建议在喷涂前做好安全防护工作。

喷涂过程中对设备的工作压力和温度数据进行详细记录，设备的运行压力和温度不宜过高，建议使用推荐压力和温度。设备内部是高压空间，不经过相关负责人允许，严禁自行打开设备进行维护和检修。

注意用电安全，电源要良好接地。

喷涂过程中避免立体交叉作业，以免误喷到人。喷涂中设备在暂停使用时喷枪要放在停止状态，关好喷枪保险，打开喷枪侧面气量调节阀，喷口不要对着人或人行走的路线。

对设备的液压油和泵润滑液要定期检查，必要时要进行填充和更换。每次工作完成后要对设备的入口处过滤网进行仔细清洗，避免杂质堵塞。

移动设备时要小心，推动部位不能是悬挂式部件，要推设备的钢制框架部位。

设备现场要注意防水和防晒。原料桶原料未用完，在下次使用间隔 30min 以上时，尽量将原料桶的桶盖盖好，避免杂质和水分进入原料桶内，造成不必要的原料浪费；原料未用完要重新进行密封时，也必须要将原料桶盖周围的残液擦拭干净后方可密封。

在进行喷涂、组装以及拆卸的过程中严禁吸烟和明火。

3.3.3　喷涂聚脲涂膜防水层的施工

3.3.3.1　喷涂聚脲施工的基本规定

喷涂聚脲涂膜防水工程施工的基本规定如下：

（1）每一批聚脲防水涂料在喷涂作业进行前 7d，应采用喷涂设备现场制样，并按相关规定检测喷涂聚脲防水涂料的拉伸强度和断裂伸长率，提交涂料现场施工质量检测报告。

（2）在喷涂作业前进行的基层处理可能会产生大量的灰尘，而在喷涂作业进行中大量的雾化物料很容易四处飞散，造成环境污染，尤其是聚脲涂层的粘结强度很高，大量的雾化物料沾污物是很难清除的，故在施工前应对作业面以外易受施工飞散物料污染的部位采取必要的遮挡措施。

（3）喷涂施工作业现场若在室内或为封闭空间，应保持空气的流通；在进行喷涂作业之前，应确认基层、聚脲防水涂料、喷涂设备、现场环境条件等均符合相关工程技术规程的规定和设计要求后，方可进行喷涂施工作业。喷涂作业前的检查通常应包括对基层及细部构造的处理、材料的质量、设备运行状况、环境条件、人员培训等方面的检查，这对于保证施工质量是至关重要的。

（4）每一种底涂料都具有各自特定的陈化时间，在陈化时间内，其能与后续涂层实现良好的粘结；反之，超出其陈化时间，底涂层的表面反应活性则降低，故在底涂层验收合格后，应在喷涂聚脲防水涂料生产厂家规定的间隔时间内进行喷涂作业。若超出了规定的间隔时间，则应重新涂刷底涂层。

（5）聚脲防水涂层若存在漏涂、针孔、鼓泡、剥落及损伤等病态缺陷时，应及时进行修补。喷涂作业完工后，不能直接在涂层上凿孔打洞或重物撞击。严禁直接在聚脲涂层表面进行明火烘烤、热熔沥青材料等的施工，以免破坏涂层的防水效果。

（6）喷涂聚脲防水工程的施工包括基层表面处理和聚脲涂料的喷涂作业两个基本工序，在现场施工时必须按工序、层次进行检查验收，不能待全部完工后才进行一次性的检查验收。施工现场应在操作人员自检的基础上，进行工序间的交接检查和专职质量人员的检查，检查结果应有完整的记录。若发现上道工序质量不合格，必须进行返工或修补，直至合格方可进行下道工序的施工，并应采取成品保护措施。

3.3.3.2 喷涂聚脲防水涂层的材料要求

喷涂聚脲防水涂层采用的材料有喷涂聚脲防水涂料、底涂料、涂层修补材料、层间处理剂、隔离材料以及密封胶、堵缝料、面漆、防滑材料（石英砂、橡胶粒子等）、防污胶带、加强层材料（如卷材、涂料、玻璃纤维布、化纤无纺布、聚酯无纺布）等。材料进场检验是杜绝在施工中使用不合格材料的重要手段。喷涂聚脲防水涂层用到的主要材料有喷涂聚脲防水涂料、底涂料、涂层修补材料和层间处理剂等。

1. 喷涂聚脲防水涂料

喷涂聚脲防水涂料应符合现行国家标准《喷涂聚脲防水涂料》（GB/T 23446—2009）所提出的技术要求。

喷涂聚脲防水涂料的进场检验项目和性能应符合表 3-17 的规定。

表 3-17　喷涂聚脲防水涂料的性能

项　　目	性能要求		试验方法
	Ⅰ型	Ⅱ型	
固含量/%	≥96	≥98	GB/T 23446—2009
表干时间/s	≤120		
拉伸强度/MPa	≥10	≥16	
断裂伸长率/%	≥300	≥450	
粘结强度/MPa	≥2.5		
撕裂强度/（N/mm）	≥40	≥50	
低温弯折性/℃	≤-35，无破坏	≤-40，无破坏	
硬度（邵A）	≥70	≥80	
不透水性（0.4MPa×2h）	不透水	不透水	

目测喷涂聚脲防水涂料的外观状态应为均匀的无凝胶、无杂质的可流动的液体。如果发现涂料产品有结块、凝胶或黏度增大现象，应严禁使用。由于乙组分有颜料以及助剂，静置

时间过长后易出现沉淀，因此在喷涂施工前，应对乙组分进行充分搅拌，直到颜色均匀一致、无浮色、无发花、无沉淀为止。

2. 底涂料

现场浇筑的混凝土表面即使经过物理方法处理，仍可能存在微细的裂纹、孔洞等缺陷和水分。为了保证聚脲涂层与基层之间的粘结强度，同时达到封闭基层、阻隔潮气的目的，在进行聚脲防水涂料喷涂前，应先在基层表面涂布底涂料（基层处理剂）。

底涂料的进场检验项目和性能应符合表 3-18 的规定。

表 3-18　底涂料的性能

项　　目	性能要求	试验方法
表干时间/h	≤6	GB/T 23446
粘结强度*/MPa	≥2.5	—

＊：此处粘结强度是指将底涂料涂刷的基层表面干燥并喷涂聚脲防水涂料后，测得的涂层粘结强度。

3. 涂层修补材料

涂层修补材料是指用于手工修补聚脲防水涂层质量缺陷或在细部构造处设置附加层的一类辅助材料。涂层修补材料与混凝土基层及聚脲防水涂层应有良好的相容性，其物理力学性能应接近喷涂聚脲防水涂料。

涂层修补材料的进场检验项目和性能应符合表 3-19 的要求。

表 3-19　涂层修补材料的性能

项　　目	性能要求	试验方法
表干时间/h	≤2	GB/T 16777
拉伸强度/MPa	≥10	
断裂伸长率/%	≥300	
粘结强度/MPa	≥2.0	

4. 层间处理剂

层间处理剂是指涂覆在已固化的聚脲涂层表面，用于增加两次喷涂聚脲涂层之间粘结强度的一类材料。层间处理剂的进场检验项目和性能应符合表 3-20 的要求。

表 3-20　层间处理剂的性能

项　　目	性能要求	试验方法
表干时间/h	≤2	GB/T 16777
粘结强度*/MPa	≥2.5 且涂层无分层	

＊：此处粘结强度指将已喷涂聚脲涂层的样块在现行国家标准《喷涂聚脲防水涂料》（GB/T 23446—2009）规定的条件下养护 7d 后，再在涂层表面涂刷层间处理剂并干燥后，立即再次喷涂聚脲防水涂料，并按规定条件养护后测得的涂层的粘结强度。

5. 材料进场抽验和复验的规定

喷涂聚脲防水涂料、底涂料、涂层修补材料及层间处理剂的进场抽检和复验应符合下列规定：

（1）同一类型的喷涂聚脲防水涂料每 15t 为一批，不足 15t 的按一批计；同一规格、品种的底涂料、涂层修补材料及层间处理剂，每 1t 为一批，不足 1t 者按一批进行抽样。

（2）每一批产品的抽样应符合现行国家标准《色漆、清漆和色漆与清漆用原材料取样》（GB/T 3186—2006）的规定。喷涂聚脲防水涂料按配比总共抽取 40kg 样品，底涂料、涂层修补材料及层间处理剂等配套材料按配比总共取 2kg 样品。应将抽取的样品分为两组，并放入不与材料发生反应的干燥密闭容器中，密封贮存。

（3）材料的物理性能检验结果全部达到相关规定为合格。若其中有一项指标达不到要求，允许在受检样品中加倍取样进行复检。复检结果合格判定该批产品合格；否则，则判定该批产品为不合格。

（4）喷涂聚脲防水涂料、底涂料、涂层修补材料及层间处理剂的标志、包装、运输和贮存应符合下列规定：

① 包装容器必须密封，容器表面应标明材料名称、生产厂名、质量、生产日期和产品有效期，并分类存放。

② 产品运输和存放温度宜为 10～40℃，存放环境应干燥、通风，避免日晒，并远离火源。

3.3.3.3 喷涂设备的要求

喷涂设备包括专用的主机与喷枪，以及空压机等其他工具。喷涂聚脲防水涂料喷涂作业宜采用具有双组分枪头喷射系统的喷涂设备。喷涂设备应具备物料输送、计量、混合、喷射和清洁功能。当前喷涂聚脲常用的喷涂作业设备主要是采用双组分、高温高压、无气撞击内混合、机械自清洗的喷涂设备。喷涂设备的工作流程如图 3-49 所示。

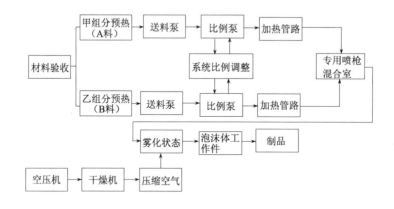

图 3-49 喷涂设备工作流程

喷涂设备的配套装置如料桶加热器、搅拌器、空气干燥机等对保证喷涂作业顺利进行尤为重要。给喷涂设备主机供料的温度不应低于 15℃；否则，物料的黏度较高，送料泵的工作会受到影响，可能导致计量不准确，影响涂层的质量。若环境温度较低，则应配置料桶加热器；乙组分料桶（B 料桶）应配置搅拌器，由于乙组分除了含有端氨基和其他组分外，还含有填料等密度较高的物质，长期静置后极易出现物料分层，尤其是密度较高的物料易沉淀至料桶底部。若乙组分不加以搅拌，很容易导致物料计量出现偏差；水分极易和甲组分物料中的异氰酸酯类物质发生化学反应，导致物料黏度增高，反应活性降低。为减少和阻止上述反应的发生，应配置可向甲组分料桶（A 料桶）和喷枪提供干燥空气的空气干燥机。

喷涂施工现场的温度、湿度、风速等条件会随时发生变化，故要求喷涂设备应由专业技术人员进行管理和操作。在进行喷涂作业时，应根据聚脲涂料的特性及施工方案和现场条件及时调整喷涂设备的工艺参数，以确保涂层的质量。聚脲喷涂设备的主要工艺参数是工艺压力（设备的动压力）和工艺温度。聚脲类防水涂料的工艺压力为 2000（14.0）～2800psi（19.5MPa），工艺温度为 65～75℃，可实现充分的混合和雾化，获得优质的涂层。

施工时可将主机所配置的两支送料泵分别插入甲组分和乙组分原料桶中，借助主机产生的高压将物料推入喷枪混合室内进行混合，雾化后喷出。在到达基层的同时，涂料几乎已接近凝胶，10～30s 后涂层完全固化，若要达到要求的厚度则只需反复喷涂即可。对专用设备的基本要求是具有平稳的物料输送系统、精确的物料计量系统、均匀的物料混合系统、良好的物料雾化系统以及方便的设备清洗系统。

3.3.3.4 喷涂施工

喷涂聚脲防水涂料的施工可概括为基层的处理和聚脲涂料的喷涂两个方面。

1. 基层处理

（1）基层表面处理的基本内容。

基层表面处理的基本内容大体可包括基层的打磨、除尘和修补、基层的干燥、基层的防污、嵌缝料和密封胶及增强层的施工、基层处理剂的涂刷等。

① 基层的打磨、除尘和修补。基层的表面不得有浮浆、孔洞、裂缝、灰尘和油污，反之则应采用打磨、除尘和修补等方法进行基层处理。

清洗和打磨基层表面的目的是彻底去除基层表面的浮浆、起皮、疏松、杂质等结合薄弱的物质，并将孔洞、裂缝等基层所存在的缺陷彻底地暴露出来，使基层获得合适的粗糙度以增强喷涂聚脲涂层与基层的粘结强度。常见的表面处理工艺有机械打磨、抛丸、喷砂等。创造涂膜所需要的表面粗糙度，可使涂膜有着良好的附着基础。喷涂聚脲防水涂层附着在物体表面主要是依靠涂料中的极性分子与基层表面分子之间相互的作用力。例如金属基层在经过喷砂工艺处理后，表面粗糙，随着粗糙度的增大，单位面积上的涂层与金属基材表面的引力也就会成倍地增大，同时还为涂层的附着提供了极其合适的表面形状，增加了齿合的作用。这对于涂层而言，是十分有利的。对于不能采用喷砂工艺处理的部位，可采用手工打磨工艺进行打磨。由于当前基层粗糙度现场检测方法的应用范围有限（立面和曲面检测困难），故在实际工程中可对照国际混凝土修补协会推荐的标准板（CSP 板）定性确定处理后的基层粗糙度，一般打磨后的基层粗糙度要求在 SP3～SP5 之间较为适宜（图 3-53）。细部构造部位的基层处理则应按设计要求进行。

经表面处理后的基层，若暴露出来凹陷孔洞和裂缝等缺陷，则应选用强度较高的聚合物水泥砂浆（通常采用环氧树脂砂浆）等嵌缝材料进行填平修复，待嵌缝材料固化后，再进行打磨平整，直至合格。

② 基层的干燥。基层含水率越低，干燥程度越高，对于喷涂聚脲防水涂料而言，则越有利于减少涂层的缺陷，提高防水涂层与基层的粘结强度。

基层干燥度检测合格后，方可涂刷底涂料。在实际工程中，技术主管应根据现场环境温度及基层干燥程度等条件，结合工程实际经验，选择涂布相应的底涂料，这对于提高涂层的质量，增强粘结强度尤为重要。

③ 基层的防污染。在底涂料涂布完毕并干燥之后，正式进行喷涂作业前，应采取相应

的措施，防止灰尘、溶剂、杂物等对基层的污染。

④ 嵌缝料、密封胶和增强层的施工。嵌缝材料用于基层表面孔洞嵌填，嵌填孔洞必须将其堵实，否则喷涂聚脲防水涂层在固化过程中所释放的热量会使孔洞中的空气出现膨胀，造成涂层鼓泡。

密封胶的施工应按施工图纸的要求进行密封施工，在对根、孔、座、角等细部构造部位进行密封处理时，密封胶的剖面应是一个边为5mm的直角三角形。其他部位进行密封处理时，则可按图纸要求进行即可。

应按图纸要求进行增强层的施工，在需要进行增强层施工的基层表面，应用增强层专用涂料粘贴增强卷材，其边缘应向外扩展50～60mm，厚度大约为1mm。

⑤ 涂敷底涂料。底涂料的作用是保证喷涂聚脲防水涂膜和基层的附着力并封闭混凝土中的水分和空气。底涂料与喷涂聚脲防水涂料之间应具有相容性。底涂料搅拌均匀后必须在3h以内用完。底涂料的涂敷可采用刷涂、滚涂等工艺，涂刷应均匀，涂刷不能过厚，并确保没有漏涂区，最好控制在20μm以下，否则会影响基层与喷涂聚脲涂层之间的附着力。

底涂料在完全干燥后，方可喷涂聚脲防水涂料涂层，若间隔超过48h或底涂料表面被水或灰尘污染时，则需先除去污染物，再重新涂刷一层底涂料。

底涂料的干燥时间参见表3-21。

表 3-21 底涂料的干燥时间参考表

温度/℃	5～20	20～30
干燥时间/h	4～8	3～6

（2）混凝土基层的处理。

混凝土基层、砂浆基层应待水分充分挥发后才能进行施工；否则，这些水分在受热后会挥发，导致聚脲防水涂层出现鼓泡。

混凝土基层和砂浆基层应进行打磨、除尘及修补，经处理后的基层表面不得有孔洞、裂缝、灰尘杂质并保持干燥，严禁在有明水存在的基层表面进行基层处理施工。收头部位应按图纸的设计要求进行处理。

清洗和打磨混凝土基层和砂浆基层表面常见的方法如下：

① 基层表面的尘土和杂物用清洁、干燥无油的压缩空气或真空除尘工艺进行清除。

② 基层表面的油污、沥青等杂物可采用溶剂、洗涤剂或酸去除，然后用清水冲洗干净，使其干燥。

③ 可用角磨机、喷砂、高压水枪或抛丸来清除基层表面的浮浆、起皮及酥松。采用高压水清除时，应待水分完全挥发后方可进行施工。

④ 应打磨去掉基层表面的酥松及被腐蚀介质侵蚀的部分，再用细石混凝土或聚合物水泥砂浆抹平，养护硬化后方可施工。

基层表面的凹陷、洞穴和裂缝可采用嵌缝材料（通常为环氧树脂腻子）填平，待嵌缝材料固化后，再进行打磨平整。满足喷涂聚脲防水工程需要的混凝土（砂浆）基层的含水率不应大于7%。当现场检测含水率小于7%时，基层表面应涂刷应用于干燥基层的基层处理剂；若基层含水率大于7%，在确保基层没有渗漏明水的前提下，涂刷适用于潮湿基层的基层处理剂；否则，应首先采取措施治理渗漏明水，在确定基层不再发生渗漏时，方可涂刷基层处理剂。

在喷涂聚脲防水涂层施工前，还应将管道、设备、基座、预埋件等安装牢固并做好密封处理。

（3）金属基材的处理。

金属基材以钢基材为例，其处理包括除污、除锈、清洁除尘、涂刷金属底漆（可选）等内容。

① 除去钢质基材表面存在的油污，以增强聚脲涂层的附着力。

② 使用喷砂、抛丸或者手动工具进行除锈，达到 Sa2.5，钢基层表面应无可见的油脂和污垢、氧化皮、铁锈以及涂层等附着物。任何残留的痕迹仅是点状或条纹状的轻微色斑。钢基层表面应具有一定的粗糙度，基层表面的焊缝、凿坑伤疤等应采取打磨和填充的方法，使整个基层平滑过渡，锐边锐角打磨 $R \geqslant 5mm$ 的圆弧。

③ 使用吸尘器或抹布清洁基层表面，避免灰尘存在于表面而影响附着力。

④ 金属底漆（基层处理剂）要涂刷均匀，无漏涂、无堆积。金属基层一般不需要采用底漆，如果喷涂聚脲防水涂料用作衬里，则需要涂刷底漆。底漆的主要作用是提高喷漆聚脲防水涂层和基材的附着力，并具有一定的封闭作用。底漆应按喷涂聚脲防水涂料生产厂家推荐的产品，采用喷涂、刷涂或滚涂工艺进行涂敷，金属基层的底漆亦可选用环氧底漆，并在涂刷金属底漆后方可进行聚脲防水涂料的喷涂施工。

（4）橡胶、塑料、玻璃、木材的基层处理。

橡胶、塑料、玻璃、木材基层表面应无油污，为了增强喷涂聚脲涂层与橡胶、塑料、玻璃及木材等基层的粘结力，应根据基层的特性选择对应的基层处理剂。基层处理剂要涂刷均匀，无漏涂、无堆积，在涂刷基层处理剂后方可进行喷涂施工。

2. 聚脲防水涂料的喷涂施工

聚脲涂料防水涂层施工的工艺流程如图 3-50 所示。

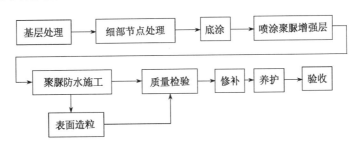

图 3-50　聚脲防水涂层施工工艺流程

（1）施工前的准备。

在喷涂施工前应检查经处理后的基层状况，在确认达到施工要求后方可进行施工。

聚脲防水层的喷涂施工由于受天气条件影响较大，若操作不慎则会引起材料飞散，导致环境污染，且聚脲涂层的粘结强度很高，飞散物很难清除，故在喷涂施工时应对作业面之外易受飞散物污染的部位采取遮挡的措施。

聚脲防水层宜在基层处理剂涂布完毕并表干后立即实施喷涂作业，基层处理剂表干与开始喷涂作业之间的间隔若超过生产厂商的规定时间，则应重新涂刷基层处理剂。

设置有增强层的部位，宜在增强层施工 12h 内进行聚脲防水层的喷涂施工；若超过 12h，则应打磨增强层，刷涂或喷涂一层层间处理剂，20min 后再进行聚脲防水层的喷涂施工。

喷涂施工不宜在风速过大时进行。风速过大不易操作，物料四处飞扬则难以形成均匀的涂膜。现场施工操作人员应做好劳动安全防护。

（2）聚脲涂层的施工。

聚脲防水涂层的施工要点如下：

① 喷涂前应先将喷涂机的管道加热器打开，待达到设定的温度后，设定其他各项参数，开始进行喷涂施工。

应注意，严禁混淆甲（A 料桶）、乙（B 料桶）组分的进料系统，否则将会导致喷涂设备管道阻塞且难以修复。一般设备都采用两种不同颜色进行明显标识，现场喷涂作业前应仔细查看。

② 在喷涂施工前应检查甲组分和乙组分物料是否正常，乙组分（B 料桶）中一般均含有颜色填料，密度较高，长期静置容易出现分层，因此在喷涂作业前应用专用的搅拌器充分搅拌 20min 以上。

③ 严禁在施工现场随意向甲、乙组分物料中添加任何物质，来调整物料黏度等，否则有可能造成材料配比不准，导致涂层质量的劣化。

④ 考虑到喷涂聚脲作业受现场条件和操作人员等诸多因素的影响，为确保工程质量，每个工作日在正式喷涂作业前，应在施工现场先喷涂一块 500mm×500mm，厚度不小于 1.5mm 的样片，且由施工技术管理人员进行外观质量评价并留样备查。当涂层外观质量达到要求之后，固定工艺参数，方可进行正式喷涂作业。

⑤ 施工现场应保持良好的通风环境，以利于涂层完全干燥，防止不良气体聚集。

⑥ 喷涂作业须选用熟练的枪手，经技术培训，考试合格后持证上岗。

⑦ 喷涂作业时，施工人员应手持喷枪进行喷涂施工。喷枪宜垂直于待喷的基层，距离宜适中，移动喷枪时的速度要均匀。

⑧ 喷涂施工时其顺序为先难后易（先细部后整体）、先上后下、先边后中（先边角后中间）。喷涂施工宜连续作业，一次多遍，纵横交叉，直至达到设计要求的厚度，两次喷涂作业面之间的接槎宽度不应小于 150mm。喷涂施工时，要随时检查工作压力、温度等参数以及涂层状况。若出现异常情况，应立即停止作业，经检查并排除故障后方可继续作业。

⑨ 应按设计要求先做好工程细部构造处理后，方可进行大面积的喷涂。如对于边角等细部部位，应预先喷涂增强层，其涂层厚度约 0.5mm，宽度约 300mm，然后进行大面积喷涂。

⑩ 喷涂要保证厚度大致均匀，施工时下一道涂层要覆盖上一道涂层的 50%，俗称其为"压枪"。多遍喷涂时，两遍之间要左右、上下交叉喷涂，这样方可保证涂层均匀。在施工过程中应随时检查涂层的厚度。

⑪ 在平面施工时，应注意喷枪的喷涂方向和"压枪"，及时清除掉在喷涂过程中附着在基层表面的飞溅残渣。在每一道涂层喷涂施工结束时，应及时进行质量检查，找出所存在的缺陷并及时处理。如涂层中存在针孔和大的缺陷，则应采取涂层修补材料进行修补；如涂层表面应存在杂质而造成凸起，应采用刀片割除后再进行修补（打磨待修补表面并向外扩展 150mm，并用涂层修补材料进行修补，要求修补部分能平滑过渡到周围的涂层）。垂直面和

顶板面的施工除了应符合上述平面施工的要求外，还应注意每道涂层不宜太厚，此可通过喷枪、混合室、喷嘴的不同组合或通过喷枪的移动速度来达到。在喷涂侧墙时，在水平施工缝左右 100mm 处，其涂层厚度宜作增加，以确保水平施工缝处的防水效果。对于顶板变形缝的处理，可先将缝内填料部分凿除，形成 20mm×10mm 的缝隙，清除缝隙内杂物，涂刷底涂料；然后再喷涂聚脲弹性体，使其深入变形缝内 10mm 以上；待聚脲弹性体固化之后，在缝底粘贴聚乙烯薄膜，用聚氨酯密封胶施工。密封胶应与侧墙外贴式止水带粘结良好，形成环向封闭，待密封胶固化后，骑缝粘贴 50mm 宽聚乙烯薄膜，将变形缝两侧各 250mm 宽的聚脲涂层打毛，再喷涂 1.2mm 厚、500mm 宽的聚脲增强层。

⑫ 两次喷涂时间的间隔若超出规定的复涂时间时，再次进行喷涂作业前，应在前一次涂层的表面涂刷一层层间处理剂。

⑬ 在进行喷涂时可通过合理调节喷枪的喷射角度、枪与基层表面的距离，得到涂层不同的表面状况，如以提高涂层表面美观性为目的的涂层表面十分光滑的"镜面"，或以起到防滑、增加附着力和消光效果为目的的涂层表面具有均匀颗粒的，称之为"人为造粒"的"麻面"。采用"人为造粒"工艺，其造粒时要注意风向和压力，施工者在上风口，风力以 3 级以下为宜。

⑭ 防滑要求较高之处，可在未干的涂层表面造粒。表面造粒的方法除了"人为造粒"外，还可采用手工铺撒防滑粒子。对于高速公路桥面，在聚脲喷涂时，可同时撒细砂，以增加聚脲层和沥青混凝土路面的剪切强度和粘结强度。

⑮ 每个作业班次应做好现场施工工艺记录，其内容包括：

a. 工程项目名称、施工时间和地点；

b. 甲、乙组分包装打开时的状态；

c. 环境温度、湿度、露点；

d. 喷涂作业时甲组分（A 桶）、乙组分（B 桶）的主加热器和软管加热器的温度，甲、乙两组分料的静压力和动压力，空气压缩机的压力；

e. 材料及施工的异常状况；

f. 施工完成的面积；

g. 各种材料的用量。

⑯ 涂敷作业结束后，若桶内尚有余料，且下次喷涂时间超过 24h 时，应向料桶内充入氮气或干燥空气并密封，对其进行保护。

⑰ 喷涂作业完毕后，应按使用说明书的要求检查和清理机械设备。

a. 喷涂设备连续操作中的短暂停顿（1h 以内）不需要清洗喷枪；较长时间的停顿（如每日下班等），则需要用清洗罐或喷壶等清洗喷枪，必要时应将混合室、喷嘴、枪滤网等拆下，进行彻底清洗；

b. 喷涂设备短时间停用，只需将喷枪彻底清洗，将设备和管道带压密封即可；设备停用 1 个月以上者，或环境特别潮湿处停用半个月以上时，应采用 DOP 和喷枪清洗剂对设备进行彻底清洗，然后灌入 DOP 进行密封。

⑱ 喷涂施工结束并经检验合格后，对需耐紫外线老化的场合，应按设计要求施做防紫外线面漆保护层，面漆施工应在涂层喷涂后 12h 内进行；若超过 12h，则应打毛涂层，刷涂或喷涂一道层间处理剂，30min 后方可再施工面漆。

（3）涂层的修补。

对涂层出现的漏涂、鼓泡、针孔、损伤等缺陷应进行修补。涂层修补前，应先彻底清除损伤及粘结不牢的涂层，并将缺陷部位边缘 100mm 范围内的基层及涂层用砂轮、砂布等打毛并清理干净，然后分别涂刷底涂料（基层处理剂）和层间处理剂，再使用涂层修补材料或喷涂聚脲防水涂料进行修补。修补面积若小于 256cm²（16cm×16cm），可采用涂层修补材料进行手工修补；修补面积若大于 256cm²，宜采用与原涂层相同的喷涂聚脲防水涂料进行二次喷涂工艺进行修补。针孔应逐个用涂层修补材料进行修补。经检测厚度不足设计要求的涂层应进行二次喷涂，二次喷涂应采用与原涂层相同的喷涂聚脲防水涂料，并在规定的复涂时间内完成。

修补处的涂层厚度不应小于已有涂层的厚度，且表面质量应符合设计要求和相关施工技术规范的规定。

涂层重新喷涂的时间间隔若超过厂家规定的复涂时间，为防止重新喷涂的涂层与原聚脲涂层粘结不牢而在界面上产生分层现象，应在已有的喷涂聚脲防水涂层表面涂刷层间处理剂。

3. 施工安全和环境保护

基层表面处理作业应符合《涂装作业安全规程 涂装前处理工艺安全及其通风净化》（GB 7692—2012）的要求；在基层处理和喷涂作业中，各种设备产生的噪声应符合《工业企业噪声控制设计规范》（GB/J 50087—2013）的有关规定；基层处理和喷涂作业中，空气中的粉尘含量及有害物质浓度符合《涂装作业安全规程 涂漆工艺安全及其通风净化》（GB 6514—2008）的规定。

基层处理和喷涂作业区的电气设备应符合国家有关爆炸危险场所电气设备的安全规定，电气设备应整体防爆，操作部分应设触电保护器；基层处理和喷涂作业中，所有机械设备的运转部位均应有防护罩等保护设施；施工现场应配备干粉或液体二氧化碳灭火器；在室内或封闭空间作业时，应保持空气流通。

喷涂作业的施工人员应配备工作服、防护面具、护目镜、乳胶手套、安全鞋、急救箱等劳动保护用品。原料若溅入眼中，应立即用清水清洗，并送医院检查。

现场施工所形成的固体废弃物、剩余溶剂等应按规定回收处理，严禁在现场随意丢弃、倾倒、排放固体废弃物和环境有害物质。

3.3.4 客运专线铁路桥梁混凝土桥面喷涂聚脲防水层的施工

水渗入桥梁混凝土内部是导致混凝土桥梁出现混凝土表层剥落、钢筋锈蚀等常见病害的重要原因之一，因此，在混凝土桥面设置防水层已成为必然。

对于可在防水层上设置混凝土保护层的铁路桥梁桥面而言，有多种防水材料可供选用，但在一些客运专线铁路桥梁工程上，由于新方案轨道底座板与桥梁顶面需要相对滑动，防水层上不设置混凝土保护层，而且防水层是在预制梁场内架梁之前进行的，即使防水层在已架好的梁上进行施工，底座板及轨道等的安装也要在防水层上进行，因此，所选用的防水层材料不但要具有很好的防水性能，而且应能承受很高的应力，对混凝土的粘结性能强，不会起泡或分层、耐高低温、耐疲劳、耐老化、耐穿刺和耐滑动等性能佳，而且要满足运梁车及设备安装所必需的抗冲击、耐磨损等性能要求。为了确保选材正确、合理可靠，现今客运专线铁路桥梁混凝土桥面多选用喷涂聚脲防水涂料做防水层，因为其经受住了承受运梁车通行时碾压的能力、抗凿冲击性和与基层的附着性的检验。

客运专线铁路桥梁混凝土桥面喷涂聚脲防水层是由底涂、喷涂聚脲弹性防水涂料、脂肪族聚氨酯面层所组成。底涂是指涂装在混凝土表面，起到封闭针孔，排除气体，增加聚脲与基层附着力的一种涂层材料。喷涂聚脲防水涂料包括喷涂（纯）聚脲防水涂料和喷涂聚氨酯（脲）防水涂料两大类型。面层涂料是指涂装在聚脲防水涂料涂层表面的，起到耐磨、装饰、防变色、防紫外线老化、防粉化、防止聚脲防水层发生老化，且便于重涂的一种涂层材料。

根据运行速度为 $250\sim350km/h$ 的客运专线对桥梁结构耐久性的要求，桥上铺设无砟轨道的桥面构造特点以及喷涂聚脲防水层在京津城际铁路的应用经验，针对混凝土桥面防水层的质量要求、施工工艺，并依据相关防水材料最新颁布的国家标准和该领域内的最新科研成果，制定了《客运专线铁路桥梁混凝土桥面喷涂聚脲防水层暂行技术条件》。

3.3.4.1 铁路混凝土桥面防水层的一般规定

（纯）聚脲材料对环境的适应性很强，可适用于相对复杂的气候和环境条件下的施工；喷涂聚氨酯（脲）防水涂料仅适合于干燥、温暖环境中的施工，施工时温度宜在 $10\sim35℃$，相对湿度宜在75%以下。若环境条件超出上述范围时，应在施工现场试验并测试后确定。

3.3.4.2 铁路混凝土桥面防水层的材料要求及介绍

1. 喷涂聚脲防水涂料

喷涂聚脲防水涂料的物理化学性能要求见表3-22。

表3-22 喷涂聚脲防水涂料性能指标及试验方法

序号	项目		技术指标		试验方法
			聚脲弹性防水膜		
1	拉伸强度/MPa		≥16.0		
2	拉伸强度保持率	加热处理/%	80～150		GB/T 16777
3		碱处理/%			
4		酸处理/%			
5		盐处理/%			
6		机油处理/%			
7		荧光紫外老化/% 1500h			GB/T 18244
8	断裂伸长率	无处理/%	（纯）聚脲≥400	聚氨酯（脲）≥450	GB/T 16777
9		加热处理/%	保持率90%以上		
10		碱处理/%			
11		酸处理/%			
12		盐处理/%			
13		机油处理/%			
14		荧光紫外老化/% 1500h			GB/T 18244

序号	项目		技术指标	试验方法
			聚脲弹性防水膜	
15	低温弯折性	无处理	≤-40℃，无裂纹	GB/T 16777
16		加热处理		
17		碱处理		
18		酸处理		
19		盐处理		
20		机油处理		
21	荧光紫外老化，1500h			GB/T 18244
22	耐碱性，饱和Ca（OH）₂溶液，500h		无开裂、无起泡、无剥落	GB/T 9265
23	凝胶时间/s		≤45	见注（1）
24	表干时间/s		≤120	GB/T 16777
25	不透水性，0.4MPa，2h		不透水	
26	加热伸缩率/%		≥-1.0，≤1.0	
27	固体含量/%		≥98	
28	与基层粘结强度/MPa	干燥基层	≥2.5	
29		潮湿基层	≥6.0	
30	与基层剥离强度/（N/mm）		≥60.0	GB/T 2790
31	直角撕裂强度/（N/mm）		≥90	GB/T 529
32	硬度（邵A）		无裂纹、皱褶及剥落现象	GB/T 531
33	耐冲击性，落锤高度100cm		≤0.50	GB/T 1732
34	耐磨性（阿克隆）cm³/1.61km		≤5.0	GB/T 1689
35	吸水率/%		24h可承受接地比压0.6MPa	GB/T 1462
36	可行驶重载车辆时间			实测

注：①在标准条件下，按生产厂家提供的配比称取试样，快速混合均匀，记录从混合到试样不流动的时间；
②涂膜厚度采用（1.8±0.2）mm；
③盐处理采用30g/L化学纯NaCl溶液；机油处理采用铁路内燃机车用机油；
④荧光紫外老化按GB/T 18244—2000中第8章人工气候加速老化（荧光紫外-冷凝）规定。

喷涂聚脲防水涂料应选取除黑色外的其他颜色，宜使用国标色卡GSB 05-1426-2001-71-B01深灰色。施工前应对其双组分进行识别，检测或产地证明审核，确认其符合设计要求。

2. 基层处理底涂

底涂是用于粘结混凝土基层与聚脲防水涂层的，故要求其应有良好的渗透力并能够封闭混凝土基层的水分、气孔以及修正基层表面微小缺陷，同时能够与混凝土基层及聚脲涂层有很好的粘结作用。如需增加找平腻子，其与基层的粘结强度不应小于3.0MPa。底涂应具备与基层及聚脲涂层的粘结力强、对混凝土基层的渗透力高、封闭性能好、固化时间短、可在0～50℃范围内正常固化的性能。

底涂可采用环氧及聚氨酯等材料，一般可分为低温（0～15℃）、常温（15～35℃）以及高温（＞35℃）三种类型，选型时则应根据桥梁防水施工所处地域环境的气候条件确定，并且能够适用于潮湿基层，其性能指标应符合表 3-23 提出的要求。

每平方米底涂的用量不宜低于 0.4kg。

3. 脂肪族聚氨酯面层

聚脲产品（芳香族聚脲和聚氨酯脲）若长期暴露在空气中会发生变色（如变黄）和粉化现象，白色、浅灰色等浅色聚脲产品的变色十分明显，并可影响使用效果，因此芳香族聚脲涂料仅使用在轨道底座板以下等有遮盖的区域，在轨道底座板以外等暴露区域的桥面防水层，不单独使用芳香族聚脲涂料，而应在芳香族聚脲涂膜防水层表面设置（喷涂或滚涂）弹性脂肪族保护面层，如脂肪族聚氨酯面层等。

脂肪族面层宜为亚光、溶剂型涂料，其应与芳香族聚脲防水涂层有良好的附着力，且便于今后重涂和维护；防滑、耐磨、耐黄变、耐老化和耐化学腐蚀性能较佳，且长时间紫外线照射后不粉化、不变色，具有良好的弹性和拉伸性能，其具体的技术性能应符合表 3-24 提出的要求。脂肪族聚氨酯面层应选用除黑色外的其他颜色，宜使用国标色卡 GSB 05-1426-2001-72-B02 中灰色，每道干膜的厚度应不小 $50\mu m$，且应涂刷两遍以上，总厚度应大于 $200\mu m$。

4. 搭接专用粘结剂

防水层进行搭接施工时，若两次施工时间间隔超过 6h，则应采用增加聚脲层间粘结力的一种溶剂型聚氨酯类黏合剂，其性能指标应符合表 3-25 提出的要求。

表 3-23　基层处理底涂性能指标及试验方法

序号	项　目		技术指标	试验方法
1	外观质量		均匀黏稠体，无凝胶、结块	目测
2	表干时间/h		≤4	
3	实干时间/h		≤24	GB/T 16777
4	粘结强度/MPa	干燥基层	≥2.5	
		潮湿基层		

注：底涂粘结强度包括底涂与混凝土基层以及底涂与后续施工聚脲涂层两项同时检测。

表 3-24　脂肪族聚氨酯面层性能指标及试验方法

序号	项　目		技术指标	试验方法
1	涂层颜色及外观		中灰色，半光，表面色调均匀一致	目测
2	不挥发物含量/%		≥60	GB/T 1725
3	细度/μm		≤50	GB/T 6753.1
4	干燥时间/h	表干	≤4	GB/T 1728
		实干	≤24	GB/T 1728
5	弯曲性能，ϕ10mm 弯折		≤−30℃，无开裂、无剥离	GB/T 6742
6	耐冲击性，落锤高度 100cm		漆膜无裂纹、皱褶及剥落等现象	GB/T 1732
7	附着力（拉开法）/MPa		≥4.0	GB/T 5210

序号	项　目	技术指标	试验方法
8	耐碱性，NaOH 50g/L，240h		GB/T 9274
9	耐酸性，H_2SO_4 50g/L，240h	240h，涂层无起泡、起皱、变色、脱落等现象	
10	耐盐性，NaCl 30g/L，240h		
11	耐油性，机油240h		
12	耐水性，48h	涂层无起泡、起皱、明显变色、脱落	GB/T 1733
13	耐人工气候加速试验	经过1500h，涂层无明显变色和粉化，无起泡、无裂纹	GB/T 14522
14	拉伸强度/MPa	≥4.0	GB/T 16777
15	断裂伸长率/%	≥200	
16	耐磨性（750g/500r）/mg	≤40	GB/T 1768

注：①要求所提供的脂肪族聚氨酯面层除了具备以上技术指标外，还要具有良好的施工和复涂性能，与聚脲层以及投入使用后的脂肪族聚氨酯面层表面均具有良好的结合力。
②面层试验采用聚脲涂膜为基材，涂膜厚度：(1.8±0.2) mm，面层厚度：200μm。

表3-25　搭接专用粘结剂性能指标及试验方法

序号	项目	技术指标	试验方法
1	外观质量	均匀黏稠体，无凝胶、结块	目测
2	表干时间/h	≤4	BG/T 16777
3	间隔25天聚脲涂层间粘结剥离强度/（N/mm)	≥6.0或涂层破坏	GB/T 2790

5. 部分防水层材料介绍

(1) JT-3 混凝土专用腻子。

JT-3 混凝土专用腻子由长兴嘉通新材料发展工程有限公司研制生产，可用于混凝土基层的处理，干燥速度快、容易刮涂、施工性能好，可在5～50℃自干，固体含量高，涂膜干燥后无体积收缩，与混凝土基层具有良好的粘结性，对基层表面的缺陷具有优良的填补性。

产品外观质量为均匀胶状流体；表干时间为≤4h；粘结强度≥3.0MPa。该产品在使用时，首先把基料搅拌均匀，之后把固化剂在连续搅拌的条件下缓慢地加至基料中，基料与固化剂按5∶1进行配料，采用手用电动搅拌机进行搅拌，搅拌均匀后即可施工。

腻子施工可采用刮涂工艺，在孔隙较多之处，腻子在同一方向来回施工一遍后，再在垂直方向施工一遍，可以达到填补孔隙的效果，0.5cm以上的大缺陷，建议预先用腻子进行修补后，再进行整体刮涂。

(2) JT502 混凝土封闭底漆。

JT502 混凝土封闭底漆为环氧改性聚氨酯底漆，由长兴嘉通新材料发展工程有限公司研制生产。该产品体系中的环氧基团和-OH 基保证了底漆对基层具有优异的封闭性和附着力，体系中的氨酯键能在高聚物分子之间形成氢键，除了能进一步提高与基材的附着力外，最主要的是能使涂膜具有很好的韧性和延展性，从而提高底漆与聚脲涂层的匹配性；产品具有良好的渗透性能，能够封闭基层的水分、气孔以及修正基层表面的微小缺陷；产品施工流动性好，固化速度快，受施工环境温度和湿度的影响小，可以满足野外施工的要求。

产品外观质量为均匀黏稠体，无凝胶和结块；表干时间为≤4h；粘结强度：潮湿基层为≥2.5MPa，干燥基层为≥3.0MPa。

本产品的配制：基料与固化剂配合比为3∶2（质量比）。使用时首先把基料搅拌到光滑均匀，再把固化剂在连续搅拌的条件下缓慢地加至基料中，搅拌均匀后，放置5~10min即可进行施工。

产品施工可采用滚涂或喷涂工艺，底漆宜施工两道，即在第一道底漆表干后再施工一道底漆，每道底漆施工厚度以来回涂覆一遍为宜（用量为0.2kg/m²，干膜厚度控制在约60μm）。

3.3.4.3 喷涂设备的基本性能

应用于高速铁路聚脲防水层施工的喷涂设备必须具备以下基本性能：

（1）物料输送系统应平稳，供料泵是最常用的物料输送系统，其作用是为主机供应充足的原料。供料泵应具有双向送料功能，且所输出量应能满足主机需求等特点，聚脲双组分涂料一般采用2∶1的供料泵。

（2）物料计量系统是喷涂设备的主机，喷涂聚脲防水涂料多采用往复卧式高压喷涂机，其主要由液压或气压驱动系统，甲、乙两个组分的比例泵、控温系统等组成，甲、乙两组分物料经供料泵抽出后进入主机进行计量、控温和加压，物料的计量系统必须精确。

（3）物料混合系统应选用性能优异的物料输送及混合系统，对冲撞击混合设备是聚脲涂料喷涂工艺的核心部分，宜采用最大供给压力达到24kPa，最大温度达到70℃的混合系统。

（4）喷枪宜采用对冲撞击混合型喷枪，可使物料尽快在混合腔内混合、喷出。

（5）为避免每次开关枪时造成的喷嘴内聚脲涂料的堆积和堵枪，宜选用机械自清洁或喷枪，不宜选用空气自清洁式喷枪。

（6）喷涂施工应以机械喷涂为主，人工喷涂为辅，以避免在大面积连续施工作业时，因人工疲劳等干扰因素而造成的防水层厚薄不均匀、施工进度慢等缺点。

3.3.4.4 铁路混凝土桥面的喷涂施工

客运专线铁路桥梁混凝土桥面、防护墙之间的喷涂防水层构造如图3-51所示。

喷涂聚脲防水涂料用作客运专线铁路桥面的防水层，其施工工艺主要有基层处理、底涂施工、喷涂聚脲防水层施工、脂肪族聚氨酯面层施工以及各层次

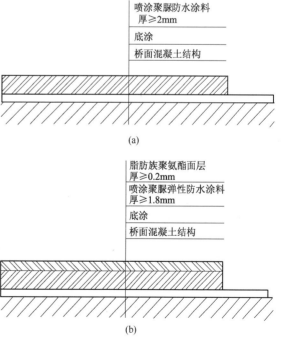

图 3-51　桥面、防护墙之间喷涂防水层的构造

（a）底座板下防水层构造；（b）底座板以外防水层构造

的验收、修补等，其工艺流程如图 3-52 所示。

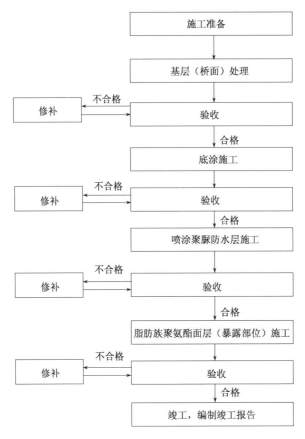

图 3-52　铁路混凝土桥面聚脲防水层的施工工艺流程

1. 桥面混凝土基层的处理

混凝土基层的处理是指对混凝土表面的浮浆、粉尘、油污、杂物等的清洁，基面的平整以及裂纹等缺陷部位的修补。混凝土底材质量和表面处理的程度会直接影响涂层的寿命，当基层表面的浮浆、粉尘、油污、杂物等没有被清理干净时，则会导致涂层与基材表面粘结不牢，严重时甚至会导致大面积脱落，基材表面出现的缝隙、空洞等缺陷也会对喷涂聚脲防水涂层造成致命的伤害。当基材表面出现裂缝、空洞等缺陷时，一般可采用灌注砂浆或修补腻子等材料进行修补。若在缺陷存在的情况下进行施工，裂纹、空洞会在应力集中的情况下扩大，导致防水涂膜的扩张，严重时还会将防水涂膜拉断，导致涂膜防水层失去防水的作用。

（1）桥面混凝土基层处理的基本要求。

客运专线铁路桥梁混凝土桥面基层处理的基本要求如下：

① 混凝土桥面板的质量应满足《客运专线铁路桥涵工程施工质量验收暂行标准》或设计要求。

② 桥面（包括防护墙根部）应平整、清洁、干燥（含水率不大于 7%），不得有空鼓、松动、蜂窝麻面、浮渣、浮土、脱模剂和油污，表面强度应达到规定的要求。

③ 桥面基层平整度应符合设计要求，其粗糙度应符合 CSP 对照版中的 SP3、SP4 的规定，如图 3-53 所示。

SP3轻度抛丸   SP4中度抛丸   SP5 轻度铣刨

 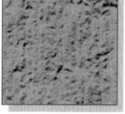

SP6重度抛丸   SP7中度铣刨

图 3-53　粗糙度 CSP 对照板（SP3～SP7）

④ 基层处理设备应采用具备同步清除浮浆及吸尘功能的设备，例如带有驱动行走系统的自循环回收的抛丸设备来进行桥面混凝土基层处理。桥面、防护墙根部局部混凝土找平处理时，可使用角磨机，不得出现明显凹凸，后期修补时应采用聚合物砂浆进行处理。

（2）基层处理的内容。

聚脲材料虽然具有包括高粘结强度在内的许多优异的物理力学性能，但在进行喷涂施工之前，仍应做好基层处理工作，基层处理的内容大体有下列几个方面：

① 新建的混凝土桥面板必须按照相关规定的要求进行养护；

② 桥面基层在具备基本技术要求的基础上，应采用打磨机、抛丸机进行打磨处理，使基层表面既平整又有一定的粗糙度。在实际的梁体预制过程中，桥面并非都是很平整的，为了符合设计要求，必须进行机械打磨，《客运专线铁路桥梁混凝土桥面喷涂聚脲防水层暂行技术条件》（送审稿）建议采用抛丸设备进行打磨。

③ 桥面基层表面应无明水，基层的含水率应不大于50％，基面应彻底清除油脂、灰尘、污物、脱模剂、浮浆和松散的表层，确保基层平整、牢固、无空鼓、无浮尘、无裂纹。桥面基层的清洁处理可采用溶剂去清除油污，采用压缩空气吹扫或采用吸尘器吸取，必要时采用清水冲洗去除基层细小的浮灰。

④ 基层的洞眼、凹坑等缺陷必须完全封填或修补，可以使用下列方法和材料进行修补：

a. 采用聚合物改性水泥基材料（如 PM—R—60）

在使用聚合物改性水泥基材料前，混凝土基面需用水润湿到饱和面干状态（即混凝土内部饱水而表面干燥时的湿润状态），施工底涂前应用钢丝刷清除掉表层的浮浆。

b. 采用环氧灌注料或环氧砂浆（如 EB—R—71、EB—R—72）

使用时，用细砂混合等量的环氧砂浆，涂刮于待修补的基层表面。为提高附着力，在修补完的环氧表面上应撒一薄层细砂，以形成粗糙的表面。

在使用上述任何一种修补工艺时，其混凝土表面必须彻底清除浮浆皮。

（3）抛丸设备及抛丸工艺。

不同的基层表面粗糙程度对喷涂聚脲防水的效果影响是很大的，如果表面粗糙程度太小则聚脲防水涂膜与基层的粘结力减弱，反之如果基层表面粗糙程度太大则聚脲防水涂膜表面平整度不好，厚度不均，影响整体抗剪切性能，因此应采用功率在 20kW 以上，处理能力在 $100m^2/h$ 以上（或功效超过聚脲喷涂设备者），可同步进行工业级吸尘处理能力的、带有驱动行走系统的自循环回收式抛丸处理设备来进行桥面混凝土基层处理。与抛丸相比，研磨、刨铣、钢刷等基层处理工艺均存在着不同程度的缺陷，因此《客运专线铁路桥梁混凝土桥面喷涂聚脲防水层暂行技术条件》（送审稿）不建议使用后者。

当单一进行桥面混凝土找平处理，也可以考虑使用金刚石研磨设备，但不建议使用水磨石研磨机等加水施工设备，其原因是水磨石研磨机效率太低；研磨时会造成二次污染，不利于底涂的施工；基层表面的浮尘、污渍会增加清理工序；使用高压水清洗时，费时费工，又可能产生二次污染。

抛丸是指通过机械的方法把丸料（钢丸或钢砂）以很快的速度和一定的角度抛射到工作面上，让丸料冲击工作面表面，然后在机器内部通过配套的吸尘器的气流清洗作用下，将丸料和清理下来的杂质分别回收，并且使丸料可以再次利用的一类基层处理工艺。抛丸机配有除尘器，提供内部负压以及分离气流，并做到无尘、无污染施工。

使用抛丸处理的混凝土表面具有以下特点：表面粗糙均匀，不会破坏原基面结构和平整度；可完全去除浮浆和起砂，形成 100% "创面"；露骨但同时不会造成骨料的松动和微裂纹；提前暴露混凝土的缺陷；同时可达到宏观纹理和微观纹理的要求，适合各种防水涂装、铺装工艺；可增强防水材料在基层表面的附着力，并提供一定的渗透效果；一次性施工，不需要清理，没有环境污染。

抛丸施工首先检查基层，清理基层上大的表面遗留物，如螺栓、石块等；然后进行试抛，以确认抛丸工艺数据，如最佳丸料规格（建议 S330 或 S390）、丸料流量即最佳电机负载、抛丸设备的行走速度。在上述工艺参数设定后，按照图 3-54 所示的顺序清理基层，清理完成后应注意保洁，抛丸吸尘器中所收集的杂质和灰尘需集中处理，不得随意倾倒。抛丸清理不到的区域，应使用角度机清理，所应注意的是不得产生打磨沟痕。

2. 底涂（基层处理剂）的施工

图 3-54　抛丸清理基层的顺序

客运专线铁路桥梁分布范围广，所处自然环境差异较大，故底涂的类型应根据桥梁结构所处环境的气候条件和混凝土基层的特点进行选择，一般可选用低温（0～15℃）、常温（15～35℃）或高温（＞35℃）三种配套底涂之一，并且能够适用于潮湿基层。底涂料根据其基料的不同，可分为环氧和聚氨酯两种类型。若从粘结强度的角度来考虑，环氧类底涂比较适合工程的应用，一般不宜使用水性类的各种底涂。

每平方米底涂的用量不宜低于 0.4kg，仅为参考用量，在实际施工时应根据基层的具体情况和底涂的类型而确定用量。底涂料应现配现用，并应严格按照产品的使用说明书要求准确称量。

在底涂施工前应先对混凝土基层表面进行处理，使混凝土基层表面保持清洁、干燥，平整度和粗糙度达到设计要求。作为防水、防腐和抗磨的保护性涂层，其工程质量主要取决于两个方面，其一是涂料自身是否能正常反应成膜；其二是涂层与基层的粘结力。在大多数情况下，影响工程质量的主要因素是涂料与基层的粘结力差，如局部鼓泡、发黏、分层或大面积脱落等，因此选用合适的配套底涂尤为重要。底涂料是连接混凝土基层与喷涂聚脲防水层的桥梁，能够封闭混凝土基层的气泡、针眼、微裂纹等不良缺陷，同时能够渗透到混凝土基层中去，与喷涂聚脲防水层起到很好的连接作用。底涂料若选用不恰当，则可能导致气泡等缺陷，如在潮湿界面下，一般底涂是十分容易鼓泡的，甚至发生不固化现象。

底涂料的施工一般采用辊涂工艺，基层的边角沟槽等处则辅以刷涂工艺。底涂的涂布应均匀，无漏涂、堆积。底涂在固化过程中必要时（冬季）应放置遮盖物，以使表面不受污染。

3. 喷涂聚脲防水层的施工

依据《客运专线铁路桥梁混凝土桥面喷涂聚脲防水层暂行技术条件》（送审稿），客运专线铁路桥梁混凝土桥面中间部位的防水层构造如图 3-55 所示。

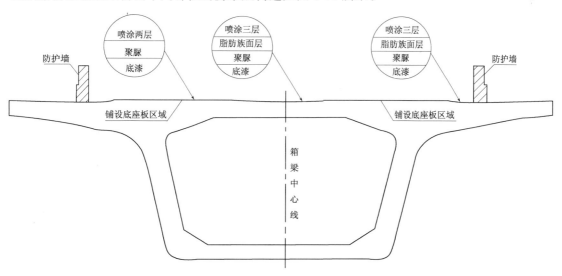

图 3-55　桥面中间防水层的构造

喷涂聚脲防水涂层的施工对喷涂设备、施工组织、施工工艺、施工经验、人工喷涂技术要求较高，若控制不好，其防水涂层是很难达到设计要求的。为了保证聚脲防水涂层的施工质量，须由专业施工人员采用专用的聚脲喷涂设备进行施工，喷涂后 2min 即可达到表干。喷涂聚脲防水层的施工要点如下：

① 应根据设计要求、现场的气候与环境选择与之相适应的喷涂（纯）聚脲防水涂料或喷涂聚氨酯（脲）防水涂料的种类。

② 为了有效地控制喷涂聚脲防水体系的形成过程，喷涂施工设备必须具备物料输送平稳、计量精确、混合均匀、雾化良好等基本性能。除了喷涂主机和喷枪外，施工的辅助设备还包括空压机、冷冻式油水分离器、保温施工车、B 料（乙组分）三节加长搅拌器、A 料（甲组分）红色二口桶、B 料（乙组分）蓝色三口桶、硅胶空气干燥过滤器、发电机等。

③ 底涂固化后，方可进行聚脲防水层的施工，一般在 2h 后，24h 之前（环氧底涂在施工后 4～8h；聚脲底涂在施工后 8～28h），若在低温环境下其施工时间应相应延长。

④ 喷涂聚脲防水涂层施工前应保证基层温度高于露点温度 3℃。在一定环境湿度状态下，在某一温度会出现结露现象，该温度即为露点温度。无论在哪一个基层施工，任何涂层都应该在基层温度高于露点温度 3℃时进行，而且在涂层固化过程中，应保持这一条件。露点温度对照表参见表 3-26。例如：环境温度为 21℃，相对湿度为 65%，其露点温度则为 14℃。基层温度若在 17℃（14℃＋3℃＝17℃）以下，则不可进行喷涂施工。

⑤ 施工前先将乙组分（B 料桶）搅拌 15min 以上，并使之均匀，方可施工，在施工过程中应保持连续搅拌。

⑥ 喷涂聚脲防水涂料的施工，应以机械喷涂为主，人工喷涂为辅。先使用机械化设备对桥面平整部分进行喷涂，对机械喷涂不能达到的特殊部位进行人工喷涂。

表 3-26　露点温度对照表

露点温度 / 相对湿度 \ 环境温度	−7℃	−1℃	4℃	10℃	16℃	21℃	27℃	32℃	38℃	43℃	49℃
90%	−8℃	−2℃	3℃	8℃	14℃	19℃	25℃	31℃	36℃	42℃	47℃
85%	−8℃	−3℃	2℃	7℃	13℃	18℃	24℃	29℃	35℃	40℃	45℃
80%	−9℃	−4℃	1℃	7℃	12℃	17℃	23℃	28℃	34℃	39℃	43℃
75%	−9℃	−4℃	1℃	6℃	11℃	17℃	22℃	27℃	33℃	38℃	42℃
70%	−11℃	−8℃	−1℃	4℃	10℃	16℃	20℃	26℃	31℃	36℃	41℃
65%	−11℃	−7℃	−2℃	3℃	8℃	14℃	19℃	24℃	29℃	34℃	39℃
60%	−12℃	−7℃	−3℃	2℃	7℃	13℃	18℃	23℃	26℃	33℃	38℃
55%	−13℃	−8℃	−4℃	1℃	6℃	12℃	16℃	21℃	27℃	32℃	37℃
50%	−14℃	−9℃	−5℃	−1℃	4℃	10℃	15℃	19℃	25℃	30℃	34℃
45%	−16℃	−11℃	−6℃	−2℃	3℃	8℃	13℃	18℃	23℃	28℃	33℃
40%	−17℃	−12℃	−8℃	−3℃	2℃	6℃	11℃	16℃	21℃	28℃	31℃
35%	−19℃	−13℃	−9℃	−5℃	−1℃	4℃	9℃	14℃	18℃	24℃	28℃
30%	−20℃	−16℃	−11℃	−7℃	−2℃	2℃	7℃	11℃	16℃	21℃	25℃

⑦ 合理的施工组织是聚脲防水涂层施工的必要条件，客运专线铁路桥梁聚脲防水施工

可分为梁场喷涂施工和架梁后喷涂施工两种方案。

a. 聚脲防水涂层的梁场喷涂施工可分为在梁场一次整体喷涂和二次喷涂施工。梁场一次整体喷涂工艺是指在梁场按照设计的喷涂宽度，在梁面施工范围内进行一次连续性全范围的整体施工，包括底涂、喷涂聚脲防水涂层、脂肪族聚氨酯面层。梁场二次喷涂工艺施工是指在梁场先进行底座板下滑动层范围以及底座板与防护墙之间的防水层施工，待无砟轨道施工完成后再进行底座板中间部位的底涂、喷涂聚脲防水涂层、脂肪族聚氨酯面层等施工。

梁场一次整体喷涂工艺施工集中、快捷、简便、经济，但在运架梁施工过程中的运梁车辆、龙门吊车、运轨车等施工机械对涂层的碾压，会造成聚脲防水涂层的反复伸张，在应力集中的部位易造成剥离、脱落等现象，从而使防水层失效。其后在轨道板、底座板、充填层以及钢轨的铺设过程中，无保护措施下的杂物堆放，其尖锐物也会对聚脲防水层产生破坏，同时焊接施工产生的高温和火花也会灼伤聚脲防水层。因此，若采用梁场一次整体喷涂工艺施工，必须采取措施，以防聚脲防水层在轨道系统后续施工中受到破坏。

采用梁场二次喷涂工艺施工则可避免在轨道系统后续施工中对防水层可能造成的破坏。采用此工艺进行施工时，应采取措施，保护运架梁时底座板范围的防水层不受破坏，同时要进行合理的施工组织和确保原材料的供应，并要保证搭接部位的施工质量。

b. 聚脲防水涂层的架梁后喷涂施工可分为一次整体喷涂施工工艺和二次喷涂施工工艺。架梁后一次整体喷涂施工工艺是指桥梁架梁后，无砟轨道施工前按照设计的喷涂宽度，在梁面施工范围内进行一次连续性全范围整体施工的一种施工工艺，包括底涂、喷涂聚脲防水涂层、脂肪族聚氨酯面层。架梁后二次喷涂施工工艺是指架梁后，无砟轨道施工前先进行底座板下滑动层范围以及底座板与防护墙之间的防水层施工，待无砟轨道施工完成后再进行底座板中间部位防水层施工的一种施工工艺。

架梁后一次整体喷涂施工工艺施工快捷、经济，可避免运架梁施工中因运梁车、龙门吊车、运轨车等施工机械的碾压而造成的防水层出现剥离、脱落等现象，但在其后的轨道系统施工过程中，堆放混乱的杂物、尖锐物易造成防水层被破坏，且焊接施工产生的高温和火花也会灼伤防水层，因此，若采用此种施工工艺进行施工，应采取措施，防止在后续工程施工过程中对防水层的破坏。

架梁后二次喷涂施工工艺既可避免运架梁施工中因运梁车、龙门吊车、运轨车等施工机械的碾压而导致聚脲防水层出现剥离、脱落等现象，又可避免轨道系统施工对防水层可能造成的破坏，也可避免焊接施工产生的高温和火花灼伤防水层。但喷涂施工周期短，原材料供应相对集中，因此采用此种施工工艺施工时，要进行合理的施工组织和确保原材料的供应，保证搭接部位的施工质量。

⑧ 如果桥面喷涂聚脲防水层两次施工间隔在 6h 以上，需要搭接连成一体的部位在第一次施工时应预留出 15～20cm 的操作面，以便同后续防水层进行可靠的搭接。施工后续防水层之前，应对已施工的防水层边缘 20cm 宽度内涂层表面进行清洁处理，以保证原有防水层表面的清洁、干燥、无油污及其他污染物。然后采用专用的粘结处理剂对原有的防水层表面 15cm 范围内做打磨处理，在 4～24h 之内进行后续防水层的喷涂，后续防水层与原有的聚脲防水层其搭接宽度至少要 10cm。用于喷涂聚脲防水层两次施工，搭接连成一体部位的专用搭接粘结剂的物理力学性能指标应符合相关标准的各项要求（即外观质量、表干时间、粘结

剥离强度等）。

⑨ 对于桥面防护墙、侧向挡块、泄水孔及裂缝等特殊部位应做相应的特殊处理。

a. 防护墙的侧面应先使用角磨砂轮机打磨混凝土表面，进行平整度处理，清除浮浆和毛边。喷涂防水层之后，应保证根部封边的质量，必要时应辅以手工涂刷。在通用图设计中，防护墙内侧根部设置 30mm×30mm 的倒角是为了方便后期铺设防水层，但多数在现场现浇防护墙时并没有设置该倒角。鉴于喷涂防水层特点以及后部倒角质量的控制，铺设喷涂防水层时该倒角可以不再后补，但应保证根部的平整度能满足喷涂防水层铺设的要求，不得出现明显的凹凸，喷涂防水层之后应采用手工涂刷的方法保证根部封边的质量。

b. 泄水管内应先涂刷底涂料约 10cm 深，然后手工向孔内壁喷涂聚脲防水涂料。

c. 桥面若有明显的裂缝或其他残缺，则应先进行修补，然后进行底涂、增强层聚脲防水层的施工，其细部构造参见图 3-56。

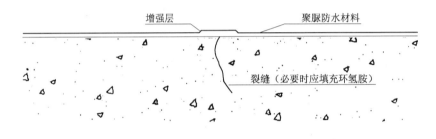

图 3-56 裂缝处理

d. 在桥面混凝土喷涂聚脲防水层时应连续施工，在梁端处应做收边处理，使用角磨机将聚脲喷涂层的边缘修平。

⑩ 聚脲防水层铺设 24h 后，可承受轮胎接地比压小于 0.6MPa 的施工车辆等施工荷载，但同时需注意保护防水层，避免剧烈转向、碾压等动作损坏防水层，并应注意梁面的清洁及运输车辆轮胎的清洗，避免尖锐物品损坏防水层。在后续工程施工时，应采取措施避免模板钢筋施工及电焊施工等工序对防水层的损坏。

4. 脂肪族聚氨酯面层的施工

第一道脂肪族聚氨酯面层宜在聚脲防水层施工结束后 6h 内完成，以确保两者之间具有良好的粘结。脂肪族聚氨酯面层在施工前，应对相应区域的聚脲防水层表面进行清洁处理，保证其表面干燥，无灰尘、油污和其他污染物。若脂肪族聚氨酯面层与聚脲防水层施工间隔时间超过规定，应采用专用的搭接粘结剂做预处理或现场做粘结拉拔试验后确定。脂肪族聚氨酯面层的施工可采用辊涂或喷涂工艺，边角沟槽等处则辅以刷涂工艺。

5. 聚脲防水涂层的修补

若检验时发现聚脲防水涂层有鼓泡、遗漏等缺陷，则需要进行修补。若缺陷部位的喷涂时间较短（≤6h），则可对缺陷层表面进行打磨、清理后直接进行二次喷涂聚脲防水层；若缺陷部位的喷涂时间较长（＞6h），则应在缺陷涂层的表面并向外扩展 5～10cm，打磨清理后，涂刷专用粘结剂，然后采用专用修补设备喷涂聚脲防水涂料，修补、刮平，使整个涂层连续、致密、均匀。修补后的聚脲防水涂层，其性能检测结果应符合设计要求。

3.3.5　单组分聚脲防水涂料防水层的施工

以上所述的喷涂聚脲防水涂料，即为通常所说的双组分喷涂聚脲防水涂料，简称聚脲。聚脲产品的类型是多种多样的，不仅有双组分喷涂聚脲防水涂料，还包括单组分聚脲防水涂料类型。本节以北京森聚柯高分子材料有限公司的 SJK 产品为例，介绍单组分喷涂聚脲防水涂料的分类和施工。

1. 单组分聚脲防水涂料的分类

单组分聚脲防水涂料是指含有多个－NCO 的预聚体和含有两个或两个以上被化学封闭的－NH$_2$ 或－NH－的预聚体的均匀混合物，涂布到基层后，在空气中水分子作用下，形成以脲键相连接的涂膜的一类高分子防水涂料。

单组分聚脲防水涂料根据其应用的场所和特点可分为水平型单组分聚脲防水涂料、垂直型单组分聚脲防水涂料、暴露型单组分聚脲防水涂料、自愈合型单组分聚脲防水涂料等多个类型。水平型单组分聚脲防水涂料是指在平面或坡度小于 15% 的坡面上，具有自动流平性能的一类单组分聚脲防水涂料；垂直型单组分聚脲防水涂料是指在垂直面或坡度大于 15% 的坡面上，涂料涂布厚度小于 1mm 时，不流淌、不堆积的一类单组分聚脲防水涂料；暴露型单组分聚脲防水涂料是指涂料在成膜后，直接暴露在自然条件下使用，无须覆盖保护层的一类单组分聚脲防水涂料；自愈合型单组分聚脲防水涂料是指涂膜在未完全固化之前若被异物刺穿能自动愈合细小孔洞或和异物愈合为一体的一类单组分聚脲防水涂料。

单组分聚脲防水涂料按其涂膜的拉伸强度可分为 A、B、C、D、E 五个型号，每个型号分若干个商品名，每个商品名内包括水平型和垂直型，产品型号对应的商品名参见表 3-27；各型号产品的主要用途应符合表 3-28 的要求。

表 3-27　单组分聚脲防水涂料产品型号和商品名的对应关系

产品型号	A	B	C			D		E	
商品名	SJK570	SJK460	SJK480	SJK580	SJK1208	SJK580C	SJK590	SJK590C	SJK1208H

表 3-28　单组分聚脲防水涂料各型号产品的主要用途

型号	商品名	性能特点	适宜工程部位
A	SJK570	自愈合型	钉眼自愈合、基础变形较大的工程部位、地下、室内
B	SJK460	非暴露型	SBS、APP 改性沥青防水卷材（粘结面无 PE 膜）、PVC、CPE 防水片材搭接缝粘结以及冷粘结施工
C	SJK480	非暴露型	屋面、室内、地下、外墙、水池
	SJK580	暴露型	卷材防水层细部节点（泛水、管根、水落口等）加强处理及外墙
	SJK1208	暴露型	门窗洞口及外墙
D	SJK580C	暴露型	非上人屋面、地下、室内、外墙、高速路、隧道、桥梁、水池
E	SJK590	暴露型	上人屋面、外墙、地下、隧道、停车场、地坪、水池
	SJK590C	暴露型	水电大坝、地下、隧道、停车场、地坪、外墙
	SJK1208H	暴露型	渗水窗台、窗洞及外墙

2. 单组分聚脲防水涂料涂膜防水层的施工

单组分聚脲防水工程的施工应选择具有施工资质的企业，所有施工人员均应接受过上岗培训。

应根据建筑物的具体情况，通过图纸会审熟悉防水构造设计意图，编制施工方案（对节点部位应绘有详图）后方可进行施工。

（1）材料准备。

单组分聚脲防水工程采用的材料主要有：

单组分聚脲防水涂料、基层处理剂（包括单组分聚脲防水涂料用基层处理剂和聚氨酯建筑密封胶所用的基层处理剂）、聚氨酯建筑密封胶、胎体增强材料。

所有进场的材料必须进行抽样复验，严禁使用不合格的材料 。

（2）施工工具。

基层处理工具：铲刀、扫帚、铁锹、榔头、钢凿、抹子、灰斗、螺丝刀等。

涂料涂布工具：漆刷、辊筒（又称辊刷）、刮板、消泡辊筒、喷枪等。

（3）施工工艺。

单组分聚脲防水工程施工的工艺流程如图 3-57 所示。

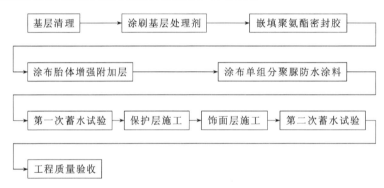

图 3-57　单组分聚脲防水工程施工工艺流程

单组分聚脲防水工程的施工要点如下：

① 防水工程施工前，基层上的水落口、上人孔、穿越防水层的管道、预埋件、排气管等设施均应安装完毕；基层作业条件应符合设计要求，基层必须清理坚实、干净，不得有凹凸、杂物、浮灰、明水等。

② 根据基层种类、含水率和油污程度，选择相适应的基层处理剂。基层处理剂必须由专人配制。单组分基层处理剂可以直接进行涂布；双组分基层处理剂则应按照说明书规定的比例倒入混料桶内，用手提电动搅拌设备混合均匀方可进行涂布。基层处理剂的涂布首先可用毛刷涂刷节点部位，然后再用滚筒滚涂大面积基层。涂布时要求均匀、无漏点，配制好的基层处理剂应在 1h 之内使用完毕。

③ 待基层处理剂干燥后，应根据节点构造的设计要求，在伸缩缝、变形缝、水落口、穿越防水层的管道、穿墙管、预埋件、套管和主管之间等部位，嵌填聚氨酯建筑密封胶。

④ 待聚氨酯建筑密封胶嵌填结束后，根据节点构造设计，及时涂布胎体增强附加层，基层拐点、伸缩缝、变形缝等易变形的部位宜空铺。

⑤ 将单组分聚脲防水涂料从容器中倒出，直接涂布到基层上。单组分聚脲防水涂料可

一遍涂布至规定的涂膜厚度，也可以多遍涂布至规定的涂膜厚度。若采用多遍涂布，应待上一遍涂膜凝固后，方可涂布下一遍，且上下两遍的涂布方向应相互垂直。在一般情况下，宜采用两遍涂布时设计规定的厚度，先用垂直型产品涂布基层坡度大于15％的施工面，然后用水平型产品涂布基层坡度小于15％的施工面。当涂布基层坡度大于15％的施工面时，应采用多遍涂布的工艺。涂布应均匀，厚度应一致，不得有流淌、堆积现象。单组分聚脲防水涂料应一次性涂布完整，相邻两次涂布之间的接槎宽度宜为30～50mm。

⑥ 若需铺设胎体增强材料，胎体增强材料的长边搭接宽度不得小于50mm，短边搭接宽度不得小于70mm；采用多层胎体增强材料时，上下两层之间不能垂直铺设，搭接缝应错开，其间距不应小于幅宽的三分之一；施工时应边涂布单组分聚脲防水涂料，边铺设胎体增强材料，胎体增强材料应铺贴平展，无皱褶、气泡，与涂层粘结牢固；胎体上涂布的单组分聚脲防水涂料应完全覆盖、浸透胎体，不能有胎体外露现象。胎体上的防水涂层厚度不应小于0.5mm，胎体下的防水涂层厚度不应小于1.0mm。

⑦ 最后一道涂料实干并经验收合格后，若需铺设保护层，则应按照设计要求及时铺设保护层。

⑧ 单组分聚脲防水涂膜工程严禁在雨、雪天气及五级以上大风条件下施工，其施工环境温度宜为5～35℃。

⑨ 施工现场应注意安全防护，保持通风，严禁烟火，杜绝火灾事故。

（4）成品保护。

在防水层尚未干燥时，严禁人员在工作面上踩踏。若单独使用非暴露型单组分聚脲防水涂料时，应覆盖无机保护层；暴露型单组分聚脲防水涂料则可直接暴露使用。但若在暴露型单组分聚脲防水涂料形成的涂膜上进行其他作业时，则必须采取保护措施，避免损坏涂膜防水层。

3.4 种植屋面涂膜防水层的施工

1. 普通涂膜防水层的施工

种植屋面普通防水层可采用卷材防水层或涂膜防水层，有关普通卷材防水层的施工参见2.6节5。

种植屋面普通涂膜防水层常采用合成高分子防水涂料。合成高分子防水涂料可采用涂刮法或喷涂法施工。当采用涂刮工艺施工时，两遍涂刮的方向宜相互垂直，涂覆厚度应均匀，不露底、不堆积。第一遍涂层干燥之后，方可进行第二遍涂覆。当屋面坡度大于15％时，宜选用反应固化型高分子防水涂料。

2. 耐根穿刺涂膜防水层的施工

种植屋面耐根穿刺涂膜防水层常采用喷涂聚脲防水涂料。

采用喷涂聚脲涂层作为一道防水构造时，其工程的防水等级与设防要求均应符合现行国家标准《屋面工程技术规范》（GB 50345—2012）、《地下工程防水技术规范》（GB 50108—2008）的有关规定。

（1）施工前的准备。

喷涂聚脲防水工程应由具有相应资质的专业队伍进行施工，操作人员必须持证上岗。在施工之前，应通过图纸会审从而使施工单位掌握工程主体以及细部构造的防水技术要求，并应编制施工方案。

喷涂聚脲防水工程所采用的材料，应具有产品合格证和性能检测报告，材料的品种、性能等均应符合《喷涂聚脲防水工程技术规程》（JGJ/T 200—2010）行业标准的规定和设计的要求。材料进场后应进行抽样复验，合格之后方可使用，严禁在工程中使用不合格的材料。喷涂聚脲防水工程所采用的材料之间应具有相容性。每批经进场检验合格的喷涂聚脲防水涂料在进行喷涂作业前15d，应由操作人员用喷涂设备在施工现场制样、送检，并应提交现场施工质量检验报告，其检验项目应符合《喷涂聚脲防水工程技术规程》（JGJ/T 200—2010）行业标准第4.0.2条第1款的规定，检测报告的内容应包括操作人员及喷涂设备的情况、喷涂现场环境条件、喷涂作业的关键工艺参数和送样检测结果等。

在施工之前，应对作业面以外易受施工飞散物料污染的部位采取遮挡措施。

喷涂聚脲作业应在环境温度高于5℃，相对湿度低于85％，且基层表面温度比露点温度至少高3℃的条件下进行，在四级风及以上的露天环境下则不宜实施喷涂施工作业，严禁在雨天、雪天实施露天喷涂作业。

（2）基层处理。

喷涂聚脲防水工程的基层应充分养护、硬化，并应做到表面坚固、密实、平整和干燥，基层表面正拉粘结强度不宜低于2.0MPa。伸出基层的管道、设备基座、设施或预埋件等，均应在喷涂聚脲施工之前安装完毕，并应做好细部处理。基层表面处理应符合以下要求：

a. 基层表面不得有浮浆、孔洞、裂缝、灰尘、油污等，当基层不能满足要求时，则应进行打磨、除尘和修补。基层表面的孔洞和裂缝等缺陷应采用聚合物砂浆进行修复，细部构造部位则应按设计要求进行基层表面处理。

b. 在涂刷底涂料之前，应按照现行国家标准《屋面工程质量验收规范》（GB 50207—2012）的规定检测基层干燥程度，且应在基层干燥度检测合格后方可涂刷底涂料。

c. 在底涂料涂布完毕并干燥之后，正式喷涂作业开始之前，应采取措施防止灰尘、溶剂和杂物等的污染。

（3）喷涂设备的要求。

喷涂聚脲防水涂料喷涂作业宜选用具有双组分枪头混合喷射系统的专用喷涂设备，喷涂设备应具备物料输送、计量、混合、喷射和清洁功能。喷涂设备应由经过培训的专业技术人员进行管理和操作，喷涂作业时，宜根据施工方案和施工现场条件适时调整工艺参数。

喷涂设备的配套装置应符合以下规定：①对喷涂设备主机供料的温度不应低于15℃；②B料桶应配备搅拌器；③应配备向A料桶和喷枪提供干燥空气的空气干燥机。

（4）喷涂作业。

喷涂聚脲防水工程喷涂作业的要点如下：

a. 底涂料层验收合格之后，宜在喷涂聚脲防水涂料生产厂家规定的间隔时间内进行喷涂作业，若已超出规定间隔时间，则应重新涂刷底涂料。

b. 在喷涂作业开始前，应确定基层、喷涂聚脲防水涂料、喷涂设备、施工现场环境条件、操作人员等均符合《喷涂聚脲防水工程技术规程》（JGJ/T 200—2010）的规定和设计要求后，方可进行喷涂作业。

c. 在喷涂作业之前，应根据使用的材料和作业环境条件制定施工参数和预调方案；在喷涂作业的过程中，应进行过程控制和质量检验，并应做好完整的施工工艺记录。

d. 喷涂作业现场应按《喷涂聚脲防水工程技术规程》（JGJ/T 200—2010）行业标准附录 A 的规定做好操作人员的安全防护工作，并应采取必需的环境保护措施。

e. 在喷涂作业之前，应充分搅拌 B 料，严禁在施工现场向 A 料和 B 料中添加任何物质，严禁混淆 A 料和 B 料的进料系统。

f. 在每个工作日正式喷涂作业前，应在施工现场先喷涂一块 500mm×500mm、厚度不小于 1.5mm 的样片，由施工技术主管人员进行外观质量评价并留样备查，当涂层外观质量达到要求后，可确定工艺参数并开始喷涂作业。

g. 喷涂作业时，喷枪宜垂直于待喷的基层，距离宜适中，并匀速移动，应按照先细部构造后整体的顺序连续作业，一次多遍，交叉喷涂直至达到设计要求的厚度。当出现异常情况时，则应立即停止作业，检查并排除故障后再继续进行作业。

h. 每个作业班次应做好现场施工工艺记录，其内容包括：施工时间、地点和工程项目名称；环境温度、湿度、露点；打开包装时 A 料、B 料的状态；喷涂作业时 A 料、B 料的温度和压力；材料及施工时的异常状况；施工完成的面积；各项材料的具体用量。

i. 喷涂作业完毕后，应按机械设备的使用说明书提出的要求，检查和清理机械设备，并应妥善处理剩余物料。

j. 两次喷涂的时间间隔若超出喷涂聚脲防水涂料生产厂家所规定的复涂时间，再次喷涂作业前应在已有涂层的表面涂刷一层层间处理剂。

k. 两次喷涂作业面之间的接槎宽度不应小于 150mm。间隔 6h 以上应进行表面处理。

l. 喷涂施工完成并经检验合格后，应按设计要求施作土层的保护层。喷涂聚脲防水工程应根据工程使用环境及喷涂聚脲土层的耐候性选择合适的保护措施。

m. 喷涂作业完工之后，不得直接在涂层上凿孔、打洞或用重物撞击，严禁直接在喷涂聚脲涂层表面进行明火烘烤、热熔沥青材料等施工作业。

（5）涂层的修补。

喷涂聚脲防水涂层若存在漏涂、针孔、鼓泡、剥落及损伤等缺陷，则应进行修补。涂层修补的要点如下：

a. 修补涂层时，应先清除损伤及粘结不牢的涂层，并应将缺陷部位边缘 100mm 范围内的涂层及基层打毛并清理干净，分别涂刷层间处理剂及底涂料。单个修补面积小于或等于 250cm² 时，可用涂层修补材料进行手工修补；单个修补面积大于 250cm² 时，则宜喷涂与原涂层相同的喷涂聚脲防水涂料进行修补。

b. 修补处的喷涂聚脲防水涂料其厚度不应小于已有涂层的厚度，且其表面质量应符合设计要求和《喷涂聚脲防水工程技术规程》（JGJ/T 200—2010）行业标准的规定。

c. 涂层厚度若达不到设计要求，应进行二次喷涂，二次喷涂宜采用与原涂层相同的喷涂聚脲防水涂料，并应在材料生产厂商规定的复涂时间内完成，二次喷涂工艺应满足 3.4 节 2（4）的要求。

3.5 聚合物改性沥青防水涂料路桥工程涂膜防水层的施工

路桥用聚合物改性乳化沥青防水涂料的施工内容包括桥面基层验收、桥面清理、防水层施工等内容。

路桥用聚合物改性乳化沥青防水涂料的施工工艺流程参见图 3-58，其施工质量保证体系参见图 3-59。

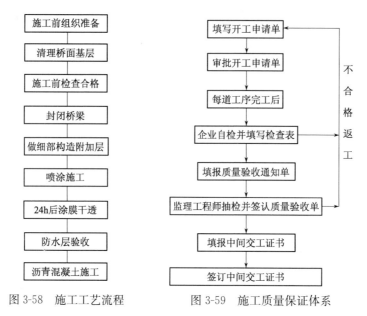

图 3-58　施工工艺流程　　　　图 3-59　施工质量保证体系

1. 施工组织方案

路桥用聚合物改性乳化沥青防水涂料的施工作业人员的组成参见图 3-60。

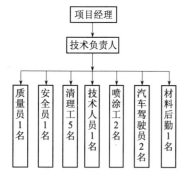

图 3-60　施工人员组织机构图

根据路桥工程施工单位的要求及路面沥青摊铺进度，安排施工队进场，施工队根据前后施工工序分成若干小组，分别配备车辆、设备，进行作业。其作业内容如下：

① 处理由于施工工艺需要而设置的预埋件、工艺孔等，清理路桥面，将垃圾及废弃物搬至指定地方，用强力吹风机吹扫路桥面。

② 处理路桥面被油污染或不结实的基层表面，用路面基层清理机（250 清渣机）地毯式检查清除基层表面浮浆，对于附着比较结实的浮浆，需人工采用钢丝刷、铲子、钢凿等工具进行清除，并进行验收，每 $300m^2$ 检查一处。

③ 经验收合格后封闭路桥面，然后进行路桥面防水层施工，必须待防水涂膜完全干燥后，方可解除交通封闭。

2. 施工机具

路桥面防水涂料施工方便，可采用刷涂工艺或喷涂工艺施工。为了提高施工效率和施工质量，目前多采用机械化喷涂的施工方法，其施工常用机具如下：

防水涂料喷涂车或 300 喷涂机、路面基层清理机、强力吹风机、铲子、钢丝刷、钢凿、榔头、油灰刀等。

3. 基层验收

桥梁铺装层（找平层）施工完毕进入桥面防水粘结层施工之前，须重点注意以下几点：

① 由于桥梁施工工艺需要而设置的特殊装置，包括孔洞、预埋件、管道等，进行妥善处理；

② 对桥梁主体施工过程造成的桥面污染物进行妥善处理，包括油污、覆盖物等；

③ 特别注意：标高、横坡、纵坡应符合设计要求；

④ 桥面洒水检验，不应有严重的底洼聚水现象。

4. 桥面清理

桥面基层经验收合格后方可进入清理阶段，本阶段是防水粘结层施工最关键的环节，清理不好，再好的材料也发挥不出其应有的作用。清理工作严格按以下规程进行操作：

① 拆除工作面上的设备及设施，并处理由于施工工艺需要而设置的预埋件、工艺孔等问题；

② 清扫垃圾及其他杂物、废弃物；

③ 用强力吹风机等吹扫桥面细微颗粒及粉尘；

④ 根据桥面验收结果，处理局部被油污染或不结实的基层表面等问题；

⑤ 用人工或清理机对基层表面浮浆进行地毯式检查和清除；

⑥ 用桥面清渣机或人工（钢刷）地毯式地清理桥面附着比较结实的浮尘，要求顺着基层纹理方向清理，直至再清理不出粉尘，并且在混凝土表面上能清晰地看到密集的细砂为止，经验收（每 300m² 检查一处）合格，方可进行下道工序；

⑦ 用强力吹风机等吹扫清理出来的粉尘。经验收合格后封桥，禁止车辆通行。

5. 桥面防水层的施工

（1）施工步骤。

桥面清理经验收合格后，方可进入桥面防水粘结层施工。在进行涂料施工时，先进行细部节点构造的附加层施工。对于活动量较大的主梁纵向缝、横向缝应嵌填背衬材料和密封材料，再进行胎体增强材料和涂料的施工。施工宽度应超过每侧缝宽 50～100mm，最好先空铺一层油毡条，以使防水层有足够的变形量。对于阴阳角、水平面与立面交界处、泄水孔等处，先用小刷做一布三涂附加层处理，对阳角部位应加强涂刷防水涂料三遍，伸缩缝、施工缝用涂料浸透，保证涂料渗入混凝土表面毛细孔，使其有足够的粘结力。

对细部节点处附加层施工完毕后，方可进行大面积施工。大面积满刷第一遍涂料时，速度不宜过快，应使涂料渗进混凝土中，不得出现气泡。在第一遍涂料实干之后，方可涂刷第二遍涂料。在进行大面积施工时，胎体增强材料的铺设可在第二遍涂料表干后进行，涂刷第三遍涂料和满铺第一层胎体增强材料，边铺边刷涂料，表干后再涂刷第四遍涂料。胎体增强材料的铺设方向不做规定，其搭接宽度不应小于 100mm。如胎体增强材料在此期间出现空鼓、皱褶，应将其剪开，排出气泡后，再铺贴平整并补刷涂料，用涂料压实布面并粘牢。各层涂料在表干后，即可涂刷下一遍涂料和铺布。当铺贴最后一层胎体增强材料后，其表面宜再涂刷两遍涂料。涂料的涂刷力求均匀、厚薄一致，基本要求是薄、透、匀、牢。涂刷涂料不准有漏涂现象，并应保证防水层的厚度，使路桥面形成一个整体无缝的防水层。

对涂膜防水层所用的中碱性玻璃纤维布胎体增强材料的技术要求如下：

抗拉强度（经向）　　　450N/25mm

　　　　　　（纬向）　　　250N/25mm

厚度　　　　　　　　　0.12～0.13mm

纤维系数（经向）　　　12 根/cm

　　　　　（纬向）　　　10～11 根/cm

防水层施工时，应对基层进行拉毛处理，拉毛的方向是顺桥面横向进行，拉毛深度 1～3mm，拉毛的主要作用是加强防水层与基层的粘接，防止两者之间的滑动，造成防水层的破裂而失去防水作用。

涂膜防水层可采用刷涂、喷涂等工艺进行施工。涂膜防水层施工完毕后，在尚未达到设计强度要求前，不允许上人行走踩踏或加压任何荷载，防止损坏防水层。

在涂膜防水层施工时，涂料应在路桥范围以外堆放整齐，以免泄漏，并按当天的施工用量取用，防止涂料污染梁体和其他部位。

（2）施工规程。

路桥涂膜防水层的施工，必须严格遵守以下技术规程：

① 基层清理经验收合格并表干之后方可涂刷防水层；

② 第一层机械喷洒或人工涂刷，确保涂层均匀（既有一定量利于渗透，又不在低洼处汇聚沉积）；

③ 第二遍涂刷须等第一遍涂刷约 24h 干透之后才可进行（根据涂料实际干透情况，由现场施工负责人掌握），喷涂 2～3 遍，总厚度控制在 0.6～0.8mm；

④ 涂刷过程避免人员和车辆通行；

⑤ 每一层涂料喷涂后，均须检查；

⑥ 进行下道工序作业时，尽量避免损坏防水层。如有损坏，应及时补刷。

（3）施工注意事项。

① 伸缩缝、施工缝用涂料浸缝。干燥后将冷底子油搅拌均匀，然后喷涂或用橡胶刮板刮涂一层，以保证涂料渗入混凝土表面毛细孔，使其有较强的粘结力。待冷底子油干后将防水涂料（用前搅拌均匀）喷涂或用橡胶刮板刮涂 4～6 遍，涂膜厚度 1.0～1.2mm，每次刮涂应等前道涂刮的涂料完全干后再进行，以防起鼓。每两遍间隔时间为 6～18h。涂刷必须均匀，不堆料也不漏刷。

② 施工温度以 5～35℃为宜，若夏天基层表面温度超过 35℃，可用冷藏车水冲洗，拖干后施工。

③ 雨、雪天及五级风以上不得施工，施工后涂层未干前不能淋雨水。

④ 路桥防水涂料在施工中，应在现场对防水涂料进行抽样检测，以保证产品质量符合标准要求。

⑤ 施工过程中，严防乱踩未干的防水层。防水层做完后在未铺沥青混凝土铺装层前须严防尖锐物、汽车开行等人为损坏防水层。

⑥ 防水涂料施工后，为防止被绑扎混凝土地铺装层的钢筋扎破，或碾压沥青混凝土铺装时破损，应在防水层顶设置保护层。

6. 养护

① 桥面施工结束后，防水膜在 24h 内（未干时）严禁车辆、行人通行。

② 沥青混凝土摊铺时车辆严禁急刹车、调头。

7. 安全保证措施

① 施工进场应封闭交通并设置施工安全警示交通标志。

② 对施工人员在进场前进行安全教育，司机做到安全行驶，各机械设备由专人负责并做好维护保养工作，使机械设备保持良好的运行状态。

③ 施工人员进入工作现场时做好劳动保护事项。

④ 做好安全用电及防火工作。

⑤ 每日清理的垃圾倒到指定地点；喷涂施工时在防撞墙两侧贴胶带纸并覆薄膜；确保发电机所用柴油不滴漏，以防污染桥面。以上各项通过自检后再由现场监理工程师检查认可。

8. 防水层的质量检验与验收评定

（1）涂膜防水层所用的各类防水材料都必须有产品合格证及现场抽样检验合格的测试报告。检验取样标准：每 10～50t 送检一次，每次取样 2kg。

（2）路桥面防水层的质量应符合以下要求：

① 防水层表面应平整、无裂缝、无漏涂、无机械损伤；

② 防水层与基层以及泄水口等细部构造节点牢固密封，无空鼓、起层、翘边等缺陷；

③ 胎体增强材料的纵、横搭接宽度及上下层错缝间距不得小于有关规定；

④ 防水涂膜的厚度应符合设计规定，其厚度的检查可采用针测法，随机抽样。检测频率：大桥检测 20 点，中桥及小桥检测 10 点。

（3）防水层不得有渗漏现象，必要时可进行渗漏检验。

（4）防水层施工完毕后，经自检合格，报请建设单位或监理等有关部门检查验收，进行质量评定，签署验收意见并填写质量检验表。

3.6　聚甲基丙烯酸甲酯防水涂料的施工

聚甲基丙烯酸甲酯防水涂料（简称 PMMA 防水涂料）是指以甲基丙烯酸甲酯类单体及其预聚物为主要组分的一类反应型多组分耐候性优良的防水防腐材料。聚甲基丙烯酸甲酯防水涂料根据其组成材料的不同可分为暴露型和非暴露型；根据其适用的温度范围可分为常温型和低温型。

根据施工的需要，调节产品的固化时间，产品可进行无气喷涂、辊涂和刷涂。喷涂时 A、B 组分可按 1∶1 的体积比混合使用。

该产品具有优良的物理机械性能和耐老化能力，对混凝土结构和钢结构均具有较高的粘结强度，可长期暴露于大气环境中使用，且不含任何挥发性有机溶剂，属于环保型绿色产品，可为水平底材提供一道强度高、延伸性好、附着力高的防水、防腐蚀、抗冲击、抗穿刺的保护层，可广泛应用于高速铁路混凝土桥面、钢结构桥面板、高速公路或市政高架桥桥面、桥墩、民用建筑的屋面、隧道、地铁等工程的防水抗渗。在成功开发出高铁用聚甲基丙烯酸甲酯防水涂料后，现正朝着系列化的方向发展，相继开发出了 PMMA 彩色防滑路面系统、高速公路快速修复系统、PMMA 地坪涂料等。

聚甲基丙烯酸甲酯防水涂料可以采用喷涂、刮涂、辊涂等工艺进行施工。就喷涂而言，可选的喷涂设备有重庆长江喷涂机、美国固端克喷涂机（如固端克 Hydra-cat68：1 机械式双组分混合设备）等。喷涂设备通常由高压力输送转移泵、完全气动防爆设计、双组分比例固定互锁设计、带快速清洗的预混器、静态混合装置和熟化管、具有反冲洗功能的单组分高性能喷枪等组成。

下面以铁路混凝土桥面防水层为例，介绍聚甲基丙烯酸甲酯防水涂料的喷涂施工技术和施工要求。

聚甲基丙烯酸甲酯树脂防水层具有独特的性能，不需要混凝土保护层且能适用于各种不规则的基面、耐磨、耐久性能好，流淌性和固化性好、施工方便、周期较短，便于检查和修补，是一种理想的防水材料。

铁路混凝土桥面的防水层是提高铁路混凝土桥梁耐久性的重要技术手段，既有桥梁由于桥面防水层失效而导致桥面板渗水、钢筋锈蚀的状况很多，这将直接影响梁部结构的使用寿命。如今快速轨道交通桥梁工程的特点是桥面结构措施简单，恒活载相对较小，结构轻型化，取消了桥面防水层的混凝土保护层以减轻桥面二期恒载。无砟轨道采用框架板式，其底座则通过预埋钢筋与桥梁结构面现浇成一体，从而形成凹凸不平的外表面。针对这种情况，采用喷涂工艺喷涂防水涂料形成涂膜防水层较为适合。

聚甲基丙烯酸甲酯防水涂料防水层的施工要点如下：

（1）聚甲基丙烯酸甲酯防水涂料防水层适用于有砟桥面和无砟桥面的防水防腐。凡采用外露型聚甲基丙烯酸甲酯防水涂料作涂膜防水层者，其防水层上面不需要再设置保护层。防水层的构造应符合设计图纸提出的要求。

（2）在聚甲基丙烯酸甲酯涂膜防水层施工之前，应在已处理好的混凝土表面做一道低黏度聚甲基丙烯酸甲酯树脂基层处理剂，以封闭混凝土并提高涂膜防水层与基层之间的粘结。聚甲基丙烯酸甲酯涂膜防水层应能根据实际需要调整厚度，最低厚度为 1mm 时其物理力学性能指标应仍能达到技术标准要求。

（3）聚甲基丙烯酸甲酯防水涂料涂膜防水层在施工前，须对基层进行表面处理。以混凝土基层为例，所有欲涂涂膜防水层（厚度范围在 1～3mm 之间）的混凝土面板必须使用机械工具进行处理（如真空喷砂清理等），使其表面平整并使其粗糙度达到设计要求，为涂布基层处理剂做好预备工作。

（4）在涂布聚甲基丙烯酸甲酯防水涂料之前，应先在已处理好的混凝土基层表面涂布一道低黏度的聚甲基丙烯酸甲酯树脂基层处理剂，其涂布率为 $0.2kg/m^2$。基层处理剂涂布完之后，禁止车辆经过，以免造成不必要的污染。检查基层处理层质量，应无粘着或接触时不感柔软，否则应放置更长时间让基层处理剂彻底干固。检查时可用指甲轻刮表面，检查是否完全固化，完全固化时其表面应不留痕迹。一般情况下基层处理剂涂布后 1h 即可进行下一步施工。当基层处理剂完全固化后，必须通过报检及拉力测试合格后，方可进行聚甲基丙烯酸甲酯涂料防水涂膜层的施工。附着力测试铆钉可采用原聚甲基丙烯酸甲酯防水胶粘结，附着力测试结果要做记录。

（5）聚甲基丙烯酸甲酯防水涂料防水层的施工方法如下：

① 施工温度范围为 5～40℃，4 级以上强风天气不宜进行桥面防水层施工，施工周围的环境相对湿度不高于 95%，施工时基面温度应该在露点 3℃以上，在施工时不做防水层的部位应先做临时保护。

② 防水涂膜的施工应连续进行，若因天气等因素造成防水涂膜喷涂施工中断，则应预留出搭接位置约 50mm 宽。第一层施工后半个小时即可施工下一层。当下一层施工搭接该位置时，如因搁置时间已超过 24h，则其搭接位置应用丙酮擦拭涂层表面，基层处理层只要用砂纸轻轻打磨便可。

③ 防水涂料 A、B 组分的比例是 1：1，应在喷涂机内度量和搅拌混合，未连接到喷器之前，不能在其他容器内混合 A、B 组分。

④ 聚甲基丙烯酸甲酯防水涂膜的最小厚度要求：无砟轨道结构 CA 砂浆覆盖下的区域不小于 1mm，其余区域不小于 1.5mm，有砟轨道不小于 2mm。

如果防水涂膜的厚度≥2mm，为满足施工要求，应分两层施工。为避免漏喷，应采用不同颜色。

⑤ 聚甲基丙烯酸甲酯防水涂料的用量：1mm 干膜厚度用量为 $1.3 \sim 1.5 \text{kg/m}^2$；2mm 干膜厚度用量 $2.6 \sim 3.0 \text{kg/m}^2$；3mm 干膜厚度用量 $3.9 \sim 4.5 \text{kg/m}^2$。

⑥ 上述喷涂施工聚甲基丙烯酸甲酯防水涂膜期间最少每 50m^2 量度一次（"量度一次"是指按⑤要求量度一次涂料的使用量以及厚度等）。

3.7 聚合物水泥（JS）防水涂料涂膜防水层的施工

聚合物水泥（JS）防水涂料施工操作十分简便，施工人员极易掌握，JS 防水涂料可以直接在潮湿或干燥的砖石、砂浆、混凝土和各种类型防水层（如沥青、橡胶、弹性体改性沥青防水卷材、塑性体改性沥青防水卷材、聚氨酯防水涂膜）等基层表面进行施工。对于金属、木质等基层及各种保温层可先通过适当的表面处理后，再进行 JS 防水涂层的施工，例如，对于木质基层，可先在其表面涂施适当的溶剂型封闭材料；对于保温层，应先在其表面进行适当的界面增强处理。

根据聚合物水泥防水涂料的不同产品型号及特点，生产厂商编写了不同的施工方法，部分聚合物水泥防水涂料的施工工法参见表 3-29。

聚合物水泥（JS）防水涂料的施工工艺流程参见图 3-61。

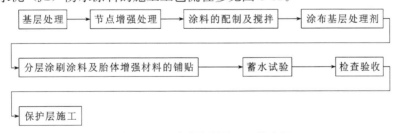

图 3-61　JS 防水涂料施工工艺流程

聚合物水泥防水涂料的施工工艺要点如下：

1. 施工前的准备

（1）人员准备。

聚合物水泥涂膜防水工程的施工，应由经资质审查合格的防水专业队伍进行施工，施工人员应持有当地建设主管部门颁发的上岗证，施工单位应有专人负责施工管理与施工质量控制。

表3-29 聚合物水泥防水涂料工法

工法	P3（三层）工法	P4（四层）工法	Q5（增强层）工法
适用范围	一般用于厕浴间，内外墙等防水工程。	一般用于地下、水池、隧道等防水工程。	一般用于屋面防水工程以及异形部位（例如管根、墙根、雨水口、阴阳角等）的增强。
涂层结构构筑图			
施工工序	打底层→下层→面层	打底层→下层→中层→面层	打底层→下层（下涂+增强层+上涂）→面层
涂料用量	打底层：0.3kg/m² 下层：0.9kg/m² 面层：0.9kg/m² 总用料量：2.1kg/m² 厚度（d）：0.9~1mm 配料比例：液料：粉料：水＝10：7：14	打底层：0.3kg/m² 下层：0.9kg/m² 中层：0.9kg/m² 面层：0.9kg/m² 总用料量：3.0kg/m² 厚度（d）：1.3~1.4mm 配料比例：液料：粉料：水＝10：7：（0~2）	打底层：0.3kg/m² 下层：1.4kg/m²＋一层无纺布或网格布 面层：0.9kg/m² 总用料量：2.6kg/m² 厚度（d）：1.4~1.5mm 配料比例：液料：粉料：水＝10：7：（0~2）

注：①增强层可选50~100g的聚酯长纤维无纺布或优质玻纤网格布；

②下涂、增强层、上涂三层工序须连续作业。

（2）材料准备。

聚合物水泥防水涂料应有产品合格证书和性能检测报告，材料的品种、规格、性能等应符合国家现行有关标准和设计要求。

材料进场后，应按国家现行有关标准和规程的规定抽样复验，并提出试验报告，不合格的材料不得应用到防水工程中去。进入施工现场的聚合物水泥防水涂料以每 10t 为一批，不足 10t 按一批抽样进行外观质量检验。在外观质量检验合格的涂料中，任取两组分共 5kg 样品做物理力学性能试验，Ⅰ型聚合物水泥防水涂料应检验固体含量、干燥时间、无处理拉伸强度、无处理断裂延伸率、低温柔性和不透水性等项目；Ⅱ型聚合物水泥防水涂料应检验固体含量、干燥时间、无处理拉伸强度、无处理断裂延伸率、潮湿基面粘结强度和抗渗性等项目。

聚合物水泥防水涂料应贮存在干燥、通风、阴凉的场所，贮存时间不得超过 6 个月，其液体组分贮存温度不宜低于 5℃。

（3）设备和工具准备。

认真检查电源的安全可靠性，检查高空作业的安全可靠性。

准备好钢丝刷、吹风机等基层清理工具，搅拌桶、手提电动搅拌枪以及案秤等配料和材料搅拌工具，辊筒、刮板、刷帚等涂敷工具。

2. 施工环境

聚合物水泥防水涂料宜在 5～35℃ 的环境气温条件下进行施工，不得在雨天、雪天和五级风以上的环境条件下作业，不宜在特别潮湿又不通风的环境中施工，否则会影响其成膜。若在潮湿环境中施工，应加强通风排湿。

3. 基层处理

聚合物水泥防水涂料在施工前，应对基层进行质量检验，不可在不合格的基层上进行防水施工。

涂料施工前，应清除基层表面的浮浆、浮灰、黄沙、石子等杂质，保持施工面清洁、无灰尘、无油污、无霉斑，基层表面不得有积水。

基层表面应平整、光滑、牢固，并达到一定的强度、整体性和适应变形能力，基层严重不平处须先找平，不得有起砂、蜂窝、麻面、气孔、凹凸不平、裂缝、起壳等缺陷。如基层起砂可先涂一遍 JS 稀涂料，基层有裂缝可先在裂缝处涂一层抗裂胶，渗漏处须先采用"速凝型水不漏"进行堵漏处理，重要建筑物基面裂缝处理后，在沿裂缝两侧宽 10mm 范围内涂以嵌缝密封材料。

局部维修的基面应将原损坏的涂层清除掉（沿裂缝两侧不小于 50mm 的宽度），然后将裂缝剔凿扩宽清理干净，再按基面裂缝处理。

4. 节点增强处理

JS 防水涂料施工前应先对细部构造进行密封或增强处理。

（1）阴阳角应做成圆弧角，在基面与伸出基面的结构（女儿墙、山墙、变形缝、天窗、烟囱、管道等）的连接处、转角处均应用混凝土做成 $R>50mm$ 的圆弧。

（2）在阴阳角、天沟、泛水、水落口、管道根部等部位先涂刷一遍涂料，然后加铺无纺布作涂料的附加增强层，附加增强层的宽度应不小于 300mm，预留孔洞，其涂膜伸入孔洞深度应不小于 50mm，粘贴附加增强层时，应用漆刷摊压平整，与下层涂料贴合紧密。胎体材料可选择聚酯无纺布或化纤无纺布，搭接宽度不小于 100mm，表面再涂刷一至两遍防水涂料，使其达到设计厚度要求。

（3）水落口、穿墙管、管根周边、裂缝、分格缝、变形缝及其他接缝部位应先用密封胶作嵌缝处理。

5. 涂料的配制和搅拌

涂料的配制和搅拌应符合下列规定：

① 涂料配制前，应先将液料组分搅拌均匀；

② 计量应按照产品说明书的要求进行，不得任意改变配合比；

③ 配料应采用机械搅拌，配制好的涂料应达到色泽均匀，无粉团、沉淀的要求。

聚合物水泥防水涂料两组分的具体配制搅拌方法如下：按要求注明的配合比准确计量，先将液料组分倒入搅拌桶内，用搅拌器进行搅拌。在搅拌状态下，慢慢加入粉料组分混合搅拌，直至搅拌均匀，料中不含粉团、沉淀。搅拌一般使用机械搅拌，不宜采用手工搅拌，搅拌时间 5～10min。配料中可根据具体情况加入适量的水，以方便施工为准，加水量应在规定的配比范围内。在斜面、顶面或立面上施工时，为了能保持足够的料，应不加或少加些水为好；平面施工时，为了涂膜平整，可适量多加一些水，加水量控制在液料组分的 5% 以内。

配制 JS 涂料的工作应在施工现场进行，配制好的涂料应在产品介绍中所规定的时间内用完，应做到随配随用。在一般条件下涂料可用时间在 45min 至 3h 不等，涂层干固时间为 4～6h，现场环境温度低、湿度高、通风不好时，干固时间长些；反之则会短些。

6. 涂料颜色

JS 防水涂料一般均为白色，如客户需选择其他颜色，宜用中性、无机颜料（宜选用氧化铁系列颜料）。其他颜料须先试验确认无异常现象后，方可使用。颜色一般均由制造商根据客户要求配好，如采用粉末状颜料一般将其配在粉料部分中，如采用水性色浆，则可直接放入液料部分中，施工时只需将液料和粉料按配比要求称量拌和即可。

如在施工现场临时调制颜色，在按配比要求进行称量后，涂料所用颜料为粉末状固体者，则应将粉末状固体颜料先放入液料中混合、溶解，然后方可与粉料搅拌均匀。彩色层涂料的加入量为液料质量的 10% 以下。

7. 涂布基层处理剂

JS 防水涂料在涂布施工前，应先涂刷基层处理剂。

8. 涂刷

应待细部构造节点附加层施工完毕，干燥成膜并经验收合格后方可进行聚合物水泥防水涂料的大面积涂刷施工。其涂刷要点如下：

① 施工时应按照聚合物水泥防水涂料制造商所提供的施工工法，根据工程的特点和要求，选择一种或两种组合工法，并严格按照工法所规定的要求进行施工。

② 每层涂覆必须按照工法规定的用量要求施工，切不能过多或过少。涂料若有沉淀，尤其是打底料时，应随时搅拌均匀。

③ 涂覆可采用刮涂、滚涂或刷涂等工艺，第一遍涂覆最好采用刮板进行刮涂，以使涂料能与基面紧密结合，不留气泡。施工时，每遍涂刷应交替改变其涂刷方向，即应与前一遍相互垂直，交叉进行。同一涂层涂刷时先后接槎宽度宜为 30～50mm。涂覆较稀的料和大面积平面施工时，可采用滚涂和刮涂工艺；对于较稠的料及小面积局部施工，宜采用刷涂

工艺。

④ 按照选定的工法，涂膜应多遍完成，每遍涂层的用量不宜大于 $0.6kg/m^2$，各层之间涂覆的间隔时间以前一层涂膜干燥成膜不粘为准。在温度为 20℃ 的露天作业条件下，不上人施工约需 3h，上人施工约需 5h。若施工现场温度较低、湿度较高、通风条件差，其干固时间则应长些，反之则短些。待第一遍涂层表干后，即可进行第二遍涂覆，依此类推，直至涂层厚度达到设计的要求。

⑤ 每遍涂覆的厚度与气候条件、平立面状态均有关系，一般涂刷 3~5 遍即可达到规定的厚度，第一遍涂覆时应薄一些，可在配料时掺少量的水，把涂料略配稀些以满足薄涂的要求。

⑥ 涂覆时要均匀，不能有局部沉积，并要多次涂刮使涂料层次之间密实，不留气孔，粘结严实。

⑦ 涂膜防水层的甩槎应注意保护，接槎宽度不应小于 100mm，接涂前应将甩槎表面清洗干净。

⑧ 在泛水、伸缩缝、檐沟等节点处需做增强防水处理时，其涂层收头处应反复进行多遍涂刷，以确保粘结强度和周边的密封。末端收头处理：涂膜防水层的收头应按规定或设计要求用密封材料封严，密封宽度不应小于 10mm，涂料不宜过厚或过薄，否则势将影响涂层的厚度。若最后涂层厚度不够，尤其是立面施工，可加涂一层或数层，以达到标准要求。

9. 胎体增强材料的铺贴

为了增强涂层的抗拉强度，防止涂层下坠，在涂层中增加胎体增强材料。胎体增强材料铺贴位置一般由防水涂层设计确定，可在头遍涂料刷后，第二遍涂料涂刷时，或第三遍涂料涂刷前铺贴第一层胎体增强材料。胎体增强材料的铺贴方法有两种，即湿铺法和干铺法。

（1）湿铺法。

湿铺法就是边倒料、边涂刷、边铺贴的操作方法。施工时，先在已干燥的涂层上，用刷子或刮板将刚倒出的涂料刷涂均匀或刮平，然后将成卷的胎体增强材料平放于涂层面上，逐渐推滚铺贴于刚涂刷的涂层面上，用辊刷滚压一遍，或用刮板刮压一遍，亦可用抹子抹压一遍，务必使胎体材料的网眼（或毡面上）充满涂料，使上下两层涂料结合良好。待干燥后继续进行下一遍涂料施工。湿铺法的操作工序少，但技术要求较高。

（2）干铺法。

干铺法就是在上道涂层干燥后，用稀释涂料将胎体增强材料先粘贴于前一遍涂层面上，再在上面满刮一遍涂料，使涂料渗透网眼与上一层涂层结合。也可边干铺胎体增强材料，边在已展平的胎体材料面上用橡皮刮板满刮一遍涂料，待干燥后继续进行下一遍涂料施工。

（3）施工注意事项。

① 由于胎体增强材料质地柔软，容易变形，铺贴时不易展开，经常出现皱褶、翘边或空鼓现象，影响质量。若在无大风的天气，宜采用干铺法施工。

② 采用干铺法施工时，要求涂料从胎体材料的网眼渗透至下一涂层上而形成整体，因此当渗透性较差的防水涂料与较密实的胎体材料配套使用时，不宜采用干铺法施工。

③ 胎体增强材料可以选用单一品种，也可将玻璃纤维布与聚酯毡混合使用。混用时，上层应采用玻璃纤维布，下层使用聚酯毡。

④ 铺贴施工时应注意铺贴方向，屋面坡度小于 15% 时，可平行屋脊铺贴；若屋面坡度

大于 15%，则应垂直于屋脊铺贴，并由屋面最低处向上施工。

⑤ 第一层胎体增强材料应越过屋脊 400mm，第二层应越过 200mm，搭接缝应压平，以免进水。

⑥ 胎体增强材料的长边搭接不应小于 50mm，短边搭接不得小于 70mm，搭接缝应顺流水方向或主导风向，接缝应压平，密封严密，以免漏水。

⑦ 采用两层胎体增强材料时，上下层不得相互垂直铺贴，接缝应错开，其错缝间距不应小于幅宽的 1/3。

⑧ 铺贴胎体增强材料时，应将布幅两边每隔 1.5～2.0m 间距各剪 15mm 的小口，以利铺贴平整。

⑨ 铺贴好的胎体增强材料如发现皱褶、翘边和空鼓时，应用剪刀将其剪破，进行局部修补，使之完整，成为可靠的防水层。

⑩ 如发现露白，说明涂料用量不足，应再蘸料涂刷，使之均匀一致。

⑪ 铺贴后，一般应用辊刷滚压一遍，使胎体增强材料更加密实，紧贴于下层涂膜上。

10. 蓄水试验

对屋面、厕浴间、厨房间等处的 JS 涂膜防水层应进行蓄水试验和修整，蓄水试验要等涂层完全干固之后方可进行，一般情况下需在 48h 以后进行，在特别潮湿且又不通风的环境中则需要更长的时间。厕浴间、厨房间防水层做完后，蓄水 24h 不渗漏为合格；屋面防水层做完后，排水系统应畅通，不渗漏为合格（可在雨后或持续淋水之后检验）。

11. 防水层的保护层施工

室外及易碰触、踩踏部位的防水层应做保护层，保护层（或装饰层）的施工，须在防水层完工并验收合格后及时进行。

① 聚合物水泥防水涂料本身就含有水泥成分，易与水泥砂浆粘结，如做水泥砂浆保护层，可在其面层上直接抹刮粘结。抹砂浆时，为了方便施工，可在防水层最后一遍涂覆后，立即撒上干净的中粗砂，待涂层干燥后，即可直接抹刮水泥砂浆保护层。

② 在防水层上还可粘贴块体材料保护层，主要采用的块体材料有瓷砖、马赛克、大理石等，粘贴块体材料的粘结剂可用 JS 防水涂料调成腻子状来充当，JS 涂料粘结剂可按液料：粉料＝10：(15～20)调成腻子状即可。

③ 保护层施工时，应对涂膜防水层成品采取保护措施。

12. 保温隔热层屋面的防水层施工

在维修有保温隔热层的屋面时，要尽可能晒干其内部水分后再做防水层。

13. 防水层的保护

涂膜防水层施工时，其施工人员不得穿带钉的鞋作业；涂膜未固化前严禁在上面行走，并应切实采取措施保护防水层不受人为破坏。

14. 地下 JS 涂膜防水工程的施工

JS 防水涂料适合于地下室防水，但必须注意以下事项：

① 地下室墙面往往有垂直细裂缝，必须仔细检查，凡有裂缝的地方应先刷抗裂胶（宽为 100mm）。如裂缝宽超过 1mm，可凿成 V 形缝嵌填聚合物砂浆后再刷抗裂胶。

② 防水涂层完工后，不可马上浸水，须待防水层凝固并有一定强度后方可浸水。一般在通风良好情况下，一个星期后方可浸水。

③ 在有桩支承的地下室，其桩顶防水处理是关键，必须合理设计，用料正确。

④ 防水层的保护层可采用聚苯乙烯泡沫板。

15. 工具情况

在防水施工结束后，必须尽快用水将粘有涂料的工具和机具清洁干净，以便下次继续使用。

16. JS涂膜防水层的质量检查验收

JS涂膜防水层施工完毕后，应认真检查整个工程的各个环节和部分，尤其是一些薄弱的环节，若发现问题，应立即查明原因，及时修复。

（1）聚合物水泥防水涂料防水层的施工单位应建立各道工序的自检、交接检验和专职人员检验的"三检"制度，并应有完整的检查记录，未经监理人员或业主代表检查验收，不得进行下一道工序的施工。

（2）聚合物水泥防水涂料和胎体增强材料的品种、规格和质量应符合设计和国家现行有关标准的要求，涂料的配合比应符合产品说明书的要求。

（3）屋面工程、建筑室内防水工程、建筑外墙防水工程和构筑物防水工程不得有渗漏现象，地下防水工程应符合相应防水等级标准的要求，细部构造做法应符合设计要求。

（4）涂膜防水层的平均厚度不得小于设计规定的厚度，最小厚度不得小于设计厚度的80%。防水工程在完工七天后，应对涂层厚度进行检查，施工面积每$100m^2$抽查不应少于1处，整个工程不应少于3处。聚合物水泥防水涂料的涂膜厚度的检查方法可采用针刺法或割取$20mm \times 20mm$的实样用卡尺测量或测量仪测量，割取过的防水层应及时修补。

（5）涂膜防水层与基层应粘结牢固，表面平整，涂刷均匀，无鼓泡起壳、细微裂缝、翘边分层、流淌、皱褶、胎体外露等缺陷。如发生上述现象，应采用刀片局部割破涂层，检查基面情况，修复基面后重新用涂料涂覆修复如常。

（6）涂膜防水层的保护层做法应符合设计要求。

第4章　建筑防水密封材料的施工

建筑防水密封材料是指能承受接缝位移以达到气密、水密目的而嵌入建筑接缝中的一类建筑材料。

4.1　建筑防水密封材料的分类

建筑防水密封材料品种繁多，组成复杂，性状各异，有多种不同的分类方法。

建筑防水密封材料根据材料的形状可分为预制密封材料（定型密封材料）和密封胶（密封膏）两大类。预制密封材料是指预先成形的具有一定形状和尺寸的密封材料；密封胶是指以非成形状态嵌入接缝中，通过与接缝表面粘结而密封接缝的溶剂型、乳液型、化学反应型的黏稠状的一类密封材料，包括弹性的和非弹性的密封胶、密封腻子和液体状的密封垫料等品种。广义上的密封胶还包括嵌缝材料，所谓的嵌缝材料是指采用填充挤压等方法将缝隙密封并具有不透水性的一类材料。

建筑防水密封材料按其基料不同，可分为硅酮密封胶、改性硅酮建筑密封胶、聚硫密封胶、聚氨酯密封胶、丙烯酸酯密封胶、丁基橡胶密封胶、氯丁橡胶密封胶、丁苯橡胶密封胶、氯磺化聚乙烯密封胶、聚氯乙烯接缝材料、沥青嵌缝油膏、蓖麻油油膏、油灰等。

建筑防水密封材料按其产品的用途可分为混凝土建筑接缝用密封胶、幕墙玻璃接缝用密封胶、石材用建筑密封胶、彩色涂层钢板用建筑密封胶、建筑用防霉密封胶、中空玻璃用弹性密封胶、建筑窗用弹性密封剂、建筑门窗用油灰等。

建筑防水密封材料按其所用材料的不同可分为沥青及高聚物改性沥青基建筑防水密封材料和合成高分子建筑防水密封材料。

建筑防水密封材料按其材性可分为弹性和塑性两大类。弹性密封材料是嵌入接缝后，呈现明显弹性，当接缝位移时，在密封材料中引起的残余应力几乎与应变量成正比的密封材料；塑性密封材料是嵌入接缝后，呈现明显塑性，当接缝位移时，在密封材料中引起的残余应力迅速消失的密封材料。

建筑防水密封材料按其固化机理可分为溶剂型密封材料、乳液型密封材料、化学反应型密封材料等。溶剂型密封材料是通过溶剂挥发而固化的密封材料，乳液型密封材料是以水为介质，通过水蒸发而固化的密封材料，化学反应型密封材料是通过化学反应而固化的密封材料。

建筑防水密封材料按其结构粘结作用可分为结构型密封材料和非结构型密封材料。结构型密封材料是在受力（包括静态或动态负荷）构件接缝中起结构粘结作用的密封材料，非结构型密封材料是在非受力构件接缝中不起结构粘结作用的密封材料。

建筑防水密封材料还可按其流动性分为自流平型密封材料和非下垂型密封材料；按其施工期可分为全年用、夏季用以及冬季用三种类型；按其组分、包装形式及使用方法可分为单组分密封材料、多组分密封材料以及加热型密封材料（热熔性密封材料）。

4.2 防水密封胶的施工工艺

密封防水指对建筑物或构筑物的接缝、节点等部位运用"加封"或"密封"材料进行水密和气密处理，起到密封、防水、防尘和隔声等功能，同时还可与卷材防水、涂料防水和刚性防水等工程配套使用，因而是防水工程中的重要组成部分。

建筑工程常用的嵌缝防水密封材料主要是改性沥青防水密封材料和合成高分子防水密封材料两大类。它们的性能差异较大，施工方法亦应根据具体材料而定。常用的施工方法有冷嵌法和热灌法两种。

防水密封材料的施工一般都是在工程临近竣工之前进行，此时工期要求紧，各种误差集中，施工条件特殊，如不精心施工，就会降低密封材料的性能，提高漏水的几率。为了满足接缝的水密、气密要求，在正确的接缝设计和施工环境下完成任务，就需要充分做好施工准备，各道工序认真施工，并加强施工管理，才能达到要求。

防水密封胶的施工顺序如图 4-1 所示。

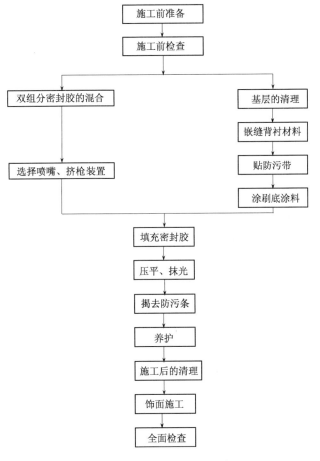

图 4-1 防水密封胶施工顺序

4.2.1 施工机具

嵌填防水密封材料常用的施工机具参见表 4-1，施工时根据施工方法选用。

表 4-1 嵌填密封材料施工机具及用途

品　名	用　途	备　注
皮卷尺 钢卷尺	用于度量尺寸	规格（m）：5、10、15、20、30、50 规格（m）：1、2、3
平铲（腻子刀） 钢丝刷 锉刀 砂皮纸	清除表面浮灰、砂浆、混凝土和金属表面的浮锈等	刀刃宽度（mm）：25、35、45、50、65、75、90、100 刀刃厚度（mm）：0.6（硬性）
扫帚 小毛帚 拖把 皮老虎（皮风箱） 空气压缩机	用于清除基层灰尘、清扫垃圾和清除接缝内的灰尘	最大宽度（mm）：200、250、300、350 型号：2V-0.6/7B、2V-0.3/7
溶剂用的容器 溶剂用的刷子	用于基层表面清洗	漆刷宽度（mm）：13、19、25、38、50、63、75、88、100、125、150
底涂料用的容器 底涂料用的刷子	用于基层表面处理	漆刷宽度（mm）：13、19、25、38、50、63、75、88、100、125、150
铁锅、铁桶或塑化炉	加热塑化密封材料	
磅秤 杆秤	用于计量多组分密封材料	规格最大称重（kg）：50
搅拌筒 电动搅拌器	用于搅拌多组分密封胶	
切割刀 刀子 锯弓、锯条	切割密封衬垫材料以及切割密封胶包装筒顶部	
手动挤压枪 电动挤压枪 填充用气枪	嵌填筒装密封胶	
自制嵌填工具	用于嵌填衬垫材料	木或竹制、按接缝深度自制
刮刀 平铲（腻子刀）	嵌填、刮平密封胶	刃口宽度（mm）：25、35、45、50、65、75、90、100 刃口厚度（mm）：0.4（软性）
鸭嘴壶 灌缝车	嵌填密封胶	
螺丝刀 钳子 扳手	安装简易吊篮式脚手架用	
安全保护用具 劳动保护用具		

4.2.2 施工的环境条件

防水密封工程的施工，大部分是露天作业，因此受气候的影响极大。防水密封最理想的气候条件是温度 20℃左右的无风天气，但客观上气温是经常变化的，有时下雨、下雪，有时刮风，施工期的雨、雪、露、雾、霜以及高温、低温、大风等天气情况，对防水密封的质量都会造成不同程度的影响。因此，在施工期间，必须了解好天气情况，下雨、下雪时应停止施工，雨期在计划安排上应考虑降雨时中止施工的时间，以保证施工顺利进行和施工的质量。气候条件对接缝的影响，主要是指气温和水分的影响，其中水分对施工的影响至关重要。

1. 天气

施工期的天气主要是指雨、雪、霜、露、雾和大气湿度等天气情况。

雨雪天气或预计在施工期中有雨雪时，不应进行施工，以免雨雪破坏已施工好的工作面，使嵌缝密封材料失去防水效果。如果有降雨降雪预报时，应及时停止施工。如果在施工中途遇到雨雪，则立即停止施工并做好保护工作。在重新开始作业时，应确认粘结面的干燥程度不会降低密封材料性能时，再进行密封作业。

霜、雾天气或大气湿度过高时，会使基层的含水率增大，须待霜、雾退去，基层晒干后方可施工，否则可能发生粘结不良或起鼓等现象。

2. 气温

由于防水密封材料性能各异，工艺不同，对气温的要求略有不同，但一般宜在5～35℃的气温下施工，这时工程质量易保证，操作人员施工也方便。

在高温、低温、高湿度环境下施工，密封材料会出现不正常的固化，影响粘结性。在炎热的天气中，当气温超过35℃时，所有的密封材料均不宜施工。在高温天气时，可选在夜间施工，但应注意，如果下半夜露水较大时，也不得施工。气温低于-4℃时，为防止结露，也不宜施工。

3. 大风

在五级以上的大风天气中，防水密封工程不得施工。因为大风天气易将尘土及砂粒等刮起，粘附在基层上，影响密封材料与基层的粘结。此外，大风对运输和操作都不安全。大风后应对基层进行清扫，清除基层上的尘土和砂粒，以保证施工质量。

施工环境条件的注意事项见表4-2。

表4-2　降雨降雪强风时注意事项及能否作业条件

自然条件	中止作业条件	重新开始工作条件
降雨降雪	有降雨降雪预报时，如时间充裕，应迅速停止施工 如已开始降雨降雪，要立即停止作业，并对辅助材料妥善保管，需要保护的地方要采取适当措施加以保护	确认粘结面的干燥程度不会降低密封胶性能时，再进行作业
风	施工设备（临时脚手架，有围栏的吊篮脚手架或没有围栏的简易吊篮脚手架）和建筑规模不同时，其条件也各不相同。风速10m/s以上时，为了安全和防止底涂料等飞散，应避免作业。 可考虑先施工安全的地方，风影响大的墙面可等风弱时再施工	

4.2.3　施工前的准备

1. 施工前的技术准备

（1）了解施工条件和要求。

施工条件的完备是保证施工质量的首要条件，是保证质量的第一道关。没有充分、完备的施工条件，势必影响施工的正常进行，也就不能从根本上保证施工质量。

施工技术管理人员首先应做好技术准备，通过对设计图纸的学习和了解，领会设计意图，熟悉房屋构造、细部节点构造、设防层次及采用的材料、规定的施工工艺和技术要求。在此基础上组织图纸会审，认真解决设计图和在施工中可能会出现的问题，使防水密封设计更加完善和切实可行。

（2）编制施工方案，制订技术措施。

针对施工单位制订的施工方案，真实、细致地考虑整个施工过程中的每一个环节，使设计意图得到落实。防水工程施工方案应明确施工段的划分、施工顺序、施工方法、施工进度、施工工艺，提出操作要点、主要节点构造施工做法、保证质量的技术措施、质量标准、成品保护及安全注意事项等内容。

（3）人员培训。

防水工程施工人员必须经过系统的培训，经过考核合格后方可持证上岗。参见防水密封工程的施工。

根据工程防水施工方案的内容要求，对防水工程施工人员进行新材料、新工艺、新技术的培训，绝不可使用非专业防水人员任意施工。必要时还应对施工人员进行适当的调整。

（4）建立质量检验和质量保证体系。

防水工程施工前，必须明确检验程序，定出哪几道工序完成后必须检验合格才能继续施工，并提出相应的检验内容、方法和工具。

防水工程的施工必须强调中间检验和工序检验，只有在施工过程中及早发现质量缺陷并立即补救，才能消除隐患，保证整个防水层的质量。

（5）做好施工记录。

防水工程施工过程中应详细记录施工全过程，以作为今后维修的依据和总结经验的参考。记录应包括下列内容：

① 工程的基本情况：包括工程项目、地点、性质、结构、层次、建筑面积、防水密封面积、部位、防水层的构造层次、用材及单价、设计单位等；

② 施工状况：包括施工单位、负责人、施工日期、气候环境条件、基层及相关层次质量、材料名称、生产厂家及日期批号、材料质量、检验情况、用量、节点处理方法等；

③ 工程验收情况：包括中间验收、完工后的试水检验、质量等级评定、施工过程中出现的质量问题和解决方法等；

④ 经验教训、改进意见等。

（6）技术交底。

防水密封工程在施工前，施工负责人应向班组进行技术交底，其内容应包括：施工部位、顺序、工艺、构造层次、节点设防方法、增强部位及做法、工程质量标准、保证质量的技术措施、成品保护措施和安全注意事项。

2. 施工前的物质准备

施工前的物质准备包括防水密封材料及配套材料的准备、进场和抽检、施工机具的进场和试运转等内容。

（1）材料的准备。

① 底涂料是在填嵌密封胶之前涂覆于基材表面，以改进密封胶与基材粘结性能的涂料。

为了提高粘结性能，原则上都应采用底涂料，但粘结体种类繁多，有的密封胶和被粘结体之间，并不一定需要使用底涂料，在这种情况下，必须遵照厂商的规定选用底涂料，这是因为底涂料的性能与所用的密封胶有着密切的关系。此外，由于被粘结体的种类不同，往往需要改变底涂料的种类，一般情况下各厂商都备有几种底涂料，可根据被粘结体的种类确定。但是即使是同类粘结体，有时也有细微的差别，如涂装的种类虽然相同，但由于烘烤或干燥条件不同，对粘结性有很大的影响。因而在选择底涂料时，对厂商指定的底涂料，还应按实际使用的粘结体，复核其粘结性。

一般来说，混凝土、砂浆、石料、木材以及多数涂漆金属板，如不使用适当的底涂料，密封材料的粘结性能就不一定好；玻璃以及不上漆的金属板，最好也涂上底涂料，以利于提高耐久性。

根据密封胶的种类和被粘结体的搭配，使用底涂料和不使用底涂料，其初期粘结性几乎没有差异，但其长期粘结性有时会有明显的差异。

a. 使用底涂料的目的：

（a）被粘结体和密封胶虽然粘结性较好，但为减轻由伸缩、热、紫外线和水引起的粘结疲劳以及为提高长期的粘结性而使用底涂料（用在砂浆、混凝土预制板、石棉板、胶合板等）；

（b）由于被粘结体与密封胶的粘结性差，为提高相互之间的粘结效果，作为粘结介质而使用（用在铁、铝、玻璃等无吸水性的平滑面、涂漆面、合成树脂面等）；

（c）表面脆弱的基层，为去掉粉尘、增强面层而使用（如加气混凝土板、轻质硅钙板等）。

b. 底涂料的种类有：

（a）硅烷系——用于玻璃质、金属（处理）类、涂漆类；

（b）氨基甲酸酯系——用于水泥类等多孔质基层、金属涂漆类；

（c）合成橡胶系——用于水泥类等多孔质基层、金属涂漆类；

（d）合成树脂类——用于水泥类等多孔质基层；

（e）环氧系——用于水泥类等多孔质基层。

底涂料一般都是具有极性基（官能基）的硅烷系或硅酮树脂等材料，溶解在乙醇、丙酮、甲苯、甲乙酮等溶剂中，刷涂或喷涂，而且多半在 $20\sim30min$ 即可干燥。底涂料的涂层厚度一般较薄，但对于木材、砂浆、混凝土等多孔质的被粘结体，涂膜厚度一般则较厚，以防止砂浆、混凝土等的碱性成分的渗出和木材树脂成分的渗出。

② 背衬材料是保证限制密封胶深度和确定密封胶背面形状的材料，在某些情况下也可作为隔离材料。

用作密封背衬材料的主要是合成树脂或合成橡胶等闭孔泡沫体，这些材料具有适当的柔软性，选择的背衬材料必须具有圆形或方形等形状而且其宽度应稍大于接缝宽度。

密封胶在接缝中与接缝底面和两个侧面相粘结，称为三面粘结，嵌填后的密封胶由于受力复杂，其耐久性下降。因此，在密封背衬材料中以与密封胶粘结性不大的为好。

当接缝深度较浅而不能使用密封背衬材料时，则应使用隔离材料，以免密封胶粘到接缝的底部。

防止建筑结构中在指定接触面上粘结的材料称为隔离材料。隔离材料一般放在接缝的底板，使密封胶只与侧面基材形成二面粘结。

通常使用的背衬材料有聚乙烯、聚氨酯、聚苯乙烯、聚氯乙烯闭孔泡沫塑料及氯丁橡胶、丁基橡胶海绵等。

通常使用的隔离材料有聚乙烯胶条、聚乙烯涂敷纸条等。

背衬材料和隔离材料材质的选择标准：

a. 为避免在接缝伸缩时在被粘结构件上产生应力，应使用具有自身能伸缩的材料；

b. 不含油分、水分和沥青质；

c. 与密封材料不产生粘结作用；

d. 不侵蚀密封材料；

e. 不析出水溶性着色成分；

f. 耐老化性能好，不吸潮，不透水；

g. 形状要适合接缝状态，受热变形不大；

h. 密封背衬粘结材料的粘结力，必须限制在最小限度内。

③ 防污带（条）

防污带（条）是防止接缝边缘被密封材料污染，保证接缝规整而粘贴的压敏胶带。

防污带的使用目的：在涂刷底涂料和填充密封胶时，用来防止被粘结面受到污染；在填充密封材料时，保持封口两边的两条线要笔直。

防污带材质的选择标准：

必须根据施工面的具体情况，选择使用最合适的材质与尺寸。对防污带的基本性质要求如下：防污带应不受溶剂的侵蚀或不吸收溶剂；防污带的粘结剂不应过多地脱离防污带而粘附在被粘结面上，使被粘结面污染或有斑迹，或在剥去防污带时，不应把被粘结面的涂料也一起剥离掉；防污带厚度要合适，以便在形状复杂的部位使用时，易于折叠。

（2）防水密封材料的抽检和进场。

① 粘结性能的试验。根据设计要求和厂方提供的资料，在实际施工前，应采用简单的方法或根据所用材料的标准要求进行粘结试验，以检查密封材料及底涂料是否能满足要求。

根据国家具体产品标准和试验方法标准进行粘结试验。

简易粘结试验可按下述程序进行：

a. 以实际构件或饰面试件作粘结体；

b. 在其表面贴塑料膜条；

c. 涂上实际使用的底涂料；

d. 在塑料膜条和涂层上粘实际使用的条状密封材料如图 4-2（a）所示；

e. 将试件置于现场固化；

f. 按图 4-2（b）所示方法，用手将密封条向 180°方向揭起牵拉；

g. 当密封条拉伸直到破坏时，粘结面仍留有破坏的密封材料（粘结破坏），则可认为密封胶和底涂料粘结性能合格。

② 防水密封材料的贮存与运输。在施工期间对防水密封材料及其辅助材料的贮存与运输问题也是不能忽视的。在一般情况下，防水密封材料是根据需要预先在工厂配制好的，提供给施工者使用，有的则是从市场上采购而来的，有些防水密封材料和辅助材料是属易燃或

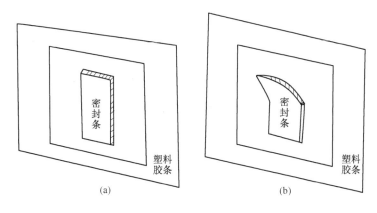

图 4-2 简易粘结性能试验

有毒的，对人体皮肤有刺激性作用，因此在贮存与运输过程中应注意安全。有些防水密封材料对水很敏感，怕雨淋日晒，这些材料则应妥善贮存在密封容器中，放在室内避热阴凉处，并保持干燥。

4.2.4 施工前的检查（基层检查）

密封材料施工前，要对下列各项进行必要的确认：

（1）接缝尺寸是否与设计图纸相符。根据密封胶的性能确认接缝形状尺寸是否合适，以及施工是否可能等，嵌填密封胶的缝隙（如分格缝、板缝等）尺寸应严格按设计要求留设，尺寸太大导致嵌填过多的密封材料从而造成浪费，尺寸太小则施工时不易嵌填密实密封材料，甚至承受不了变形。新规范总结了国内外大量技术标准、资料和国内密封防水处理工程实践经验，提出了接缝宽度不应大于 40mm，且不应小于 10mm，接缝深度可取接缝宽度的 0.5～0.7 倍的规定。接缝尺寸如与图纸明显不同时，要记入检查报告中。

（2）粘结体是否与设计图纸相符，涂装面的种类和养护干燥时间是否适宜。基层应干净、干燥，对粘结体上玷污的灰尘、砂浆、油污等均应清扫、擦拭干净，如果粘结体基层不干净、不干燥，会降低密封胶与粘结体的粘结强度，尤其是溶剂型、反应固化型密封材料。一般水泥砂浆找平层应施工完毕 10d 后接缝方可嵌填密封胶，并且在施工前应晾晒干燥。

（3）密封胶有无衬托，连接构件的焊接、固定螺丝等是否牢固。

（4）混凝土、ALC 板、PC 板等基层有无缺陷、裂缝以及其他妨碍密封胶粘结的现象。分格缝两侧面高度应等高，缝隙混凝土或砂浆必须具有足够强度。分格缝表面及侧面必须平整光滑，不得有蜂窝、孔洞、起皮、起砂及松动的缺陷。如发现这些情况，应采用适合基层的修补材料进行修补，以使密封胶与分格缝表面粘结牢固，适应其变形，保证防水质量。如在砖墙处嵌填密封胶，砖墙宜用水泥砂浆抹平压光，否则会降低密封胶的粘结能力，成为渗水的通道。

（5）混凝土、水泥砂浆、涂装等，施工后是否经过充分养护。混凝土基层的含水率原则上要求 8％以下，含水率的高低，因混凝土配比、表面装修、养护时间等的不同而不同，干燥时间、基层条件差势将影响粘结效果。

（6）建筑用的构件是多种多样的，如处理方法有误则达不到密封效果。根据构件的材质及表面处理剂和处理方法等情况的不同，对粘结体表面的清扫方法、清扫用溶剂以及基层涂料等的使用方法也各不相同，因此事先还必须充分调研以下情况：了解混凝土预制板在生产时所采用的脱模剂种类；使用大理石时，还应检查有无污染性；涂漆的材质和种类；铝和铁的表面处理方法等。

4.2.5 密封胶的施工要点

1. 接缝的表面处理和清理

需要填充密封胶的施工部位，必须清理干净有碍于密封胶粘结性能的水分、油、涂料、锈迹、杂物和灰尘等，并对基层做必要的表面处理，这些工作是保证密封材料粘结性的重要作业。

基层材料的表面处理方法一般可分为机械物理方法和化学方法两大类型。常用的砂纸打磨、喷砂、机械加工等属于机械物理方法；而酸碱腐蚀、溶剂、洗涤剂等处理属于化学方法。这些方法可以单独使用，但许多情况下联合使用能取得更好的效果。

在选用处理方法时应考虑如下因素：

① 表面污物的种类，如动物油、植物油、矿物油、润滑油、胶土、流体、无机盐、水分、指纹等。

② 污物的物理特性，如污物层的厚度、紧密或松散程度等。

③ 需要清洁的程度。

④ 清洁剂的去污能力和设备情况。

⑤ 危险性和价格。

⑥ 被污基层的种类。如钢部件不怕碱溶液，而处理黄铜、铝材等金属时，则应考虑选用对金属腐蚀性较小的温和溶液；金属面附着油垢和其他污染物时，应用砂纸或甲苯和正己烷等有机溶剂清除干净，如在密封表面附近有有机罩面材料，要选择适当的有机溶剂，以免影响罩面材料；基层为加气混凝土板、石棉板或石料时，应用碎布擦去污染物，并加以清洗，如用砂纸打磨，表面纤维会被搓开或起粉末，从而不适于密封；涂装面要选择不侵蚀涂膜的清洗剂进行清洗，一般选用正己烷或粗汽油作清洗剂；混凝土、水泥砂浆表面附着的浮灰、油分、脱模剂等要用砂纸等清除；对于不同类型粘结体构成的接缝，则要选择对两者都无不利影响的清洗剂。

了解了这些因素，有利于合理地选择处理方法。目前最为常用也较有效的基层表面处理方法有三种：溶剂、碱液和超声波脱脂法，化学腐蚀法和机械加工、打磨、喷砂法。其中最后一种特别适用于建筑工程的接缝表面的处理和清理。如果需要除去锈斑、油腻和皂类，有时还得采用化学腐蚀法或溶剂处理方法才能奏效。

基层表面的预处理十分重要，一般对其表面要求干燥，而且不得有锈斑、灰尘、油腻等，否则将直接影响嵌缝的质量。

2. 背衬材料的嵌填

要使接缝深度与接缝宽度比例适当，可用竹制或木制的专用工具，保证背衬材料嵌填到设计规定的深度。

采用圆形背衬材料时，其直径应大于接缝宽度 1～2mm，如图 4-3（a）所示，并应注意在设置时不得扭曲，应插入适当的接缝深度。

采用方形背衬材料时，背衬材料应与接缝宽度相同或略小于接缝宽度 1～2mm，如

图 4-3（b)所示，并应注意不要让所用的粘结剂粘附在密封胶的被粘结面上。

如接缝深度较浅而不能使用密封背衬材料，可用扁平的隔离材料隔离，如图 4-3（e）所示。材料的尺寸应比接缝尺寸稍小些，在接缝底部上粘贴时，要求平整，不得扭歪，隔离材料所用的粘结剂也不得粘附在密封胶的被粘结面上。

在接缝内需填满密封胶的场合，缝底也应设置防粘隔离层，该隔离层可用有机硅质薄膜，隔离膜的宽度应略小于缝的宽度。

对有移动的三角形接缝，填充密封胶时，在拐角处要粘贴密封隔离材料如图 4-3（f）所示。

对于预制混凝土、加气混凝土、柔性板等水泥与石棉制品，其制作尺寸、组装尺寸的误差较大，密封接缝的误差因而也较大，因此在选用密封背衬材料时，其尺寸必须大于接缝实际尺寸 2mm。

由于接缝口施工时难免有一些误差，不可能完全与要求的形状相一致，因此，在使用背衬材料时，要备有多种规格的背衬材料，以供施工时选用。

在地面以下以及经常受到水压的地方进行密封时，由于接缝伸缩量不太大，可使用氯丁橡胶、丁基橡胶等肖氏硬度在 40 以上的带形、棒形或其他定形背衬材料，如图 4-3（d）所示。也可使用具有不连通气泡的硬质软木和纤维板。

对于错动影响较大的接缝，如把密封背衬材料设置在底部，由于金属的膨胀，接缝变窄，就会使密封层表面起鼓，因此应尽量避免采用这种做法，如图 4-3（g）所示。构件在受拉时就会使密封层表面凹陷，如图 4-3（c）所示。

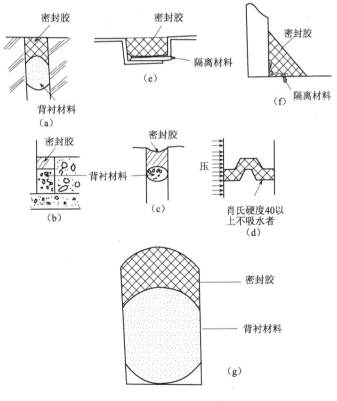

图 4-3　各种背衬材料垫衬方法

为了防止损伤底涂料涂布面，应明确底涂料的涂刷范围，并在涂刷底涂料前将密封背衬材料和隔离材料设置好。

油性嵌缝材料，其密封背衬材料必须与粘结面和嵌缝材料均粘结牢固。聚乙烯泡沫体由于粘结性差，因此不宜使用。另外油性嵌缝材料由于随动性差，其软质泡沫材料也不宜使用。油性嵌缝材料适用的背衬材料有泡沫氯乙烯、泡沫苯乙烯、氯丁橡胶等，在具体使用时，可根据搭配要求，分别选用。

3. 防污带（条）的粘贴

防污带有两种：一种是施工中用来防止污染施工面周边和使施工面美观整齐的遮挡胶条，另一种是在施工后用来防止密封胶被损伤和被污染的防护胶条。

防污带有纸胶条、塑料胶条等，施工时可根据使用部位的需要选择宽度和厚度不同的防污带，一般来说不宜太宽，以便在复杂接缝处可折叠。防污带还应有一定强度，在经受撕拉时不至于中途拉断。

在接缝涂刷底涂料和填充密封胶以前，为防止被污染，同时也为了保持密封层两侧边线挺直，在接缝两边应全部贴上防污带。粘贴防污带时，离接缝边缘的距离应适中，不应贴到缝中去，也不能距离缝过远，不得随意截断或塞入接缝内，如图 4-4 所示。

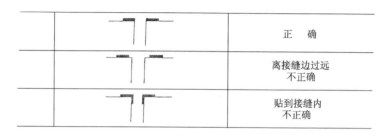

	正　确
	离接缝边过远 不正确
	贴到接缝内 不正确

图 4-4　防污条的铺设

在表面交叉部位的接缝进行施工时，应把一侧的防污带的位置错开 1～2mm。在涂装面上贴防污带时，要等涂膜充分干燥后方可进行，否则揭掉防污带时涂膜也将会被剥落。施工前应做贴带试验，看是否容易揭掉。在铺人造石工程等作业时，为防止污染饰面，或在嵌入密封胶以后再进行喷涂时，都必须用防污带进行防护。

如贴好防污带后，不立即嵌入密封胶，而长时间地放置，防污带上的胶会向被粘结面转移，导致弄脏基层。当气温较高时，防污带铺贴时间更不宜过长，否则防污带上的胶向粘结面会更快地扩散导致污染基层。被防污带污染的基层清理也较困难。所以根据上述情况，原则上应在当天计划施工范围内贴防污条，不宜多贴，如已贴好防污带而密封胶未能当天嵌填完工，则不能等到第二天再去揭掉防污带。

贴好防污带后，须迅速嵌填密封胶，压平抹光后，要立即揭掉防污带。揭掉防污带的方法为将防污带沿接缝侧牵拉卷在圆棒上。揭掉防污带后，要立即清理工作场所。

4. 涂刷底涂料

为了提高密封胶与粘结体之间的粘结性能，可涂刷底涂料，此外对表面脆弱的粘结体，可除去灰尘，提高面层强度，并可防止混凝土、水泥砂浆中的碱性成分渗出。

涂刷底涂料时应注意以下几点：

① 基层粘结体用底涂料有单组分和双组分之分，双组分的配合比，按产品说明书中的规定执行。当配制双组分底涂料，要考虑有效使用时间内的使用量，不得多配，以免浪费；单组分底涂料要摇匀后方可使用。底涂料干燥后应立即嵌填密封材料，干燥时间一般为 20～60min。寒冷季节干燥时间要更长些，要按生产厂家的规定。如贮存容器中的底涂料已产生沉淀离析现象，则必须很好地搅拌。底涂料应在有效使用时间内使用，不能使用贮存期已过或已成凝胶状的底涂料。

② 基层粘结体如是不同材料，则要分别使用适应于不同表面的底涂料，遇到这种情况，必须先确定该涂刷何种底涂料。有些接缝间隔窄小，难以分别涂刷时，则应选用各个被粘结体通用的底涂料。

③ 底涂料贮存的容器除在停止使用时，其余时间应盖好盖子，以防溶剂挥发和异物混入。

④ 底涂料的使用量应根据接缝的尺寸、底涂料的黏度以及被粘结体是否为多孔性材料而定，其大致用量参见表 4-3（仅供参考）。

表 4-3　底涂料的用量

被粘结体	填充接缝的深度/mm	底涂料的涂刷量/（m²/kg）
多孔性材料	10	50～60
	15	30～40
非多孔性材料	10	175～200
	15	100～150

⑤ 涂刷底涂料时，要用适合接缝大小的刷子刷涂或喷涂，要涂刷均匀不留刷痕，而且不能超出接缝范围。各类刷子用后要用溶剂清洗干净。

⑥ 涂刷有露白处或涂刷后间隔时间超过 24h，应重新涂刷一次。

⑦ 涂刷后如果附着灰土尘埃，要除掉异物后再涂。如果填充作业延至第二天进行时，也要重涂一道。

⑧ 在进行涂刷底涂料作业时，必须注意通风换气，不得用火。

5. 密封胶的混合

（1）计量。

根据施工量，接缝尺寸和施工能力，准备材料。

使用单组分型密封材料（包括油性嵌缝材料）前，在打开罐盖以后，应观察材料情况，如有一层皮膜，应予去除。

双组分型密封材料的主剂和固化剂的搭配以及配比均应以厂商的规定为准，按有效使用时间内可以用来施工的用量进行计量，并充分搅拌。

装在管筒内的密封材料，必须检查管筒内的材料是否已固化或有离析等异常现象。

（2）混合。

当采用双组分密封材料时，必须把 A、B 组分（主剂和固化剂）按生产厂商规定的配合比准确配料并充分搅拌均匀后方可使用。

双组分密封胶其中 A 组分（主剂）在加 B 组分（固化剂）前是可熔的低聚物，它们由长的线型分子链所组成，当加入固化剂后，二者发生交联反应，生成三维的网状结构，分子在任何方向的运动都受到交联排列的限制。如果计量严格，配合比正确，反应生成物能发挥预定的性能，而计量不准确时则会发生两种情形：固化剂不足和固化剂过量。如果固化剂未加足，那么生成物的交联反应将不可能充分进行，所生成的不是一个完整的三维网状结构，而是许多小型体型结构的串联。它实际上具有热塑和热固双重性质，此时交联物表现出以下特点：使用期比预定的长得多，产物硬度低，有弹塑性，表面始终有黏稠感；如果固化剂加得过量，那么由于交联度大大超过正常的需要，分子在空间任何位置都受到约束，多重网状结构彼此交叉在一起，分子结构呈无规则排列，致使产物失去了应有的柔韧性，此时交联物表现出使用期比预定的短得多、产物硬而脆、没有弹性、耐候性极差、色泽改变等状况。

密封胶料的混合方法有两种：人工混合和机械混合，不同的密封胶，其要求混合的方法也略有不同。密封胶的混合要点：一是使主剂和固化剂得到充分的混合，二是混入的气泡要较少。掌握了这两点，就可使两者得到良好的混合。

1）人工混合。

通常把主剂和膏状固化剂按比例经精确计量后倒入清洁的玻璃板或光滑的金属板上，用铲刀反复翻拌 5～10min，拌和时防止气泡混入，直到拌和均匀一致为止。进行人工混合时注意事项如下：

① 混合 A、B 组分时其比例对密封材料的施工非常重要。

② 不是同一批号的主剂和固化剂不能进行混合。

③ 混合时一次最大混合量为 3kg 以内。混合量不宜太多，以免搅拌混合困难。

④ 混合时，应避免阳光直晒，并应防止灰尘以及水等混入，为此，须在室内或阴暗地方进行混合。

⑤ 随气温变化而黏度变化较大的密封胶，温度低时易造成混合不良，所以当外部温度在 10℃以下时，则需采取保温措施。其保温方法是在常温的室内保管，或用保温箱保管。

⑥ 判断是否已混合好，可将白纸或旧布铺在平面上，用刮刀在上面薄薄地抹一层混合物，如未发现不同颜色的斑点、条纹且色泽均匀一致者则为混合均匀。

2）机械混合。

机械混合方法由于密封胶的生产厂家、材质、混合机械、容器等的不同而异，应按适合各自情况的方法进行混合。

常用的搅拌机有如下几种：

使用手提电钻充当搅拌机的混合方式：在主剂罐内倒入规定的固化剂，然后放进带叶片的钻头，使其回转。为防止空气混入和升温，其回转速度、回转力和叶片的回转等应认真掌握。

滚筒回转式混合用拌和机：装在混合机上的主剂罐在回转时，投放在罐内的固化剂被固定在罐内的叶片混合。在混合机上可固定 5kg 和 10kg 两种罐子。

双组分型自动混合排出装置：将主剂和固化剂分别装在机器上，通过调节刻度，按所需混合比自动地吸入主剂和固化剂，接着进行搅拌后排出，也可装填喷枪，可装置 18L 的罐和 180L 的桶。

电钻型和拌和机型搅拌机在使用时，应注意如下几点：

① 罐底一般得不到充分的拌和，因此必须把叶片插到罐底。

② 为达到完全混合，要每隔二至三分钟停止一次拌和，并用刮刀去掉罐壁和罐底上的

材料，使密封胶得到充分的混合。

③ 混合时间一般为 10min 左右，达到色泽均匀一致即可。

④ 双组分密封胶混合后的每一批料都要取样进行检查，发现固化不良或有异常时，应和主管人员协商采取必要的措施。

6. 挤出嵌缝枪的装填

狭窄的接缝常用嵌缝枪进行嵌缝作业。挤出式嵌缝枪形式多种多样，有手动式嵌缝枪，使用空压机的气动枪，装入管筒的管筒式嵌缝枪等。机械推杆式嵌缝枪应用较广（图 4-5）。手动嵌缝枪和气动嵌缝枪需配上适合于接缝尺寸的枪嘴。市售的枪嘴形状一般是圆筒形 ［图 4-6 （a）］，但不合适，如将顶端压扁后即可适用 ［图 4-6 （b）］。根据接缝的部位和形状，还可以做成弯头枪嘴 ［图 4-6 （c）］ 或其他异形枪嘴 ［图 4-6 （d）］。

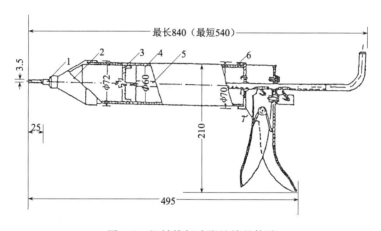

图 4-5　机械推杆式嵌缝枪的构造

1—出料口；2—枪头；3—活塞头；4—枪筒；5—齿条；6—封盖；7—手把

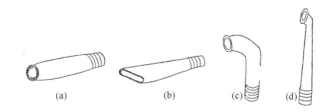

图 4-6　嵌缝枪枪嘴的形状

一般专用的密封胶拌和机都附有装料装置，无条件的地方也可采取人工装料。人工装枪的方法有两种：一种是吸入法；另一种是灌入法。其操作方法如图 4-7 所示。

在嵌缝枪内装填密封胶之前，应先了解其挤出力和背衬材料的状态。然后用刮刀将密封胶装入嵌缝枪内或用吸入方法把混合均匀的密封胶填入嵌缝枪内，此时应注意防止空气混入。如填入量较少，吸入法易混入空气，因此宜用刮刀装填，

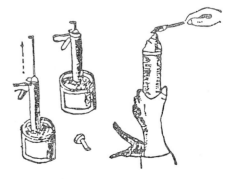

图 4-7　人工装枪方法

如用管筒装密封胶，应先用刀子按接缝宽度的大小切去管筒顶端的枪嘴，用细棍从枪嘴插入进去，捅破防湿膜后即可充填。

7. 接缝的填充

非定型密封材料的嵌填，按操作工艺可分为热灌法和冷嵌法两种施工方法，改性沥青密封材料中的改性焦油沥青密封材料常用热灌法施工，改性石油沥青密封材料和合成高分子密封材料则常用冷嵌法施工。

（1）热灌法。

热灌法如图 4-8 所示，热灌法的施工需要在施工现场塑化或加热密封材料，使其具有流塑性后再使用，这种方法一般适用于平面接缝的密封防水处理。

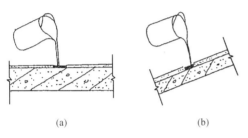

图 4-8　密封材料热灌施工
（a）灌垂直屋脊板缝；（b）灌平行屋脊板缝

采用热灌法施工时，密封材料的熬制及浇灌温度应按不同类型材料的要求严格控制。加热设备用塑化炉，也可以在施工现场搭砌炉灶，用铁锅或铁桶加热。将热塑性密封材料装入锅内，装锅容量以 2/3 为宜，用文火缓慢加热使其熔化，并随时用棍棒进行搅拌，使锅内材料升温均匀，以免锅底材料温度过高而老化变质。在加热过程中，要注意温度变化，可用 200～300℃ 的棒式温度计测量温度。其测量方法是将温度计插入锅中心液面下 100mm 左右，且不断轻轻搅动，至温度计停止升温时，便测得锅内材料的温度。加热温度一般在 110～130℃，最高不得超过140℃。若现场没有温度计，温度控制以锅内材料液面发亮、不再起泡并略有青烟冒出为度。例如聚氯乙烯建筑防水接缝密封材料分为热塑型和热熔型两种，热塑型现场施工熬制温度不能低于130℃，否则不能塑化；当温度达到（135±5）℃时，应保持 5min 以上，使其塑化；当温度超过 140℃时，则会产生结焦、冒黄烟现象，使聚氯乙烯失去改性作用。热熔型则在现场施工只需化开即可使用，熬制温度不宜过高，浇灌时温度不宜低于110℃；否则，不仅大大降低密封材料的粘结性能，还会使材料变稠不利于施工。

塑化或加热到规定温度后，应立即运至现场进行浇灌，灌缝时温度不宜低于110℃，若运输距离过远，应采用保温桶运输。

当屋面坡度较小时，可采用特制的灌缝车或塑化炉灌缝，以减轻劳动强度，提高工效。檐口、山墙等节点部位灌缝车无法使用或灌缝量不大时宜采用鸭嘴壶浇灌。为方便清理，可在桶内薄薄地涂一层机油，撒上少量滑石粉。灌缝应从最低标高处开始向上连续地进行，尽量减少接头。一般先灌垂直屋脊的板缝，后灌平行屋脊的板缝以及纵横交叉处，在灌垂直屋脊时，应向平行屋脊缝两侧延伸 150mm，并留成斜茬，灌缝应饱满，略高出板缝，并浇出板缝两侧各 20mm 左右。灌垂直屋脊板缝时，应对准缝中部浇灌，灌平行屋脊板缝时，应靠近高侧浇灌。

灌缝时漫出两侧的多余材料，可切除回收利用，与容器内清理出来的密封材料一起，在加热过程中加入锅内重新使用，但一次加入量不能超过新材料的 10%。

灌缝结束后，应立即检查密封材料与缝两侧面的粘结是否良好，是否存在气泡，若发现有脱开现象和气泡存在，则应用喷灯或电烙铁烘烤后压实。

（2）冷嵌法。

冷嵌法施工大多采用手工操作，用腻子刀或刮刀嵌填，较先进的是采用电动或手动嵌缝挤出枪进行嵌填。施工部位并不限于接缝，还有螺丝帽及其他部位，因此施工时，有时往往同时需要用多种工具进行操作。但不论用何种工具，嵌缝时都应防止气泡混入，而且嵌填量都要充足。采用冷嵌法施工，其操作要点和注意事项如下：

① 单组分密封胶只需在施工现场拌匀后即可使用，采用挤出枪施工的可直接使用；双组分密封胶则必须根据规定的比例准确计量，拌和均匀，每次混合量、混合时间、混合温度均应按所用的密封胶的规定执行，以保证密封胶的质量。

② 用腻子刀嵌填密封胶时，应先用刀片将密封胶刮到接缝两侧的粘结面上，然后将密封胶填满整个接缝。嵌缝时应注意不要让气泡混入密封胶中，并使密封胶在接缝内嵌填密实饱满。为了避免密封胶粘在腻子刀片上，在嵌填密封胶之前，可先将腻子刀片在煤油中蘸一下。

③ 采用挤出枪施工时，应根据接缝尺寸的宽度选用合适的枪嘴，若采用筒装密封胶，可把包装筒的塑料嘴斜切开来作为枪嘴。

待底涂料干透后，将装有密封胶的挤出枪的枪口对准接缝紧压接缝底板，并朝移动方向倾斜一定的角度［持枪位置从底板开始充满整个接缝，参见图 4-9 （a）］。在接缝端部嵌缝时，可先离端部处留出一短距离空档，待灌满缝后，再反过来将挤出枪枪头插进起始端刚灌注的密封胶中，徐徐向前挤出密封胶，直至空档处补齐为止，然后用刮刀刮去隆起的部分。如果接缝较宽，可用腻子刀把密封胶压进缝内。

如果枪嘴的形状和尺寸大小不适合于接缝，或枪嘴位置旋转不当（枪嘴未插到缝底），或在嵌缝枪的移动速度和密封胶的挤出量二者之间不平衡时进行嵌填作业，密封胶内就会混入许多气泡，参见图 4-9 （b）。上述三个方面是进行接缝填充时至关重要的，必须充分注意。

如果发现已嵌填的缝隙其密封胶中存在较大气泡，在进行修补时，无论是用腻子刀还是用挤出枪都不应在凹穴处直接灌注，而应在凹穴处附近灌注，使下面的密封胶把气泡顶出接缝的表面，再加以修平，参见图 4-9 （c）。

接缝的交叉部位，如十字交叉缝、丁字交叉缝等，应先填充一侧的接缝，然后把挤出枪枪嘴顶端插进交叉部位的接缝内，先充填好一方后再充填另一方。参见图 4-9 （d）。

在填到密封胶相衔接的部位时，应继续在另一侧已填好的密封胶上重复填充一下，参见图 4-9 （e）。

如接缝宽度超过 30mm 或者缝底为弧线时，宜采用二次填充法，即先填充的密封胶固化后，再进行第二次填充，参见图 4-9 （f）。

填充的密封胶高度应比接缝上部稍高一些，填充和刮刀压平整修作业必须在密封胶有效使用时间内完成。

密封胶的嵌填不得在雨雪天气时施工。

8. 密封胶的压平抹光整修

填充后要在密封胶有效使用时间内进行压平抹光整修工作，常用的工具有刮刀、竹片等。用刮刀压平抹光密封胶，不使被粘结面有空隙存在，并对密封胶的厚薄进行调整，修整填充后剩余的部分和溢出的部分，同时整修外观，以及使密封胶与被粘结面粘结紧密。压平抹光整修工作的好坏，既影响密封胶的防水性，也影响其耐久性，必须认真进行。

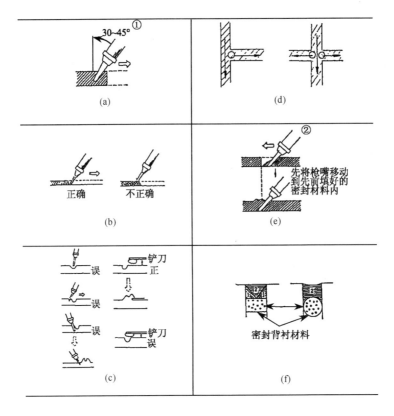

图 4-9　密封胶的嵌填方法

压平时要用力，使力传到内部，表面抹光要达到平整光滑，没有波浪痕迹。对于水平接缝要注意使上部填满，要用刮刀向下按，一次压平，然后再将表面抹光。刮刀压平时，不要来回进行多次揉压，以免弄脏表面，压平一结束，即用刮刀朝一定方向缓慢移动，使表面平滑。刮刀压平的方向，应与填充时挤出枪的移动方向相反，而表面平整加工方向则与刮刀压平的方向相反。压平抹光整修工作应在填充后尽早地进行。如使用单组分型中硫化速度快的密封用胶，则应在填充后立即进行压平抹光整修作业。

9. 揭去防污带（条）

在压平抹光整修作业结束后，应立即揭去防污带（条），如超过有效使用时间则会污染接缝边，特别是双组分的硅酮系，因有效使用时间短，更应注意。如接缝周围附着密封胶，要用溶剂擦洗掉，应注意选用不污染粘结体的溶剂。如是硅酮系密封胶的污染，应固化后擦掉，因未固化时进行清洗，反而会使污染扩大。

揭去防污带时，要与平面成 $45°\sim60°$ 角，用刮刀或圆棒卷起。用过的防污带，要放入预先准备的垃圾箱内。揭掉防污带后，有时残留下的防污带上的粘结剂痕迹较多，应用溶剂擦掉，溶剂的选择标准应以不污染粘结体为准。

10. 养护

在压平抹光整修后，密封胶在缝隙中间处于指触干状态，此时，不能触碰，固化前要养护以使其不附着灰尘，不受损伤污染。

用气枪喷气和清扫等方法对密封面容易造成损伤。当使用油性嵌缝材料时，这种作业应在表面形成皮膜后进行，使用弹性密封胶时也应在固化（2～3d）后进行。在施工结束后，对凹凸较多的部位以及从外部容易受损伤的部位，应立即用胶合板等板材围护好，以便进行保护和养护。

对填充密封胶的部位附近，如用药剂进行清理，特别是使用浓酸盐或挥发性溶剂时，这些药剂一接触密封胶面，就会导致侵蚀和变质，因此必须防止这些药剂附着在密封层表面上。

水性密封胶如在未固化前淋雨淋水就会溶解流失。若天气预报将降雨，原则上应停止施工，已完工的应做好防止被雨水溶解的工作。

如密封层表面附着有灰尘或杂物等，就会弄脏表面，并破坏其外观，为此应停止或延期进行周围的作业，以便安排一个养护时期。如在现场由于工程等关系做不到这一点，应铺上养护条进行养护。

还应根据密封胶的性质和施工标准，对密封胶进行相应的养护，这就需要在现场工程管理上留出一个充分的养护时间，以保证密封胶的性能。

4.3　聚硫、聚氨酯密封胶给水排水工程中密封防水的施工

双组分聚硫、聚氨酯建筑密封胶具有优良的水密、气密、耐久性能，在水中经长期浸泡后其性能仍稳定，且无毒、无污染，可用于生活饮用水的密封防水，也适用于建筑物的变形缝、施工缝、穿墙管件、地下管道等部位的嵌缝密封防水，尤其适用于净水厂、污水处理的水池接缝防水密封，是建筑物和储物类构筑物的一种优质防水密封材料，应用范围日益广泛。

聚硫、聚氨酯密封胶给水排水工程中密封防水的施工要点如下：

1. 一般规定

聚硫、聚氨酯密封胶施工的一般规定如下：

（1）聚硫、聚氨酯密封胶施工的环境温度宜为10～35℃，当环境温度低于10℃或高于35℃时，施工时应采取措施。聚硫、聚氨酯密封胶应在龄期多于10d的水泥砂浆或混凝土基层上施工，雨雪天气不应进行露天施工。

（2）聚硫、聚氨酯密封胶施工时，基层表面应平整、坚实、干燥、干净、无油污、无杂物，水泥砂浆或混凝土基层上不应有浮浆、起砂、空鼓裂缝等现象，若有上述现象，则应采取有效措施进行处理。

（3）聚硫建筑密封胶在进行施工前，宜采用专用底涂料。

2. 聚硫、聚氨酯密封胶的配制方法

聚硫、聚氨酯密封胶的配制要点如下：

（1）聚硫、聚氨酯密封胶防水密封工程施工前，应根据施工环境温度、施工条件和辅助材料等情况，按生产企业推荐的配合比或现场设定的配合比，通过试验确定后，方可开始施工。在一般情况下，对于聚硫A组分（主要基材）宜取10份（质量比），B组分（助剂和固化剂）宜取1份（质量比）。当施工气温较低时，B组分宜取1.1～1.2份（质量比），当施工气温较高时，B组分宜取0.8～1.0份（质量比）。对于双组分聚氨酯，配比宜取A：B＝1：1（质量比）。

（2）在施工现场宜采用手提电钻或专用密封胶搅拌设备搅拌5min以上，如采用手工搅

拌，搅拌时间宜在 8min 以上，要求搅拌混合物达到均匀、无色差的程度。

（3）配制好的材料应在 2h 内用完，做到随用随配。

3. 聚硫、聚氨酯密封胶的施工

聚硫、聚氨酯密封胶施工的要点如下：

（1）聚硫、聚氨酯密封胶施工前应准备好设备和机具，包括砂轮切割机、毛刷、钢丝刷、油灰刀、多用挤胶枪、电线和搅拌器（现场应备电源）、拌料桶、脚手架、汽油喷灯、碘钨灯、吹风机等。

（2）应清理施工基层，达到要求。

（3）变形缝施工时，为避免密封胶因三面粘结而影响其位移性能，在填缝板和密封胶底面之间应采用隔离措施。

（4）为避免接缝两边基材表面受污染，宜在接缝两边基材表面粘贴隔离纸。施工结束后，去掉隔离纸。

（5）为保证施工质量，施工时宜采用挤胶枪将配好的聚硫、聚氨酯密封胶先挤在缝的两侧，然后再施工到所需高度。施工时要求压紧刮平，防止带入气泡影响强度和水密性。推荐采用专用的挤胶枪施工。

4.4　水泥混凝土路面接缝的填缝施工

水泥混凝土路面接缝的施工是水泥混凝土路面施工工艺中的一个组成部分。水泥混凝土面层板的施工工序参见图 4-10。从图 4-10 中可知，水泥混凝土路面接缝的施工主要包括设置传力杆、接缝的设置和填缝施工三个方面，下面侧重介绍混凝土路面接缝的填缝施工。

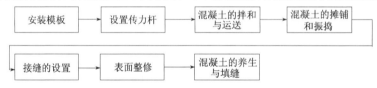

图 4-10　水泥混凝土面层板的施工工序

1. 基层处理及材料准备

混凝土板养护期满后，缝槽口应及时进行填缝，填缝又称灌缝。填缝前，首先应将缝隙内的泥沙杂物清除干净，然后方可浇灌填缝料。

在填缝时，必须保持缝内清洁和干燥，可采用切缝机清除接缝中夹杂的砂石、凝结的砂浆等，再使用压力大于或等于 0.5MPa 的压力水和压缩空气彻底清除接缝中的尘土及其他污染物，以确保缝壁及内部清洁和干燥，缝壁检验以擦不出灰尘为填缝标准。

理想的填缝料应能长期保持弹性、韧性，填缝料应与混凝土缝壁粘结紧密，不渗水。使用常温填缝料时应按规定比例将各组分材料按 1h 填缝量混拌均匀后使用，并随配随用；使用加热填缝料时应将填缝料加热至规定温度，在加热的过程中，应将填缝料熔化，搅拌均匀并保温使用。

2. 浇灌填缝料（密封胶）

填缝的形状系数宜控制在 2 左右，填缝深度宜为 15～20mm，最浅不得小于 15mm。在浇灌填缝料前，应先挤压嵌入直径为 9～12mm 的多孔泡沫塑料背衬条，然后方可灌缝。填缝顶面夏天应与板面平齐，缝隙缩窄时不软化挤出；冬天应稍低于板面，填成凹液面，其中心低于板面 1～2mm，缝隙增宽时能胀大并不脆裂。填缝必须饱满、均匀、厚度一致并连续贯通，填缝料不得缺失、开裂，与混凝土粘牢以防止土、砂、雨水进入缝内。此外还要耐磨、耐疲劳、不易老化。高速公路、一级公路应使用专用工具填缝。

常温施工式填缝料的养护期，低温天宜为 24h，高温天宜为 12h；加热施工式填缝料的养护期，低温天宜为 2h，高温天宜为 6h。在填缝料养护期内（特别是反应型常温填缝料在固化前），应封闭交通。

3. 嵌缝预制嵌缝条

必须在缝槽口干燥清洁的状态下嵌入嵌缝条。粘结剂应均匀地涂在缝壁上部（1/2 以上深度），形成一层连续的约 1mm 厚的粘结剂膜，以便粘结紧密，不渗水。嵌缝条在嵌入的过程中，应使用专用工具，在长度方向应既不拉伸也不压缩，保持自然状态，在宽度方向应压缩 40％～60％嵌入，嵌缝条高度为 2.5cm。当填缝粘结剂固化后，应将胀缝两端多余的嵌缝条齐路面边缘裁掉。嵌缝条在施工期间和粘结剂固化前，应封闭交通。

4. 纵缝填缝

纵向缩缝填缝应与横向缩缝相同。各级公路高填方（路基高度大于或等于 10m）路段、桥面、搭头搭板部位的纵向施工缝在涂沥青的基础上，还应切缝并灌缝。一般路段，上半部已饱涂沥青的纵向施工缝可不切缝、填缝。

5. 胀缝填缝

路面胀缝、无传力杆的隔离缝应在填缝前先凿去接缝板顶部嵌入的压缝板条，涂粘结剂后，嵌入胀缝专用多孔橡胶条或嵌入适宜的填缝料。若胀缝有大的变形量，胀缝中的填缝料不宜使用各种密实型填缝材料，因为夏季一定会被挤出而被带走或磨掉，而冬季则会收缩成槽，宜使用上表面较厚的几重防护的多孔橡胶条。当胀缝的宽度不一致或有啃边、掉角等现象时，则必须填缝。

第5章　刚性防水及堵漏注浆材料的施工

刚性防水技术根据不同的工程结构，采用不同的方法，使浇筑后的刚性防水层细致密实，抗裂抗渗，水分子难以通过，防水的耐久性好，施工工艺简单方便，造价较低，易于维修。在土木工程建筑中，刚性防水占有相当大的比率。刚性防水层可根据其构造形式和所采用的材料进行分类，其具体类型参见表5-1。

表 5-1　刚性防水层的分类及特点

防水层类型		构造及特点	适用范围
按构造形式分类	非隔离式防水层	（1）防水层直接浇筑在结构层上，使防水层与结构层形成整体，可加强结构刚度 （2）省工、省料，造价低 （3）防水层易受结构层制约，对地基不均匀沉降、温度变化、构件伸缩、屋面振动等因素极为敏感，易引起防水层开裂而导致渗漏	（1）分格缝尺寸较小的普通钢筋混凝土屋面 （2）补偿收缩混凝土防水层 （3）温度、湿度变化较小的钢纤维混凝土防水层 （4）蓄水屋面
	隔离式防水层	（1）在结构层与防水层之间设隔离层，使两者互不粘结 （2）防水层受结构层的变形约束较小，在一定范围内可以自由伸缩，有一定的反应能力	（1）分格缝尺寸较大的普通钢筋混凝土屋面 （2）温度、湿度变化较大的防水工程
按所用材料分类	普通防水混凝土防水层	（1）防水层采用普通钢丝网细石混凝土，依靠混凝土的密实性达到防水目的 （2）施工简单、造价低 （3）当隔离层效果不好、节点构造和分格不当或施工质量不良时，结构层的变形和温度、湿度变化易引起防水层开裂，防水效果较差	如防水层中不配钢丝网，分块尺寸不宜超过 16m²；配置钢丝网后分块尺寸可大些，但也不宜大于 60m²
	外加剂防水混凝土防水层	（1）防水层所用的细石混凝土中掺入适量添加剂，用以改善混凝土的和易性，便于施工操作 （2）可提高防水层的密实性和抗渗、抗裂能力，有利于减缓混凝土的表面风化、碳化，延长其使用寿命	分块尺寸与普通防水混凝土防水层相同的防水工程
	预应力混凝土防水层	（1）利用施工阶段在防水层混凝土内建立的预压应力来抵消或部分抵消在使用过程中可能出现的拉应力，克服混凝土抗拉强度低的缺点，避免板面开裂 （2）抗渗性和防水性好 （3）材料省、造价低，施工简单	（1）分块尺寸大，可大于 60m² （2）可不设隔离层 （3）屋顶设置钢筋混凝土圈梁的屋面防水工程

防水层类型		构造及特点	适用范围
按所用材料分类	补偿收缩混凝土防水层	(1) 防水层混凝土利用微膨胀水泥或膨胀剂拌制而成，具有适当的膨胀性能 (2) 利用混凝土在硬化过程中产生的膨胀来抵消其全部或大部分收缩，避免和减轻防水层开裂，取得良好的防水效果 (3) 具有遇水膨胀、失水收缩的可逆反应，遇水时可使细微裂缝闭合而不致渗漏，抗渗性好 (4) 早期强度较高	处于推广应用阶段，南方省区应用较多
	纤维混凝土防水层	(1) 防水层混凝土中掺入短而不连续的钢纤维或聚丙烯纤维 (2) 纤维在混凝土中可抑制细微裂缝的开展，使其具有较高的抗拉强度和较好的抗裂性能 (3) 防水效果好，使用年限长，施工工艺简单，维修率低、造价低	处于推广应用阶段，南方省区应用较多
	聚合物混凝土防水层	(1) 用硅酸盐水泥和聚合物树脂做复合胶结料，卵石作骨料，砂子作填充料而制成 (2) 和易性好，抗拉强度和伸长率高，具有抗冻性、防水性，抗腐蚀性能强	价格较贵，用于防冻、防裂要求较高的防水工程
	块体刚性防水层	(1) 结构层上铺设块材，用防水水泥砂浆填缝和抹面而形成防水层 (2) 块材热导率小，热膨胀率低，单元体积小，在温度、收缩作用下应力能均匀地分散和平衡，块体之间的缝隙很小，可提高防水层防水能力 (3) 施工简单	不得用于屋面防水等级为Ⅰ、Ⅱ级的建筑，也不宜用于屋面刚度小的建筑、有振动设备的厂房及大跨度的建筑
	砂浆防水层	结构层上涂抹防水砂浆做防水层，施工简单，具有较好的防水效果	适用于不会因结构沉降、振动等原因而产生有害裂缝的防水工程

　　刚性防水材料是指以水泥、砂石、水等原材料或在其内掺入少量外加剂、高分子聚合物纤维类增强材料等，通过调整其配合比，抑制或减小孔隙率，改变孔隙特征，增加各组成材料界面间的密实性等方法，配制而成的具有一定抗渗透能力的混凝土或砂浆类防水材料，以及其组成材料如各种类型的混凝土添加剂、防水剂等。刚性防水材料还包括瓦材等产品。刚性防水材料按其作用又可分为有承重作用的防水材料（即结构自防水材料）和仅有防水作用的防水材料，前者是指各种类型的防水混凝土，后者则是指各种类型的防水砂浆。

　　堵漏注浆材料包括抹面防水工程渗漏水堵漏材料和注浆（灌浆）堵漏材料两大类。抹面堵漏止水材料其主要品种有促凝灰浆、固体堵漏剂（粉状）、液体堵漏剂；堵漏注浆材料亦称堵漏灌浆材料，按其主剂性质可分为无机类堵漏注浆材料和有机类堵漏注浆材料。

刚性防水材料和堵漏注浆材料的分类参见图 5-1。

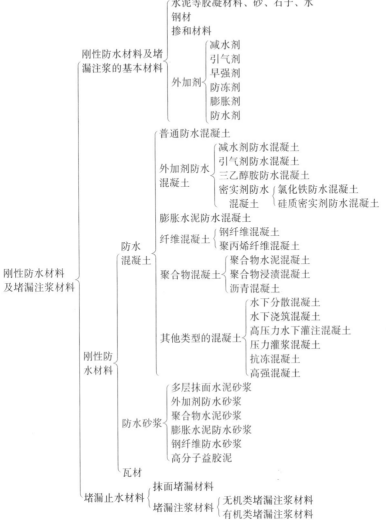

图 5-1　刚性防水材料及堵漏注浆材料的分类

5.1　聚合物水泥防水砂浆防水层的施工

砂浆是由胶凝材料、细骨料、掺和料、水以及根据需要加入的外加剂，按一定的比例配制而成的建筑工程材料，在建筑工程中起着粘结、衬垫和传递应力的作用。

砂浆按其胶凝材料的不同，可分为水泥砂浆、聚合物水泥砂浆、石灰砂浆、沥青砂浆、水玻璃砂浆、硫磺砂浆等；按其用途可分为砌筑砂浆。抹面砂浆和粘贴砂浆。抹面砂浆是指以薄层涂抹在建筑物表面的砂浆，抹面砂浆按其用途可分为抹灰砂浆、装饰砂浆、保温隔热砂浆、防水砂浆、耐腐蚀砂浆、防辐射砂浆等多种。

应用于制作建筑防水层的砂浆称之为防水砂浆，防水砂浆是通过严格的操作技术或掺入适量的具有防水性能的外加剂、合成高分子聚合物材料，以提高砂浆的密实性，达到抗渗防水目的的一种重要的刚性防水材料。常用的防水砂浆可分为多层抹面水泥砂浆、掺外加剂的防水砂浆、聚合物水泥防水砂浆等多种。

聚合物水泥防水砂浆是由水泥、骨料和橡胶胶乳或树脂乳液以及稳定剂、消泡剂等助剂经搅拌混合均匀配制而成的一类刚性防水材料。

聚合物水泥防水砂浆是在水泥砂浆中掺入一定量的聚合物，如有机硅、丙烯酸酯共聚乳液、氯丁胶乳、EVA乳液等，从而使砂浆具有良好的抗渗、抗裂与防水性能。如将有机硅防水剂掺入水泥砂浆中，在水和空气中二氧化碳的作用下，能生成甲基硅氧烷，进一步缩聚成网状甲基硅树脂防水膜，渗入基层内可堵塞水泥砂浆内部的毛细孔，增加密实性，提高抗渗性，从而起到防水作用；又如胶乳树脂类聚合物掺入砂浆中后，由于它能均匀地分布在砂浆内部细粒骨料的表面，在一定温度条件下凝结，使水泥、骨料、聚合物三者相互形成一个完整的网络膜，封闭住砂浆空隙的通路，从而阻止外部介质的浸入，使砂浆的吸水率大大减小，而抗渗能力则相应地得到提高。

聚合物水泥防水砂浆品种繁多，其施工工艺亦各有不同，本节将侧重介绍丙乳砂浆、有机硅防水砂浆、氯丁胶乳防水砂浆的施工工艺要点。

5.1.1　丙烯酸酯共聚乳液砂浆的施工

丙烯酸酯共聚乳液（丙乳）砂浆施工方便，对基层处理不要求烘干，适用于潮湿面施工，配制和拌和砂浆工艺简单。不仅可以采用机械喷涂施工，而且还可以采用人工涂抹施工，只要正确掌握施工技术要点，便可保证施工质量。

1. 丙乳砂浆的配制

丙乳砂浆施工配合比根据工程需要参照下列规定在施工现场经试拌确定。一般配比为水泥：砂子：丙乳：水＝1：（1～2）：（0.25～0.35）：适量。配制丙乳砂浆采用质量称量，其误差应小于3%。称量容器应干净无油污。

丙乳砂浆用人工或立式砂浆搅拌机拌和，拌和器具也应干净。拌制时，先将水泥与砂子干拌均匀，再加入丙乳和经试拌确定的水拌和3min后，尽快运送至施工部位，配好的砂浆需在30～45min（视气候而定）内用完，一次拌和量应根据施工能力确定。

2. 基层处理

为确保施工质量，基层必须清除疏松层、油污、灰尘等杂物，用钢丝刷刷毛或打毛后，用压力水冲洗，划出每块摊铺的分割线。在涂抹砂浆前，基层表面必须24h潮湿，但不积水。先用丙乳净浆［丙乳：水泥＝1：（1～2）］打底，涂刷力求薄而均匀，15min后，即可摊铺丙乳砂浆。

3. 丙乳砂浆的施工与养护

丙乳砂浆施工温度以5～30℃为宜，遇寒流、高温或雨雪应停止施工。丙乳砂浆摊铺前应检查基底是否符合规定，在分割线内摊铺完毕要立即压抹，操作速度要快，要求一次用力抹平，避免反复抹面。如遇气泡要刺破压紧，保证表面密实。

大面积施工时应进行分块间隔施工或设置接缝条，分块面积宜小于10～15m²，间隔时间应小于24h，接缝条可用8mm×14mm、两边均为30°坡面的木条或聚氯乙烯预先固定在基础上，待丙乳砂浆抹面收光后即可抽取，并在24h后进行补缝。直面或仰面施工时，如涂层厚度大于10mm，必须分层施工，分层间隔时间视施工季节不同，室内3～24h，室外2～

6h（前一层触干时进行下一层施工）。当碰到结构伸缩缝时，伸缩缝填缝料必须低于基底1cm，然后再在其上摊铺或填筑丙乳砂浆。丙乳砂浆抹面收光，表面触干后立即喷雾养护或覆盖塑料薄膜、草袋进行潮湿养护7d，然后进行自然养护21d后才可以承载。潮湿养护期间如遇寒流或雨天要加以保温覆盖，使砂浆温度高于5℃，不受雨水冲洗。丙乳砂浆养护结束后，要涂刷一层丙乳净浆。如遇雨天、寒流等影响丙乳砂浆质量的意外情况，要采取措施进行处理。必要时清除重铺。

4. 丙乳砂浆的湿喷工艺

丙乳砂浆若采用机械施工，最好采用改进的湿喷工艺。

湿喷工艺是将包括水在内的各组分材料预先按设计配比拌制好，通过泵送设备将全湿料输送至喷枪，再由枪口附近输入的压缩空气将湿料喷出。与干喷法相比，湿喷工艺具有水灰比控制准确、涂层质量均匀、回弹损失小及没有粉尘污染等优点。干喷法所具有的优点（如可远距离输送与高差大，一次可喷涂厚度较大）都正好是湿喷法的缺陷。这是由于湿喷法的输料方式是通过挤压式或柱塞式泵来完成的，泵送设备所需克服的全湿料在整个管路中的摩擦阻力比干喷法的风送干料要大得多。从泵送角度考虑，砂浆宜拌制成高流动度的稀浆，否则将使设备泵送效率大大降低，甚至导致管路堵塞，但喷至结构面的砂浆又被要求尽可能是低流动度的稠浆，以形成一定厚度的涂层，并使其具有良好的力学与耐久性能。当采用传统的湿喷法喷涂丙乳砂浆时，其适宜于泵送且不易引起堵塞的水灰比约为0.35（灰砂比为1：2），尽管这一水灰比的丙乳砂浆仍具有良好的力学与耐久性能，但其一次可喷涂厚度通常仅2～3mm。这一厚度有时难以满足工程需要，如碾压混凝土坝上游面防渗涂层厚度设计要求一般为5～8mm。虽可通过多层喷涂（待前一层砂浆初凝后，再喷第二层、第三层）的办法增厚，但往往又因为现场条件或工期所不允许，同时也将增大施工成本。

为了改进喷涂工艺，一方面，在制浆时适当加大水灰比，使较高流动度的砂浆便于泵送而不易堵塞；另一方面，这种便于泵送的较高流动度的砂浆被送至喷枪时，如果能在喷枪内补充适宜的干料，使喷出的砂浆流动度变低，则可大大降低浆料喷至基面后的流淌性，并增大一次可喷厚度。根据湿喷工艺在喷枪内送风喷涂的特点，这种干料应该是可以通过风送的粉状材料，即把传统湿喷工艺中的单纯送风改进成带粉料的风。喷粉机系统按其功能主要由五部分组成：①密封粉料贮罐；②定量螺旋输料器；③驱动装置；④气路控制系统；⑤定位支架。压缩空气经过喷粉机械系统后，即成为携带粉料的压缩空气。其在单位时间内输送粉量的大小，可根据工程需要由喷粉机换挡装置调节。

喷粉机械系统中携带粉料的压缩室气，使砂浆喷出后水灰比减小，从而克服流淌现象，并增大一次可喷厚度。此外，可通过粉料种类的适当选择来满足不同工程的需要，起到使砂浆改性的辅助作用。当以增稠、增强为主要目的时，宜选择硅粉作为补充粉料；当需考虑砂浆的补偿收缩时，应选择微膨胀剂；当工期紧迫需要速凝或要求连续喷涂多遍时，可选择速凝剂；当缺乏任何改性粉料时，也可以水泥代替。值得指出的是，使用湿喷工艺时，如果从工程进度考虑要求涂层速凝，而速凝剂不能直接掺入砂浆中，只能通过喷粉工艺掺入。

传统湿喷工艺的喷枪进风管由于是单纯送风，管径通常较细，且管口位置靠近喷嘴以利于砂浆喷出后的雾化。但当风管需输送带粉料的风时，除了须将风管内径增大外，还需将枪身自喷嘴至风管口间的距离适当加长，使粉料与砂浆在喷出前有一个较充分的混合过程，以充分发挥粉料的增稠作用。然而，风管口离喷嘴较远，又将大大影响砂浆喷出后的雾化状况。试验表明，将枪管这段距离加长 5～6cm 较适宜，使"混合"与"雾化"状况均可接受。为使雾化效果更加完善，在喷嘴部位增加了二次进风嘴，使砂浆二次雾化，以达到更佳效果。二次进风并不需要另增风源，只需在喷粉机风路系统中设一旁路即可。

为防止输料系统被堵塞，对扬料斗的形式及输料管的连接方式进行了改进。设有搅拌装置的输料斗对降低堵管概率效果明显，料斗出料口的形式及与输料管的连接应尽可能平顺。改进后的湿喷系统，在操作过程正常且保持相对连续喷涂的情况下，已基本消除了堵塞现象，且使丙乳砂浆的一次喷涂厚度达到 6～8mm。

5.1.2 有机硅防水砂浆防水层的施工

首先做好基层处理，才可进行防水层的施工。将已配制好的（有机硅：水＝1:7）调匀的硅水喷或刷在基层面上 1～2 道，并在湿润的状态下抹结合面水泥砂浆。按配合比搅拌成的结合面水泥砂浆应随拌随用，用力刮抹在潮湿不积水的基层面上，第一层刮 1mm、第二层抹 1mm，保持均匀粘结牢固，待初凝后方可再抹底层水泥砂浆。

按配合比配制底层水泥防水砂浆时，应认真计量、搅拌均匀，方可涂抹在初凝后的水泥砂浆面上，掌握抹灰的力度，控制抹灰的厚度在 6m 以内。处理好阴角的圆弧、阳角的钝角，粉平粉直，压实压密，并用木抹子拉成小毛。

按配合比配制而成的面层水泥砂浆，亦应精确计量，搅拌均匀，才可涂抹在终凝后的底层水泥砂浆面上。间隔时间夏季为 24h，冬季为 48h。控制抹灰的厚度在 6mm 以内，抹压平整，表面用铁抹子抹压密实、光滑。

待防水层施工完成后，隔 24h 进行湿养护，保持面层湿润达 14d，防止防水砂浆层中的水分过早蒸发而出现干缩裂缝，也可喷涂养护液进行封闭养护。

基层过于潮湿和雨天不能施工，防止喷涂的硅水被雨水冲走，以影响防水的效果。有机硅防水剂耐高低温性能较好，故可在冬期进行施工。有机硅防水剂为强碱性材料，经稀释后碱度虽已大大降低，但使用时仍要注意避免与人体皮肤接触，施工人员特别要注意保护好眼睛。

穿墙管道处做有机硅防水砂浆防水层，应将管道按设计要求的位置固定，并在其周围剔凿深 1～8cm、宽 3mm 的槽沟，用细石防水混凝土（配合比为水泥：砂：豆石：硅水＝1:2:3:0.5）填入槽内捣实，待凝固后再用防水砂浆（其配合比为水泥：砂：硅水＝1:2:0.5，硅水的配合比为有机硅防水剂：水＝1:9）分层抹入槽内，压实即可。

有机硅防水剂防水层的施工要点参见表 5-2。

表 5-2　有机硅防水剂防水层的施工要点

项目	操作要点和要求
新建屋面防水施工	（1）按有机硅防水剂：水＝1:8 配制有机硅水备用 （2）预制板用油膏嵌缝，在油膏上用有机硅水：水泥＝1:2.5 的水泥砂浆抹成宽 100mm、高 20～30mm 的条形，覆盖 （3）水泥砂浆硬化后，屋面满刷有机硅水两遍 （4）待第二遍有机硅水稍干后，刷水泥素浆一道，厚 1mm，素浆配比为水泥：建筑胶：水＝1:0.13:（0.5～0.6） （5）素浆干后接着再刷有机硅水一遍 （6）刷砂浆一道厚 1mm，砂浆配比为水泥：细砂：建筑胶：水＝1:1:0.13:0.5

项目	操作要点和要求
墙面防水施工	（1）新建房屋墙面干燥后，直接用有机硅水喷涂两遍，其中间隔以第一遍未完全干燥为宜，喷涂时不得漏喷，有机硅水配合比为有机硅防水剂∶水＝1∶8 （2）对旧房屋墙面，先用建筑胶∶水泥∶中性有机硅水＝0.2∶1∶0.5的水泥胶浆修补裂缝，清除表面尘土、浮皮等，待裂纹修补处干燥后喷涂1∶8有机硅水两遍 中性有机硅水配合比为有机硅防水剂∶水∶硫酸铝＝1∶6∶0.5，pH值调至7～8

5.1.3　氯丁胶乳防水砂浆的施工

氯丁胶乳防水砂浆的施工要点见表5-3。

表 5-3　氯丁胶乳防水砂浆的施工要点

项目	操作要点和要求
涂刷结合层	在处理好的基层上，用毛刷、棕刷、橡胶刮板或喷枪把胶乳水泥净浆均匀涂刷在基层表面上，不得漏涂
铺抹胶乳砂浆防水层	待结合层的胶乳水泥净浆涂层表面稍干（约15min）后，即可铺抹防水层砂浆。因胶乳成膜较快，胶乳水泥砂浆摊开后，应迅速顺着一个方向，边抹平边压实；一次成活，不得往返多次抹压，以防破坏胶乳砂浆面层胶膜 铺抹时，按先立墙后地面的顺序施工，一般垂直面抹5mm厚左右，水平面抹10～15mm厚，阴阳角加厚抹成圆角
涂刷保护层或罩面层	胶乳水泥砂浆凝结时间比普通水泥砂浆慢，20℃时初凝约4h，终凝约8h，凝结后防水层不吸水。因此设计要求做水泥砂浆保护层或罩面时，必须在防水层初凝后进行。一般垂直墙面保护层厚5mm，水平地面保护层厚20～30mm
养护	氯丁胶乳水泥浆应采取干湿结合养护方法： （1）龄期2d前不洒水，采取干养护。使面层砂浆接触空气，较早形成胶膜。如过早浇水养护，养护水会冲走砂浆中的胶乳而破坏胶网膜的形成。此间砂浆所需的水化用水主要从胶乳中得到补充 （2）2d以后再进行10d左右的洒水养护
注意事项	（1）对于干燥基层，施工前应适当进行湿润处理，以提高胶乳水泥砂浆与基层的粘结力 （2）胶乳水泥砂浆中的胶乳在空气中凝聚较快，应随拌随用，拌和后的砂浆必须在1h内用完 （3）胶乳水泥砂浆以拌匀为原则，不允许长时间进行强烈搅拌 （4）夏季气温较高时，砂子、水泥、胶乳应避免阳光曝晒，以防拌制的砂浆因胶乳凝聚太快而失去和易性

5.2　水泥基渗透结晶型防水材料的施工

水泥基渗透结晶型防水材料简称CCCW，是由硅酸盐水泥、石英砂、特殊的活性化学物质以及各种添加剂组成的无机粉末状防水材料。

水泥基渗透结晶型防水材料是一种刚性防水材料，与水作用后，材料中含有的活性化学物质通过载体向混凝土内部渗透，在混凝土中形成不溶于水的结晶体，填塞毛细孔道，从而使混凝土致密、防水。按照使用方法的不同，此类产品可分为水泥基渗透结晶型防水涂料（C）和水泥基渗透结晶型防水剂（A）两大类别。除此之外，尚有其他类型如速凝、堵漏用的水泥基渗透结晶型防水材料等。

水泥基渗透结晶型防水涂料是一种粉状材料，经与水拌和可调配成刷涂或喷涂在水泥混凝土表面的浆料，亦可将其以干粉撒覆并压入未完全凝固的水泥混凝土表面。

渗透结晶型防水材料防水层的施工要点如下：

（1）将新、旧混凝土基层表面的尘土、杂物、浮浆、浮灰、油垢和污渍彻底清扫干净，基层表面的蜂窝、孔洞、缝隙等缺陷应进行修补，凸块应凿除。必要时还应将基层表面做凿毛处理，并用水冲洗干净。混凝土表面的脱模剂应清除干净，混凝土基体应充分湿润，基层表面不得有明水。

（2）渗透结晶型防水材料施工前应先对细部构造进行密封或增强处理。

（3）渗透结晶型防水材料施工前应根据设计要求，确定材料的单位面积用量以及施工的遍数。

（4）粉状渗透结晶型防水材料施工应符合下列规定：

① 粉状渗透结晶型防水材料应按产品说明书提供的配合比控制用水量，配料宜采用机械搅拌，配制好的材料应色泽均匀，无结块、粉团。

② 拌制好的粉状渗透结晶型防水材料，从加水时起计算，宜在 20min 内用完。在施工过程中，应不时地搅拌混合料，不得向已经混合好的粉料中另外加水。

③ 多遍涂刷时，应交替改变涂刷方向。若采用喷涂施工，喷枪的喷嘴应垂直于基面，合理调整压力、喷嘴与基面之间的距离。每遍涂层施工完成后应按照产品说明书规定的间隔时间进行第二遍作业。

④ 涂层终凝后，应及时进行喷雾干湿交替养护，养护时间不得少于 72h，不得采用蓄水或浇水养护。

⑤ 采用干撒法施工时，若先干撒粉状渗透结晶型防水材料，应在混凝土浇筑前 30min 以内进行；若先浇筑混凝土，则应在混凝土初凝前干撒完毕。

⑥ 养护完毕经验收合格后，在进行下一道工序前应将表面析出物清理干净。

（5）液态渗透结晶型防水材料施工应符合下列规定：

① 将原液充分搅拌，按照产品说明书规定的比例加水混合，搅拌均匀，不得任意改变溶液的浓度。

② 喷涂时应控制好每一遍喷涂的用量，喷涂应均匀，无漏涂或流坠，每遍喷涂结束后，应按产品说明书的要求，间隔一定时间后喷洒清水养护。

③ 施工结束后，应将基体表面清理干净。

5.3 注浆堵漏防水的施工

注浆堵漏防水又称灌浆堵漏防水，是指利用液压、气压或电化学原理，通过注浆管将由一定的无机材料或有机高分子材料配制成的具有特定性能要求的浆液，采用压送设备将其均匀地注入地层的缝隙或孔洞中，然后使其浆液以填充、渗透和挤密等方式将土颗粒或岩石裂隙中的水分和空气排除并占据其位置，经过一定时间的扩散、胶凝或固化，使原来松散的土粒或裂隙胶结成一个结构新、强度高、防水性能强、化学稳定性良好的整体，从而起到堵漏防渗作用的一种防水方法。

5.3.1 注浆堵漏防水的类型

1. 按照所采用浆液的不同分类

注浆堵漏防水按其所采用的浆液可分为无机系和有机系。注浆堵漏防水是处理地下结构渗漏水的有效方法之一，注浆材料品种较多、性能各异，应根据其特性，结合工程渗漏情况等因素予以选用。

（1）水泥注浆材料又称颗粒注浆材料，属无机系注浆材料，具有材料来源广泛、施工工艺简单、成本低、强度高等优点，但因其为颗粒浆液，不适用于微小裂隙的注浆，又因其凝固时间比较长，不适用于流动水条件下的堵漏，故其在应用上有一定的局限性，仅适用于无动水压的较大孔洞和裂缝的堵漏工程。水泥注浆材料的品种主要有水泥浆液、超细水泥浆液、水泥黏土浆液、水泥水玻璃浆液等。

（2）化学注浆材料，属有机系注浆材料，具有较好的可注性，且可根据实际需要调整胶凝时间，甚至可达瞬间凝胶，适用于有动水压的微小孔隙及裂缝的注浆施工。常用的化学注浆材料有聚氨酯类、环氧树脂类、丙烯酰胺类等。

2. 按照施工时间的不同分类

注浆堵漏防水，按含水岩土地层前后进行注浆堵漏施工的时间不同可分为预注浆和后注浆。预注浆是指当井洞、隧道、地下室等构筑物在开凿前或开凿到接近含水层以前所进行的一类注浆堵漏防水工程。预注浆防水施工可分为地面预注浆、工作面预注浆和帷幕注浆。后注浆是指在井筒、隧道、地下室等构筑物掘砌之后，采用注浆堵漏方法治理水害和地层加固的一类注浆堵漏防水工程。后注浆防水施工可分为堵水注浆、回填注浆和固结注浆等。预注浆适用于工程开挖之前预计涌水量较大的地段或软弱地层；后注浆则适用于工程开挖后处理围岩渗漏及初期壁后空隙的回填。

3. 按照进入地层产生能量方式不同分类

注浆堵漏防水按其浆液进入地层产生能量方式的不同，可分为静压注浆和高压喷射注浆。高压喷射注浆又称为旋喷法，是指将注入液形成高压喷射流，借助高压喷射流的切削和混合，使硬化剂和土体混合，达到改良土质目的的一种注浆堵漏防水方法。

4. 按照浆液在地层中运动方式不同分类

注浆堵漏防水按其浆液在地层中运动的方式不同，可分为充填注浆、挤压注浆（或劈裂注浆）、置换注浆以及高压喷射注浆。

5. 按照施工方法的不同分类

注浆堵漏防水按其采用的方法不同，可分为单液注浆和双液注浆两种方法。双液注浆还可进一步分为双液单注和双液双注两种。单液注浆是将注浆材料全部混合搅拌均匀之后，采用一台注浆泵进行注浆的一种注浆方法［图 5-2（a）］，适用于凝胶时间大于 30min 的注浆。双液单注是采用两台注浆泵或一台双缸注浆泵，按一定比例分别压送甲、乙两种浆液，在孔口混合器混合之后再注入岩层中的一种注浆方法［图 5-2（b）］，采用此方法，其浆液的凝胶时间可缩短些，一般为几十秒到几分钟。双液双注是将两种浆液通过不同管路注入钻孔内，使其在钻孔内混合的一种注浆方法，这种方法适用于凝胶时间非常短的浆液，将甲、乙浆液分别压送到相邻的两个注浆孔中，然后进入岩层或砂粒之间孔隙混合而成凝胶［图5-2(c)］，或甲、乙两种浆液靠改变三通转芯阀，用单孔交替注入甲、乙两种浆液，在注浆孔内混合而成凝胶［图5-2(d)］。

6. 按照注浆工艺的不同分类

根据注浆工艺的不同，可分为钻孔注浆、埋管（嘴）注浆和贴嘴注浆三类。

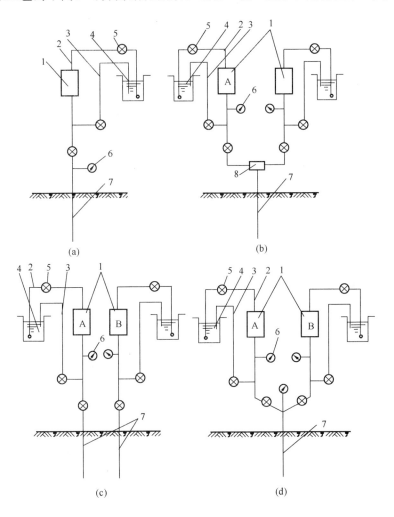

图5-2 注浆机具布置简图

(a) 单液系统；(b) 双液单注系统；(c) 双液双注系统；(d) 双液间隔注浆系统

1—注浆泵；2—吸浆管；3—回浆管；4—贮浆槽；5—调节阀；6—压力表；7—注浆管；8—混合器

5.3.2 注浆堵漏防水的施工要点

1. 注浆堵漏防水在建筑工程中的适用范围

（1）因混凝土结构内部的松散、蜂窝、麻面等缺陷造成的渗漏水孔道，可采用注浆堵漏的方法，将浆液注入结构渗漏水孔隙内，从而堵塞渗漏水，并在结构表面用抹面防水法进行抹面防水；混凝土结构的施工缝隙由于衔接不严导致的缝隙漏水，可采用注浆堵漏的方法止水，然后在结构表面采取增设抹面防水、涂膜防水等工艺加强措施。

（2）采用止水带处理后的变形缝隙，若因止水带与混凝土结构结合不严密，而在止水带与混凝土接触面形成渗漏水通道导致变形缝产生渗漏水时，可采用注浆堵漏的方法，把浆液压入渗漏水通道，使其堵塞漏水；然后再采用嵌填遇水膨胀止水条、密封材料或者设置可卸式止水带等方法进行防水处理。

（3）穿墙管道和各种预埋件部位的渗漏水，可采用注浆堵漏防水的方法快速止水，然后再采用嵌填密封材料、抹防水涂料或砂浆抹面等措施进行防水处理。

（4）在需要补强的渗漏水部位，应选用强度较高的注浆材料，如水泥浆、超细水泥浆、环氧树脂注浆材料、聚氨酯注浆材料等浆液进行注浆堵漏补强处理，必要时，还应在堵漏止水后，对结构进行加固施工。

2. 注浆防水施工常用的机具

注浆防水施工的主要机具有钻孔机具（钻孔机）、注浆机具和注浆嘴等。

注浆机具分为单液注浆机具和双液注浆机具。双液注浆机具可按使用的动力不同，分为电动和气动两种。

注浆嘴有不同的形式，对于用钻机钻的孔可采用压环式注浆嘴或楔入式注浆嘴；对于用促凝剂水泥浆埋设的注浆嘴，则可采用埋入式注浆嘴。各种注浆嘴的出浆口管径应略小于堵漏的孔洞，双液注浆采用的注浆嘴同单液注浆用的注浆嘴。

3. 注浆堵漏施工的顺序

注浆堵漏施工必须以注浆设计为基础，根据注浆工艺流程和施工现场的具体情况合理安排施工程序，一般可参照图5-3安排施工的程序。

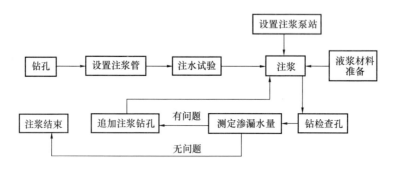

图5-3 注浆施工程序示意图

4. 注浆堵漏施工的要点

（1）注浆孔的设置。

a. 布置注浆孔。注浆孔的位置、数量以及埋深，与被注结构的漏水缝隙的分布、特点、强度、注浆的压力、浆液扩散的范围等均有密切的关系，合理布孔是获得良好堵水效果的重要因素。注浆孔位置应选择使注浆孔的底部与漏水缝隙相交的位置，选在漏水量最大的部位，使导水性好；注浆孔的深度不应穿透结构物，应留出 10～20cm 长度为安全距离，双层结构以穿透内壁为宜；注浆孔的孔距应视漏水压力、缝隙大小、漏水量多少及浆液的扩散半径而定，一般为 50～100cm。

b. 钻孔。

（a）开孔时要轻加压、慢速、大水量，防止把孔开斜、钻错方向。在钻孔过程中应做好钻孔的详细记录，特别应注意钻孔速度的快慢和涌水情况，由此判断岩石的好坏。

（b）在钻孔时，如遇断层破碎带或软泥夹层等不良地层，为取得准确详细的地质资料，可采用干钻或小水量钻进，甚至用双层岩芯管钻进。

（c）在采用多台钻机同时钻进时，要根据施工现场条件和注浆设备能力，做到钻进和注浆平行作业。多台钻机同时钻进应对钻机进行合理编组，按设计注浆孔的方向、角度，上下左右开孔，开孔时间应先后错开，避免同时钻进造成注浆时串浆，并应做好预防串浆的措施。

（d）在宽 2.3～3.5m、高 4.2m 的导洞内，安装 3 台 TXU-75 型钻机同时钻进效果较好。多台钻孔机布置如图 5-4 所示。

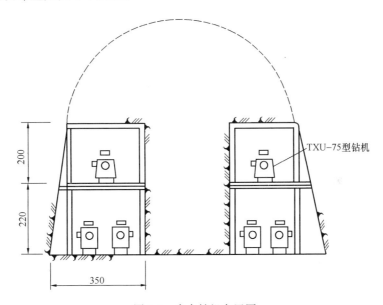

图 5-4　多台钻机布置图

（e）一般情况下，对设计的注浆孔分批钻进，第一批钻孔间距可大些（即按设计钻孔间隔钻进），第二批钻孔间距小些，最后钻检查孔。根据检查情况决定是否须再追加注浆孔。

（f）采用多台钻机同时钻孔时，要处理好注浆与钻进的平行作业问题。当一个作业面投入三台以上的钻机同时钻进时，为了保证注浆能顺利进行，要准备两套注浆设备和注浆管，对所有注浆孔要进行合理安排，上下左右位置开孔前后都应错开。在采取了这些措施之后，仍要防止串浆，要做好防止串浆的技术措施。

（g）在钻孔过程中，若遇到涌水，则应停机，测定涌水量，以决定注浆方法。

c. 埋设注浆嘴。在一般情况下，埋设的注浆嘴不应少于两个，即设一个排水（气）嘴，一个注浆嘴，如单孔漏水亦可顶水造一孔，埋一个注浆嘴。

压环式注浆嘴插入钻孔后，可用扳手转动螺母，即压紧活动套管和压环，从而使弹性橡胶圈向孔壁四周膨胀并压紧，使注浆嘴与孔壁连接牢固；楔入式注浆嘴缠麻（缠麻处的直径应略大于孔直径）后，用锤将其打入孔内；埋入式注浆嘴的埋设处应事先用钻子剔成孔洞，孔洞的直径要比注浆嘴的直径略大 3~4cm，先将孔洞内部清洗干净，然后用快凝胶浆把注浆嘴固定于孔洞内，其埋深应不小于 5cm。

d. 封闭漏水部位。注浆嘴埋设后，除了注浆嘴内漏水外，其余凡有漏水现象或有可能漏水的部位（在一定范围内）都应采取封闭措施，以免在注浆时出现漏浆、跑浆现象，各种形式的渗漏水的封堵应符合设计要求。

e. 注水试验应设置在埋设注浆嘴和漏水处封闭之后，并具有一定的强度方可进行。经过试验，计算注浆量、注浆时间，为确定浆液配合比、注浆压力等提供参考，同时观察封堵情况和各孔的连接情况，以保证注浆的正常进行。

（2）注浆。

a. 安装并检查注浆机具，以确保能在注浆堵漏施工中安全使用。

b. 选择其中一孔进行注浆（一般选择在较低处及漏水量较大的注浆嘴），待多孔见浆后应立即关闭各孔，仍持续压浆，注浆压力应大于渗漏水压力，使浆液沿着漏水通道逆向推进。当注浆压力和进浆量达到设计要求时，则可停止注浆，立即关闭注浆嘴（为防止浆液回流而堵塞注浆管道，应先关闭注浆嘴的阀门，再停止压浆）。注浆结束后，应将注浆孔及检查孔封填密实。

c. 采用水泥水玻璃浆液时，一般采用先单液注浆后双液注浆、由稀浆到浓浆的交替方法。要先打开水泥浆泵，用水泥浆把钻孔中的水压回裂隙，再打开水玻璃泵，进行双液注浆。在注浆时，要严格控制两种浆液的进浆比例。一般水泥与水玻璃浆的体积比为 1∶1~1∶0.6。在注浆初期，孔的吸浆量大，采用水泥水玻璃双液注浆可缩短凝结时间，控制扩散范围，以降低材料消耗和提高堵水效果，到注浆后期可采用单液水泥浆，以保证裂隙充堵的效果。对于裂隙不太发育的岩层，可单独采用水泥浆，但浆液不宜过稀，其水灰比以 2∶1~1∶1 为宜，注浆压力要稍高，以便于脱水结石。

d. 注浆后，应立即清洗注浆机具，以便于下次使用，使用水泥浆液的注浆机具可采用清水冲洗，使用聚氨酯的注浆机具可采用丙酮或二甲苯清洗。

e. 待浆液凝固后，剔除注浆嘴，观察注浆堵漏的效果，必要时可重复注浆。

附录 建筑防水施工技术规范题录

1. GB 50010—2010《混凝土结构设计规范》
2. GB 50015—2003《建筑给水排水设计规范》
3. GB 50017—2017《钢结构设计标准》
4. GB 50018—2002《冷弯薄壁型钢结构设计规范》
5. GB/T 50085—2007《喷灌工程技术规范》
6. GB 50086—2015《岩土锚杆与喷射混凝土支护工程技术规范》
7. GB 50108—2008《地下工程防水技术规范》
8. GB 50119—2013《混凝土外加剂应用技术规范》
9. GB 50125—2010《给水排水工程基本术语标准》
10. GB 50157—2013《地铁设计规范》
11. GB 50207—2012《屋面工程质量验收规范》
12. GB 50208—2011《地下防水工程质量验收规范》
13. GB 50209—2010《建筑地面工程施工质量验收规范》
14. GB 50210—2018《建筑装饰装修工程质量验收标准》
15. GB 50268—2008《给水排水管道工程施工及验收规范》
16. GB/T 50290—2014《土工合成材料应用技术规范》
17. GB/T 50299—2018《地下铁道工程施工及验收标准》
18. GB 50300—2013《建筑工程施工质量验收统一标准》
19. GB 50307—2012《城市轨道交通岩土工程勘察规范》
20. GB/T 50308—2017《城市轨道交通工程测量规范》
21. GB 50345—2012《屋面工程技术规范》
22. GB/T 50362—2005《住宅性能评定技术标准》
23. GB 50404—2017《硬泡聚氨酯保温防水工程技术规范》
24. GB 50429—2007《铝合金结构设计规范》
25. GB 50446—2008《盾构法隧道施工与验收规范》
26. GB/T 50448—2015《水泥基灌浆材料应用技术规范》
27. GB/T 50589—2010《环氧树脂自流平地面工程技术规范》
28. GB/T 50600—2010《渠道防渗工程技术规范》
29. GB 50693—2011《坡屋面工程技术规范》
30. GB 50838—2015《城市综合管廊工程技术规范》
31. GB 50869—2013《生活垃圾卫生填埋处理技术规范》
32. GB 50896—2013《压型金属板工程应用技术规范》
33. GB/T 50934—2013《石油化工工程防渗技术规范》
34. GB 51201—2016《沉管法隧道施工与质量验收规范》

35. GB/T 51310—2018《地下铁道工程施工标准》

36. GB/T 51320—2018《建筑工程化学灌浆材料应用技术标准》

37. AQ 2061—2018《金属非金属地下矿山防治水安全技术规范》

38. CECS 18—2000《聚合物水泥砂浆防腐蚀工程技术规程》

39. CECS 117—2017《给水排水工程混凝土构筑物变形缝技术规程》

40. CECS 146—2003《碳纤维片材加固混凝土结构技术规程》

41. CECS 158—2015《膜结构技术规程》

42. CECS 161—2004《喷射混凝土加固技术规程》

43. CECS 183—2015《虹吸式屋面雨水排水系统技术规程》

44. CECS 195—2006《聚合物水泥、渗透结晶型防水材料应用技术规程》

45. CECS 196—2006《建筑室内防水工程技术规程》

46. CECS 199—2006《聚乙烯丙纶卷材复合防水工程技术规程》

47. CECS 203—2006《自密实混凝土应用技术规程》

48. CECS 208—2006《泳池用聚氯乙烯膜片应用技术规程》

49. CECS 217—2006《聚硫、聚氨酯密封胶给水排水工程应用技术规程》

50. CECS 299—2011《乡村建筑屋面泡沫混凝土应用技术规程》

51. CECS 342—2013《丙烯酸盐喷膜防水应用技术规程》

52. CECS 370—2014《隧道工程防水技术规范》

53. CECS 437—2016《工业化住宅建筑外窗系统技术规程》

54. CECS 438—2016《住宅卫生间建筑装修一体化技术规程》

55. CECS 457—2016《钠基膨润土防水毯应用技术规程》

56. T/CECS 474—2017《防裂抗渗复合材料在混凝土中应用技术规程》

57. T/CECS 484—2017《地下工程防水饰面砂浆应用技术规程》

58. CJJ/T 66—2011《路面稀浆罩面技术规程》

59. CJJ 113—2007《生活垃圾卫生填埋场防渗系统工程技术规范》

60. CJJ 139—2010《城市桥梁桥面防水工程技术规程》

61. CJJ 142—2014《建筑屋面雨水排水系统技术规程》

62. CJJ 150—2010《生活垃圾渗沥液处理技术规程》

63. CJJ/T 164—2011《盾构隧道管片质量检测技术标准》

64. CJJ/T 214—2016《生活垃圾填埋场防渗土工膜渗漏破损探测技术规程》

65. CJJ 221—2015《城市地下道路工程设计规范》

66. DL/T 5100—2014《水工混凝土外加剂技术规程》

67. DL/T 5115—2016《混凝土面板堆石坝接缝止水技术规范》

68. DL/T 5126—2001《聚合物改性水泥砂浆试验规程》

69. DL/T 5144—2015《水工混凝土施工规范》

70. DL/T 5148—2012《水工建筑物水泥灌浆施工技术规范》

71. DL/T 5150—2017《水工混凝土试验规程》

72. DL/T 5181—2017《水电水利工程锚喷支护施工规范》

73. DL/T 5406—2010《水工建筑物化学灌浆施工规范》

74. JC/T 2279—2014《玻璃纤维增强水泥（GRC）屋面防水应用技术规程》

75. JTG D70—2010《公路隧道设计细则》

76. JTG/TF30—2014《公路水泥混凝土路面施工技术细则》

77. JGJ 7—2010《空间网格结构技术规程》

78. JGJ/T 53—2011《房屋渗漏修缮技术规程》

79. JGJ 55—2011《普通混凝土配合比设计规程》

80. JGJ/T 70—2009《建筑砂浆基本性能试验方法标准》

81. JGJ/T 98—2010《砌筑砂浆配合比设计规程》

82. JGJ/T 104—2011《建筑工程冬期施工规程》

83. JGJ 133—2001《金属与石材幕墙工程技术规范》

84. JGJ 144—2004《外墙外保温工程技术规程》

85. JGJ 155—2013《种植屋面工程技术规程》

86. JGJ 165—2010《地下建筑工程逆作法技术规程》

87. JGJ 168—2009《建筑外墙清洗维护技术规程》

88. JGJ/T 178—2009《补偿收缩混凝土应用技术规程》

89. JGJ/T 200—2010《喷涂聚脲防水工程技术规程》

90. JGJ/T 211—2010《建设工程水泥—水玻璃双液注浆技术规程》

91. JGJ/T 212—2010《地下工程渗漏治理技术规程》

92. JGJ/T 220—2010《抹灰砂浆技术规程》

93. JGJ/T 223—2010《预拌砂浆应用技术规程》

94. JGJ 230—2010《倒置式屋面工程技术规程》

95. JGJ/T 235—2011《建筑外墙防水技术规程》

96. JGJ/T 255—2012《采光顶与金属屋面技术规程》

97. JGJ/T 283—2012《自密实混凝土应用技术规程》

98. JGJ/T 291—2012《现浇塑性混凝土防渗芯墙施工技术规程》

99. JGJ/T 298—2013《住宅室内防水工程技术规范》

100. JGJ/T 299—2013《建筑防水工程现场检测技术规范》

101. JGJ/T 316—2013《单层防水卷材屋面工程技术规程》

102. JGJ 317—2014《建筑工程裂缝防治技术规程》

103. JGJ/T 322—2013《混凝土中氯离子含量检测技术规程》

104. JGJ/T 364—2016《地下工程盖挖法施工规程》

105. JGJ 367—2015《住宅室内装饰装修设计规范》

106. JGJ 432—2018《建筑工程逆作法技术标准》

107. JTG/T D32—2012《公路土工合成材料应用技术规范》

108. JTS 206—1—2009《水运工程塑料排水板应用技术规程》

109. SL 230—2015《混凝土坝养护修理规程》

110. SL/T 231—1998《聚乙烯（PE）土工膜防渗工程技术规范》

111. SL 435—2008《海堤工程设计规范》

112. SL 599—2013《衬砌与防渗渠道工程技术管理规程》

113. TB 10003—2005《铁路隧道设计规范》

114. TB 10118—2016《铁路路基土工合成材料应用设计规范》

115. TB 10417—2018《铁路隧道工程施工质量验收标准》

116. JGJ/T 175—2018《自流平地面工程技术标准》

参 考 文 献

[1] 王寿华．屋面工程．技术规范理解与应用［M］．北京：中国建筑工业出版社，2005．

[2] 张文华，项桦太．屋面工程施工质量验收规范培训讲座［M］．北京：中国建筑工业出版社，2002．

[3] 朱国梁，潘金龙．简明防水工程施工手册［M］．北京：中国环境科学出版社，2003．

[4] 瞿义勇．防水工程施工与质量验收实用手册［M］．北京：中国建材工业出版社，2004．

[5] 王朝熙．简明防水工程手册［M］．北京：中国建筑工业出版社，1999．

[6] 中国建筑防水材料工业协会．建筑防水手册［M］．北京：中国建筑工业出版社，2001．

[7] 本书编写组．建筑施工手册（第4版）［M］．北京：中国建筑工业出版社，2003．

[8] 叶琳昌．防水工手册（第3版）［M］．北京：中国建筑工业出版社，2005．

[9] 王寿华，王比君．屋面工程设计与施工手册（第3版）［M］．北京：中国建筑工业出版社，2003．

[10] 俞宾辉．建筑防水工程施工手册［M］．济南：山东科学技术出版社，2004．

[11] 徐文彩，宋伏麟．怎样做好屋面工程和屋面防水［M］．上海：同济大学出版社，1999．

[12] 北京土木建筑学会．屋面工程施工操作手册［M］．北京：经济科学出版社，2004．

[13] 薛莉敏．建筑屋面与地下工程防水施工技术［M］．北京：机械工业出版社，2004．

[14] 上海市建设工程质量监督总站，上海市工程建设监督研究会．建筑安装工程质量工程师手册［M］．
上海：上海科学技术文献出版社，2001．

[15] 孙加保．新编建筑施工工程师手册［M］．哈尔滨：黑龙江科学技术出版社，2000．

[16] 张智强，杨斧钟，陈明凤．化学建材［M］．重庆：重庆大学出版社，2000．

[17] 陈长明，刘程．化学建筑材料手册［M］．南昌：江西科学技术出版社，北京：北京科学技术出版
社，1997．

[18] 张海梅．新世纪高职高专土建类系列教材　建筑材料［M］．北京：科学出版社，2001．

[19] 杨生茂．建筑材料工程质量监督与验收丛书　防水材料与屋面材料分册［M］．北京：中国计划出版
社，1998．

[20] 朱馥林．建筑防水新材料及防水施工新技术［M］．北京：中国建筑工业出版社，1997．

[21] 金孝权，杨承忠．建筑防水（第2版）［M］．南京：东南大学出版社，1998．

[22] 姜继圣，杨慧玲．建筑功能材料及应用技术［M］．北京：中国建筑工业出版社，1998．

[23] 陈世霖，邓钫印．建筑材料手册（第4版）［M］．北京：中国建筑工业出版社，1997．

[24] 邓钫印．建筑工程防水材料手册（第2版）［M］．北京：中国建筑工业出版社，2001．

[25] 陈巧珍．建筑材料试验计算手册［M］．广州：广东科技出版社，1992．

[26] 潘长华．实用小化工生产大全（第二卷）［M］．北京：化学工业出版社，1997．

[27] 赵世荣，顾秀云．实用化学配方手册［M］．哈尔滨：黑龙江科学技术出版社，1988．

[28] 建筑工程常用数据系列手册．建筑设计常用数据手册［M］．北京：中国建筑工业出版社，1997．

[29] 中国建筑防水材料工业协会．建筑防水设计教材（试用本），2000．

[30] 马清浩．混凝土外加剂及建筑防水材料应用指南［M］．北京：中国建材工业出版社，1998．

[31] 叶琳昌，薛绍祖．防水工程（第2版）［M］．北京：中国建筑工业出版社，1996．

[32] 朱维益．防水工操作技术指南［M］．北京：中国计划出版社，2000．

[33] 北京城建集团一公司．建筑防水施工工艺与技术［M］．北京：中国建筑工业出版社，1998．

[34] 刘民强．防水工考核应知［M］．北京：北京工业大学出版社，1992．

［35］朱维益，张晓钟，张先权．建筑工程识图与预算［M］．北京：中国建筑工业出版社，1999.

［36］本书编写组．建筑安装工程质量保证资料管理手册［M］．北京：机械工业出版社，1999.

［37］李金星．建筑·装饰工程施工技术资料编写指南［M］．合肥：安徽科学技术出版社，1999.

［38］尹辉．民用建筑房屋防渗漏技术措施［M］．北京：中国建筑工业出版社，1996.

［39］张承志．建筑混凝土［M］．北京：化学工业出版社，2001.

［40］沈春林，苏立荣，岳志俊等．建筑防水材料［M］．北京：化学工业出版社，2000.

［41］沈春林，苏立荣，李芳等．建筑涂料［M］．北京：化学工业出版社，2001.

［42］沈春林．防水工程手册［M］．北京：中国建筑工业出版社，1998.

［43］沈春林．防水技术手册［M］．北京：中国建材工业出版社，1993.

［44］沈春林．建筑防水工程师手册［M］．北京：化学工业出版社，2002.

［45］沈春林．防水材料手册［M］．北京：中国建材工业出版社，1998.

［46］沈春林．化学建材配方手册［M］．北京：化学工业出版社，1999.

［47］沈春林，苏立荣，李芳，高德才．刚性防水及堵漏材料［M］．北京：化学工业出版社，2004.

［48］韩喜林．新型建筑绝热保温材料应用设计施工［M］．北京：中国建材工业出版社，2005.

［49］靳玉芳．房屋建筑学［M］．北京：中国建材工业出版社，2004.

［50］刘昭如．房屋建筑构成与构造［M］．上海：同济大学出版社，2005.

［51］刘庆普．建筑防水与堵漏［M］．北京：化学工业出版社，2002.

［52］徐剑主．建筑识图与房屋构造［M］．北京：金盾出版社，2005.

［53］许传华，贾莉莉．房屋建筑学［M］．合肥：合肥工业大学出版社，2005.

［54］梁新焰．建筑防水工程手册［M］．太原：山西科学技术出版社，2005.

［55］梁敦维．建筑工程施工常见问题防治系列手册：防水工程［M］．太原：山西科学技术出版社，2006.

［56］李振霞，魏广龙．房屋建筑学概论［M］．北京：中国建材工业出版社，2005.

［57］中国建筑工程总公司．ZJQ00—SG—012—2003 建筑砌体工程施工工艺标准［S］．北京：中国建筑工业出版社，2003.

［58］中国建筑工程总公司．ZJQ00—SG—001—2003 建筑装饰装修工程施工工艺标准［S］．北京：中国建筑工业出版社，2003.

［59］中国建筑工程总公司．ZJQ00—SG—003—2003 建筑地面工程施工工艺标准［S］．北京：中国建筑工业出版社，2003.

［60］熊杰民．地面工程施工与验收手册［M］．北京：中国建筑工业出版社，2005.

［61］彭跃军．装饰装修工程［M］．北京：中国建筑工业出版社，2005.

［62］邓学方．建筑地面与楼面手册［M］．北京：中国建筑工业出版社，2005.

［63］高爱军．建筑地面施工便携手册［M］．北京：中国计划出版社，2006.

［64］北京土木建筑学会．建筑地面工程施工操作手册［M］．北京：经济科学出版社，2004.

［65］北京土木建筑学会．砌体工程施工操作手册［M］．北京：经济科学出版社，2004.

［66］北京土木建筑学会．混凝土结构工程施工操作手册［M］．北京：经济科学出版社，2004.

［67］北京土木建筑学会．防水工程施工技术措施［M］．北京：经济科学出版社，2005.

［68］徐占发．简明砌体工程施工手册［M］．北京：中国环境科学出版社，2003.

［69］朱国梁，顾雪龙．简明混凝土工程施工手册［M］．北京：中国环境科学出版社，2003.

［70］朱晓斌，李群．简明地面工程施工手册［M］．北京：中国环境科学出版社，2003.

［71］本书编委会．建筑工程分项施工工艺表解速查系列手册：砌体结构与木结构工程［M］．北京：中国建材工业出版社，2004.

［72］本书编委会．建筑工程分项施工工艺表解速查系列手册：建筑地面与屋面工程［M］．北京：中国建

材工业出版社，2004.

[73] 图集编绘组．工程建设分项设计施工系列图集：防水工程［M］．北京：中国建材工业出版社，2004.

[74] 宋伏麟．砖混房屋施工［M］．上海：同济大学出版社，1999.

[75] 杨绍林．建筑砂浆实用手册［M］．北京：中国建筑工业出版社，2003.

[76] 侯君伟．砌筑工手册（第3版）［M］．北京：中国建筑工业出版社，2006.

[77] 李立权．混凝土工手册（第2版）［M］．北京：中国建筑工业出版社，1999.

[78] 本丛书编委会．看图学砌体施工技术［M］．北京：机械工业出版社，2004.

[79] 本书编委会．建筑设计资料集（第2版）［M］．北京：中国建筑工业出版社，1996.

[80] 朱国梁等．防水工程施工禁忌手册［M］．北京：机械工业出版社，2006.

[81] 刘峰，方文启．防水工程施工［M］．武汉：中国地质大学出版社，2005.

[82] 孙波．装饰与防水工程施工［M］．哈尔滨：黑龙江科学技术出版社，2005.

[83] 雍本．幕墙工程施工手册［M］．北京：中国计划出版社，2000.

[84] 张芹，黄拥军．金属与石材幕墙工程实用技术［M］．北京：机械工业出版社，2005.

[85] 广州市鲁班建筑防水补强有限公司．通用建筑防水图集［M］.2000.

[86] 张保善．砌体结构［M］．北京：化学工业出版社，2005.

[87] 韩喜林．新型防水材料应用技术［M］．北京：中国建材工业出版社，2003.

[88] 雍传德，雍世海．防水工操作技巧［M］．北京：中国建筑工业出版社，2003.

[89] 田延中．建筑幕墙施工图集［M］．北京：中国建筑工业出版社，2006.

[90] 涂料工艺编委会．涂料工艺［M］．北京：化学工业出版社，1997.

[91] 马庆麟．涂料工业手册［M］．北京：化学工业出版社，2001.

[92] 张德庆，张东兴，刘立柱．高分子材料科学导论［M］．哈尔滨：哈尔滨工业大学出版社，1999.

[93] 耿耀宗，曹同玉．合成聚合物乳液制造与应用技术［M］．北京：中国轻工业出版社，1999.

[94] 曹同玉，刘庆普，胡金生．聚合物乳液合成原理性能及应用［M］．北京：化学工业出版社，1997.

[95] 黄金锜．屋顶花园设计与营造［M］．北京：中国林业出版社，1994.

[96] 徐峰，封蕾，郭正一．屋顶花园设计与施工［M］．北京：化学工业出版社，2007.

[97] 王仙民．屋顶绿化［M］．武汉：华中科技大学出版社，2007.

[98] 李铮生．城市园林绿地规划与设计（第2版）［M］．北京：中国建筑工业出版社，2006.

[99] 王希亮．现代园林绿化设计、施工与养护［M］．北京：中国建筑工业出版社，2007.

[100] 筑龙网组．园林工程施工方案范例精选［M］．北京：中国电力出版社，2006.

[101] 本书编写组．实用建筑施工手册［M］．北京：中国建筑工业出版社，1999.

[102] 本书编写组．建筑工程防水设计与施工手册［M］．北京：中国建筑工业出版社，1999.

[103] 夏明耀，曾进伦．地下工程设计施工手册［M］．北京：中国建筑工业出版社，1999.

[104] 鞠建英．实用地下工程防水手册［M］．北京：中国计划出版社，2002.

[105] 建设部人事教育司组织．土木建筑职业技能岗位培训教材：防水工［M］．北京：中国建筑工业出版社，2002.

[106] 薛绍祖．地下防水工程质量验收规范培训讲座［M］．北京：中国建筑工业出版社，2002.

[107] 张行锐，王凌辉．防水施工技术（第2版）［M］．北京：中国建筑工业出版社，1983.

[108] 康宁，王友亭，夏吉安．建筑工程的防排水［M］．北京：科学出版社，1998.

[109] 彭振斌．注浆工程设计计算与施工［M］．武汉：中国地质大学出版社，1997.

[110] 薛绍祖．地下建筑工程防水技术［M］．北京：中国建筑工业出版社，2003.

[111] 徐天平．地基与基础工程施工质量问答［M］．北京：中国建筑工业出版社，2004.

[112] 张文华，项桦太．建筑防水工程施工质量问答［M］．北京：中国建筑工业出版社，2004.

［113］李相然，岳同助．城市地下工程实用技术［M］．北京：中国建材工业出版社，2000.

［114］中国建筑标准设计研究所，总参谋部工程兵科研三所．OZJ301地下建筑防水构造［M］．北京：中国建筑标准设计研究所，2003.

［115］图集编绘组．建筑工程设计施工系列图集：土建工程［M］．北京：中国建材工业出版社，2003.

［116］张健．建筑材料与检测［M］．北京：化学工业出版社，2003.

［117］王惠忠．化学建材［M］．北京：中国建材工业出版社，1992.

［118］张书香，隋同波，王惠忠．化学建材生产及应用［M］．北京：化学工业出版社，2002.

［119］戴振国．建筑粘接密封技术［M］．北京：中国建筑工业出版社，1981.

［120］王燕谋，苏慕珍，张量．硫铝酸盐水泥［M］．北京：北京工业大学出版社，1999.

［121］熊大玉，王小虹．混凝土外加剂［M］．北京：化学工业出版社，2002.

［122］顾国芳，浦鸿汀．化学建材用助剂原理与应用［M］．北京：化学工业出版社，2003.

［123］冯乃谦．实用混凝土大全［M］．北京：科学出版社，2001.

［124］曹文达等．新型混凝土及其应用［M］．北京：金盾出版社，2001.

［125］李继业．新型混凝土技术与施工工艺［M］．北京：中国建筑工业出版社，2002.

［126］冯浩，朱清江．混凝土外加剂工程应用手册［M］．北京：中国建筑工业出版社，1999.

［127］陈惠敏．石油沥青产品手册［M］．北京：石油工业出版社，2001.

［128］张应立．现代混凝土配合比设计手册［M］．北京：人民交通出版社，2002.

［129］李立权．混凝土配合比设计手册（第3版）［M］．广州：华南理工大学出版社，2002.

［130］黄国兴，陈改新．水工混凝土建筑物修补技术及应用［M］．北京：中国水利水电出版社，1999.

［131］杜嘉鸿，张崇瑞，何修仁，熊厚金．地下建筑注浆工程简明手册［M］．北京：科学出版社，1998.

［132］吕康成，崔凌秋等．隧道防排水工程指南［M］．北京：人民交通出版社，2005.

［133］劳动和社会保障部中国就业培训技术指导中心组织．国家职业资格培训教程：防水工［M］．北京：中国城市出版社，2003.

［134］于清溪．橡胶原材料手册［M］．北京：化学工业出版社，1996.

［135］李子东，李广宇，于敏．实用胶粘剂原材料手册［M］．北京：国防工业出版社，1999.

［136］刘国杰，耿耀宗．涂料应用科学与工艺学［M］．北京：中国轻工业出版社，1994.

［137］洪啸吟，冯汉保．涂料化学［M］．北京：科学出版社，1997.

［138］陆亨荣．建筑涂料生产与施工（第2版）［M］．北京：中国建筑工业出版社，1997.

［139］苏洁．建筑涂料［M］．上海：同济大学出版社，1997.

［140］全国化学建材协调组建筑涂料专家组建筑涂料编委会．建筑涂料培训教材［M］．上海，2000.

［141］张兴华．水基涂料—原料选择·配方设计·生产工艺［M］．北京：中国轻工业出版社，2000.

［142］徐峰．建筑涂料与涂装技术［M］．北京：化学工业出版社，1998.

［143］朱广军．涂料新产品与新技术［M］．南京：江苏科学技术出版社，2000.

［144］王建国，刘琳．建筑涂料与涂装［M］．北京：中国轻工业出版社，2002.

［145］李俊贤．塑料工业手册：聚氨酯［M］．北京：化学工业出版社，1999.

［146］徐培林，张淑琴．聚氨酯材料手册［M］．北京：化学工业出版社，2002.

［147］李绍雄，刘益军．聚氨酯树脂及其应用［M］．北京：化学工业出版社，2002.

［148］朱吕民．聚氨酯合成材料［M］．南京：江苏科学技术出版社，2002.

［149］盛茂桂，邓桂琴．新型聚氨酯树脂涂料生产技术与应用［M］．广州：广东科技出版社，2001.

［150］罗云军，桂红星．有机硅树脂及其应用［M］．北京：化学工业出版社，2002.

［151］翟海潮．建筑粘合与防水材料应用手册［M］．北京：中国石化出版社，2000.

［152］穆锐．涂料实用生产技术与配方［M］．南昌：江西科学技术出版社，2002.

［153］姚治邦．建筑材料实用配方手册（修订版）［M］．南京：河海大学出版社，1995.

[154] 沈春林. 涂料配方手册 [M]. 北京：中国石化出版社，2000.

[155] 沈春林. 建筑涂料手册 [M]. 北京：中国建筑工业出版社，2002.

[156] 沈春林. 聚合物水泥防水涂料 [M]. 北京：化学工业出版社，2010.

[157] 王新民，李颂. 新型建筑干拌砂浆指南 [M]. 北京：中国建筑工业出版社，2004.

[158] 张雄，张永娟. 建筑功能砂浆 [M]. 北京：化学工业出版社，2006.

[159] 傅德海，赵四渝，徐洛屹. 干粉砂浆应用指南 [M]. 北京：中国建材工业出版社，2006.

[160] 钟世云，袁华. 聚合物在混凝土中的应用 [M]. 北京：化学工业出版社，2003.

[161] 中国散协干混砂浆专业委员会. 干混砂浆技术与应用.

[162] 王新民，薛国龙，俞锡贤，何维平，何俊高. 干粉砂浆添加剂选用 [M]. 北京：中国建筑工业出版社，2007.

[163] 王培铭. 商品砂浆的研究与应用 [M]. 北京：机械工业出版社，2006.

[164] 龚益，沈荣熹，李清海. 杜拉纤维在土建工程中的应用 [M]. 北京：机械工业出版社，2002.

[165] 中国腐蚀与防护学会. 张信鹏，王德森. 耐腐蚀混凝土 [M]. 北京：化学工业出版社，1989.

[166] 张德勤. 石油沥青的生产与应用 [M]. 北京：中国石化出版社，2001.

[167] 施仲衡. 地下铁道设计与设计 [M]. 西安：陕西科学技术出版社，2006.

[168] 崔玖江. 隧道与地下工程修建技术 [M]. 北京：科学出版社，2005.

[169] 龙晓晖. 现代道路路面工程 [M]. 北京：清华大学出版社，北京交通大学出版社，2004.

[170] 陈振木. 城市道路工程施工手册 [M]. 北京：中国建筑工业出版社，2004.

[171] 天津市市政工程局. 道路桥梁工程施工手册 [M]. 北京：中国建筑工业出版社，2003.

[172] 李西亚，王育军. 路基路面工程 [M]. 北京：科学出版社，2004.

[173] 高杰，桥梁工程 [M]. 北京：科学出版社，2004.

[174] 李麟. 城市道路工程 [M]. 北京：中国电力出版社，2004.

[175] 田文玉，江立民. 道路建筑材料 [M]. 北京：人民交通出版社，2004.

[176] 邰连河，张家平. 新型道路建筑材料 [M]. 北京：化学工业出版社，2003.

[177] 刘尚乐. 聚合物沥青及其建筑防水材料 [M]. 北京：中国计划出版社，2004.

[178] 沈春林. 路桥防水材料 [M]. 北京：化学工业出版社，2006.

[179] 虎增福. 乳化沥青及稀浆封层技术 [M]. 北京：人民交通出版社，2001.

[180] 黄晓明，吴少鹏，赵永利. 沥青与沥青混合料 [M]. 南京：东南大学出版社，2004.

[181] 廖克俭，丛玉凤. 道路沥青生产与应用技术 [M]. 北京：化学工业出版社，2004.

[182] 杨林江. 改性沥青及其乳化技术 [M]. 北京：人民交通出版社，2004.

[183] 王天. 建筑防水 [M]. 北京：机械工业出版社，2006.

[184] 王云江. 市政工程概论（道路·桥梁·排水）[M]. 北京：中国建筑工业出版社，2007.

[185] 韩选江. 大型地下顶管施工技术原理及应用 [M]. 北京：中国建筑工业出版社，2008.

[186] 徐峰，陈彦岭，刘兰. 涂膜防水材料与应用 [M]. 北京：化学工业出版社，2007.

[187] 张玉龙，齐贵亮. 水性涂料配方精选 [M]. 北京：化学工业出版社，2009.

[188] 李东光. 实用防水制品配方集锦 [M]. 北京：化学工业出版社，2009.

[189] 倪玉德. 涂料制造技术 [M]. 北京：化学工业出版社，2003.

[190] 武利民，李丹，游波. 现代涂料配方设计 [M]. 北京：化学工业出版社，2000.

[191] 朱传荣. 化工百科全书：第一卷：丙烯酸系聚合物. [M]. 北京：化学工业出版社，1990.

[192] 陶子斌. 丙烯酸生产与应用技术 [M]. 北京：化学工业出版社，2007.

[193] 王长春，包启宇. 丙烯酸酯涂料 [M]. 北京：化学工业出版社，2005.

[194] 中国建筑标准设计研究院，北京中核北研科技发展有限公司. 国家建筑标准设计图集07CJ10 聚合物水泥防水涂料建筑构造——RG防水图料 [M]. 北京：中国建筑标准设计研究院，2007.

[195] 叶扬祥，潘肇基. 涂装技术实用手册 [M]. 北京：机械工业出版社，1998.

[196] 刘同和. 油漆工手册 [M]. 北京：中国建筑工业出版社，1999.

[197] 李业兰. 全国建筑企业施工员（土建综合工长）岗位培训教材　建筑材料 [M]. 北京：中国建筑工业出版社，1998.

[198] 沈春林. 建筑工程设计施工详细图集：防水工程 [M]. 北京：中国建筑工业出版社，2000.

[199] CECS217：2006 聚硫、聚氨酯密封胶给水排水工程应用技术规程 [S]. 北京：中国计划出版社，2007.

[200] CECS195：2006 聚合物水泥、渗透结晶型防水材料应用技术规程 [S]. 北京：中国计划出版社，2006.

[201] 泳池用聚氯乙烯膜片应用技术规程 [S]. 北京：中国计划出版社，2006.

[202] QB/001—2008 橡化沥青非固化防水涂料（倍斯特 SEAL）施工技术规程 [S]. 2008.

[203] 聚甲基丙烯酸甲酯（PMMA）防水涂料（草案稿）[S]. 2010.

[204] Q/SPHG21—2009 甲基丙烯酸甲酯（MMA）防水涂料 [S]. 2009.

[205] 洪啸吟，冯汉保. 涂料化学 [M]. 北京：科学出版社，1997.

[206] 丛树枫，喻露如. 聚氨酯涂料 [M]. 北京：化学工业出版社，2003.

[207] 傅明源，孙酣经. 聚氨酯弹性体及其应用（第二版）[M]. 北京：化学工业出版社，1999.

[208] JGJ/T 200—2010 喷涂聚脲防水工程技术规程 [S]. 北京：中国建筑工业出版社，2010.

[209] 客运专线铁路桥梁混凝土桥面喷涂聚脲防水层暂行技术条件（送审稿）[S]. 2009.

[210] 京沪高速铁路桥梁混凝土桥面喷涂聚脲防水层暂行技术条件 [S]. 2009.

[211] 单组分聚脲防水涂料应用技术规程 JQB—142—2007 [S]. 2007.

[212] Q/BCS—PUA—100—2007 混凝土桥梁、隧道聚脲类涂层技术规程（草稿）[S]. 2007.

[213] 王德宇：化工百科全书第八卷：聚氨酯 [M]. 北京：化学工业出版社，1994.

[214] 王葳. 化工词典（第四版）[M]. 北京：化学工业出版社，2000.

[215] 中国大百科全书总编辑委员会《化工》编辑委员会，中国大百科全书出版社编辑部. 中国大百科全书化工卷 [M]. 北京、上海：中国大百科全书出版社，1987.

[216] [德] G·厄特尔. 阎家宾，吕塑贤等译校. 聚氨酯手册 [M]. 北京：中国石化出版社，1992.

[217] 刘玉海，赵辉，李国平等. 异氰酸酯 [M]. 北京：化学工业出版社，2004.

[218] 赵亚光. 聚氨酯涂料生产实用技术问答 [M]. 北京：化学工业出版社，2004.

[219] 方禹声，朱吕民等. 聚氨酯泡沫塑料（第二版）[M]. 北京：化学工业出版社，1994.

[220] 李绍雄，刘益军. 聚氨酯胶粘剂 [M]. 北京：化学工业出版社，1998.

[221] 华北地区建筑设计标准化办公室，北京市建筑设计标准化办公室. 华北标 BJZ 系列建筑构造专项图集，08BJZ11ZT 喷涂聚脲防水系列，2008.

[222] 黄微波. 喷涂聚脲弹性体技术 [M]. 北京：化学工业出版社，2005.

[223] 张行锐，王凌辉. 防水施工技术（第三版）[M]. 北京：中国建筑工业出版社，1983.

[224] 刘国杰. 特种功能性涂料 [M]. 北京：化学工业出版社，2002.

[225] 赵世荣，顾秀云. 实用化学配方手册 [M]. 哈尔滨：黑龙江科学技术出版社，1988.

[226] 张雄. 建筑功能外加剂 [M]. 北京：化学工业出版社，2004.

[227] 中国新型建筑材料（集团）公司，中国建材工业经济研究会新型建筑材料专业委员会. 新型建筑材料施工手册（第二版）[M]. 北京：中国建筑工业出版社，2010.

[228] 吴明. 防水工程材料 [M]. 北京：中国建筑工业出版社，2010.

[229] 杨杨. 防水工程施工 [M]. 北京：中国建筑工业出版社，2010.

[230] 沈春林，苏立荣，李芳，周云. 建筑防水涂料 [M]. 北京：化学工业出版社，2003.

[231] 沈春林. 聚合物水泥防水砂浆 [M]. 北京：化学工业出版社，2007.

[232] 沈春林. 喷涂聚脲防水涂料 [M]. 北京：化学工业出版社，2010.

[233] 张道真. 防水工程设计 [M]. 北京：中国建筑工业出版社，2010.

[234] 项桦太. 防水工程概论 [M]. 北京：中国建筑工业出版社，2010.

[235] 沈春林，李伶. 种植屋面的设计与施工 [M]. 北京：化学工业出版社，2009.

[236] 广珠城际轨道交通工程桥面防水层暂行技术条件 [S]，2009.

[237] 苏州非金属矿工业设计研究院防水材料设计研究所. 建筑材料工业技术监督研究中心. 中国标准出版社. 建筑材料标准汇编防水材料基础及产品卷 [M]. 北京：中国标准出版社，2013.

[238] 苏州非金属矿工业设计研究院防水材料设计研究所. 建筑材料工业技术监督研究中心. 中国标准出版社. 建筑材料标准汇编防水材料试验方法及施工技术卷 [M]. 北京：中国标准出版社，2013.

[239] 种植屋面防水施工技术规程：DB11/366—2006 [S]. 北京：北京城建科技促进会，2006.

[240] 使晓松，钮科彦. 屋顶花园与垂直绿化 [M]. 北京：化学工业出版社，2011.

[241] 黄清俊，贺坤. 屋顶花园设计营造要览 [M]. 北京：化学工业出版社，2014.

[242] 沈春林，李伶. 种植屋面的设计施工技术 [M]. 北京：中国建材工业出版社，2016.

[243] 沈春林. 屋面工程技术手册 [M]. 北京：中国建材工业出版社，2018.

[244] 《建筑施工手册》（第五版）编委会. 建筑施工手册（第五版）（4）[M]. 北京：中国建筑工业出版社，2012.

[245] 金德钧. 建筑工程施工作业技术细则 第二分册 桩基础·地下防水工程 [M]. 北京：中国建材工业出版社，2014.

[246] 何移. 高层建筑外墙防渗漏技术的探讨 [J]. 中国建筑防水，2003（1）.

[247] 邓天宇. 建筑外墙防水问题探讨 [J]. 中国建筑防水，1999（3）.

[248] 王仲辰，严汉军，顾乐民. 沿海地区建筑外墙渗漏防治原理及其应用 [J]. 中国建筑防水，2003（12）.

[249] 李伶，李翔. 德国威达种植屋面系统技术剖析 [J]. 新型建筑材料，2007（10）.

[250] 朱志远. JGJ 155—2007《种植屋面工程技术规程》标准介绍 [J]. 中国建筑防水，2007（9）.

[251] 赵定国. 屋顶绿化及轻型平屋顶绿化技术 [J]. 中国建筑防水，2004（4）.

[252] 陈习之，贾立人. 屋顶绿化配套技术研究 [J]. 中国建筑防水，2004（4）.

[253] 高延续，沈民生. 科学地开展屋顶绿化工程 [J]. 中国建筑防水，2005（5）.

[254] 王天. 种植屋面的几个问题 [J]. 中国建筑防水，2004（4）.

[255] 王天. 种植屋面与其他行业 [J]. 中国建筑防水，2005（9）.

[256] 叶林标. 种植屋面的设计与施工 [J]. 中国建筑防水，2004（4）.

[257] 弭明新. APP 改性沥青抗根卷材及其在屋顶花园防水工程中的应用 [J]. 中国建筑防水，2004（4）.

[258] 朱恩东. 合金卷材是种植屋面防水的佳选 [J]. 中国建筑防水，2004（4）.

[259] 胡骏. 种植屋面的防水及设计 [J]. 中国建筑防水，2006（1）.

[260] Yumiko Graham 格林格屋顶花园系统 [J]. 中国建筑防水，2005（8）.

[261] 曲璐，丛日晨，贾友柱. 种植屋面系统工程中常见问题探析 [J]. 中国建筑防水，2007（9）.

[262] 宋磊. 地下防水与屋顶花园的最佳伴侣——HDPE 排水保护板 [J]. 中国建筑防水，2007 增刊.

[263] 赵黎芳，丛日晨，韩丽莉. 制定科学的式样方法. 规范种植屋面技术发展——介绍行标《防水卷材耐根穿刺试验方法》[J]. 中国建筑防水，2007（9）.

[264] 毛学农. 试论屋顶花园的设计 [J]. 重庆建筑大学学报：第 24 卷第 3 期，2002（6）.

[265] 穆祥纯. 我国城市桥梁结构防水技术综述 [J]. 中国建筑防水，2001（2）.

[266] 郝培文. 新型功能性路面材料总动员 [J]. 中国公路，2003（22）.

[267] 田凤兰，李玉华. 道桥和高架桥防水做法综述 [J]. 中国建筑防水，1999（3）.

[268] 张风旗. 防水混凝土桥面铺装层裂缝产生原因及防治 [J]. 中国公路，2003 (21).

[269] 洪秀敏. 高速公路沥青路面水破坏的成因及预防措施 [J]. 中国公路，2002 (14).

[270] 孟繁宏. 水泥混凝土路面裂缝的防治 [J]. 中国公路，2003 (20).

[271] 谢涛. 水泥路面防裂断方法 [J]. 中国公路，2002 (7).

[272] 孟繁宏. 道路裂缝的成因及防治 [J]. 中国公路，2002 (23).

[273] 刘传波，董延平，李宗学. 水泥混凝土路面破坏的成因 [J]. 中国公路，2002 (20).

[274] 张卫东. 桥面防水设计与施工 [J]. 中国建筑防水，2004 (6).

[275] 王洪立. 混凝土路桥防水施工新技术探讨 [J]. 新型建筑材料，2005 (4).

[276] 王新. 从钢筋混凝土桥梁防水问题反思桥梁防水设计 [J]. 中国建筑防水，2004 (增刊).

[277] 王新. 钢筋混凝土桥梁防水设计问题探讨 [J]. 新型建筑材料，2004 (1).

[278] 薛风清，糜月琴，周学虎. 浅谈影响道桥防水质量的几个因素 [J]. 中国建筑防水，2004 (6).

[279] 朱志远，杨胜. 道桥用防水卷材、防水涂料技术标准的研究 [J]. 中国建筑防水，2004 (增刊).

[280] 朱志远. 混凝土道桥防水材料的应用及检测 [J]. 中国建筑防水，2004 (9).

[281] 王斐峰，邓学钧. 高速公路桥梁桥面防水层试验研究 [J]. 中国建筑防水，2005 (4).

[282] 徐立，孟梅. 路桥用塑性体改性沥青防水卷材的开发 [J]. 中国建筑防水，2004 (6).

[283] 杨斌. 水泥基渗透结晶型防水材料国家标准的制定 [J]. 中国建筑防水，2001 (6).

[284] 薛绍祖. 国外水泥基渗透结晶型防水材料的研究与发展 [J]. 中国建筑防水，2001 (6).

[285] 白彬，李珊珊. 凯顿百森新型防水材料在工程上的应用 [J]. 中国建筑防水，2001 (6).

[286] 秦雪晨，秦晓辉，秦晓博. 沥青聚合物反应改性自粘防水卷材的研究 [J]. 中国建筑防水，2001 (5).

[287] 柴景超. 高耐热塑性复合改性沥青防水卷材的研制 [J]. 中国建筑防水，2001 (3).

[288] 杨良明. APP 改性沥青防水卷材在桥梁及路面水害防治中的应用 [J]. 新型建筑材料，2004 (6).

[289] 蒋勤逸. 聚合物水泥防水涂料的性能及通用施工工艺 [J]. 化学建材，2002 (2).

[290] 姜丽萍. 水性沥青基桥面防水涂料的应用 [J]. 中国公路，2003 (13).

[291] 张沂. 聚合物水泥类防水涂料综述 [J]. 中国建筑防水，2001 (4).

[292] 尹鹏程. SIK 防水浆料在城市立交钢结构箱梁防水施工中的应用 [J]. 中国建筑防水，2004 (2).

[293] 徐明祥，单春明. 水泥密封防水剂在桥面防水中的应用 [J]. 中国建筑防水，2004 (8).

[294] 王硕太，刘晓曦，马国靖，吴永根，桑玉书，孔大庆. 机场混凝土道面新型封缝材料 [J]. 新型建筑材料，2002 (11).

[295] 田凤兰，陈早明. 高耐热 APP 改性卷材在桥面防水工程中的应用 [J]. 中国建筑防水，2004 (8).

[296] 张广彬，尚华胜. 路桥专用高耐热改性沥青防水卷材生产中应注意的几个问题 [J]. 中国建筑防水，2004 (增刊).

[297] 刘尚乐. 乳化沥青 [J]. 中国建筑防水材料，1985 (4).

[298] 刘尚乐. 高聚物改性沥青材料 [J]. 中国建筑防水材料，1985 (3).

[299] 徐建伟，檀春丽. 非焦油型聚氨酯防水涂料的研制 [J]. 中国建筑防水，2000 (2).

[300] 王飞镝，邱清华. 彩色阻燃性聚氨酯防水涂料的研制 [J]. 新型建筑材料，1994 (5).

[301] 王芳芳. 环保型水性沥青聚氨酯防水涂料 [J]. 化学建材，2002 (2).

[302] 袁大伟. 再议"沥青聚氨酯"防水涂料的疑点 [J]. 中国建筑防水，2002 (2).

[303] 陈振耀. 新型聚氨酯防水涂料的研究 [J]. 新型建筑材料，2001 (9).

[304] 赵守佳. 无溶剂聚氨酯防水涂料的研制 [J]. 中国建筑防水，2000 (2).

[305] 王涛. 聚氨酯防水涂料用助剂 [J]. 化学建材，2002 (1).

[306] 戴永清，李亚军. 健康型聚氨酯建筑防水涂料的研制 [J]. 化学建材，2002 (5).

[307] 高旭光，宋敦清. 单组分水固化聚氨酯防水涂料的研制 [J]. 建材产品与应用，2002 (4).

［308］郭爱荣，袁卫国，张杰. 单组分聚氨酯防水涂料的生产及施工应用［J］. 中国建筑防水，2001（5）.

［309］许永彰，戚晓健，许永彤. 彩色弹性防水涂料的研制及施工工艺［J］. 新型建筑材料，2000（8）.

［310］徐彩宣，陆文雄. 新型水性有机硅系防水剂的制备研究［J］. 化学建材，2001（1）.

［311］寻民高，单兆铁. XYPEX 防水材料［J］. 建材产品与应用，2001（1）.

［312］樊细杨，唐杰. XY-01 水泥基渗透结晶型防水材料在工程中的应用［J］. 建材产品与应用，
        2001（1）.

［313］袁大伟. 聚合物水泥若干问题探讨［J］. 中国建筑防水，2001（4）.

［314］许刚，杜奎义. JS 复合防水涂料及其应用技术［J］. 大明建材，2000（11）.

［315］沈春林. 新型防水剂——堵漏克的研制［J］. 新型建筑材料，1994（5）.

［316］游宝坤，韩立林，李光明. 我国刚性防水技术的发展［J］. 中国建筑防水，2000（1）.

［317］袁大伟. 外墙防水剂防水原理及施工［J］. 中国建筑防水，1998（4）.

［318］谢先. 防水密封胶与防水剂［J］. 中国建筑防水，2000（5）.

［319］檀春丽. 焦油型和非焦油型聚氨酯防水涂料若干问题探讨［J］. 中国建筑防水，2000（2）.

［320］李震. 丙烯酸酯单组分防水涂料［J］. 江苏省化学建材应用情报信息网：建筑涂料，技术质量、信
        息与交流大会论文集，无锡，2001.11.

［321］刘绍斌，肖鸿昌，肖志. 高弹性彩色防水涂料的研制与应用［J］. 全国建材工业化学建材专业情报
        信息网、中国硅酸盐学会房建材料分会装修材料专业委员会：第十一届全国建筑涂料暨第十四届全
        国建筑防水密封材料技术与推广应用交流大会论文集，1997.7.

［322］顾国芳，王坚，张正国，陈德铨，方充之，竺乐益. 高性能硅丙乳液合成及其应用性能［J］. 江苏
        省化学建材应用情报信息网：建筑涂料技术质量、信息与交流大会论文集，无锡，2001.11.

［323］乔玉林，原津萍，宋殿荣，王栋峰. 高性能有机硅丙烯酸外墙涂料的研制［J］. 江苏省化学建材应
        用情报信息网：建筑涂料技术质量、信息与交流大会论文集，无锡，2001.11.

［324］游波，陈希翀，钱峰. 有机硅改性丙烯酸酯乳液及涂料性能的研究［J］. 江苏省化学建材应用情报
        信息网：建筑涂料技术质量、信息与交流大会论文集，无锡，2001.11.

［325］秦汉钦，赵文海，李安华. JS 涂料乳液研究及应用报告［J］. 新型住宅小区. 地下铁道隧道防水材
        料应用技术交流会论文集. 广州，2002，3.

［326］王春久. 聚合物胶乳在防水材料中的应用探讨［J］. 中国防水技术与市场研讨会. 2000.

［327］刘冰坡. VAE 乳液在建筑方面的应用［J］. 福建省建筑防水技术信息网：2002 年建筑防水技术交流
        会暨福建省防水技术信息网第四次年会资料论文集. 2002，6.

［328］江苏日出集团. 浅谈聚合物水泥基防水涂料用乳液［J］. 福建省建筑防水技术信息网：2002 年建筑
        防水技术交流会暨福建省防水技术信息网第四次年会资料·论文集. 2002，6.

［329］纪庆绪. 乳胶漆用增稠剂［J］. 江苏省化学建材应用情报信息网：建筑涂料技术质量、信息与应用
        交流大会论文集. 2001，11.

［330］吕仕铭. 世名水性色浆在乳胶漆中使用简介［J］. 全国建材工业化学建材专业情报信息网、中国硅
        酸盐学会房建材料分会装饰材料专业委员会：第十一届全国建筑涂料暨第十四届全国建筑防水密封
        材料技术与推广应用交流大会论文集. 1999，7.

［331］周晓明. 聚合物水泥（JS）防水涂料的设计和施工［J］. 福建省建筑防水技术信息网：2002 年建筑
        防水技术交流会暨福建省建筑防水技术信息网第四次年会资料论文集. 2002，6.

［332］陈怡. 聚合物水泥复合防水涂料施工及应用［J］. 福建省建筑防水技术信息网：2002 年建筑防水技
        术交流会暨福建省建筑防水技术信息网第四次年会资料. 论文集. 2002，6.

［333］王新春，胡焕兵，李介福. 湿法绢云母粉对外墙乳胶漆性能的影响［J］. 全国化学建材协调组建筑
        涂料专家组汇编：第二届中国建筑涂料产业发展战略与合作论坛论文集. 上海，2002.

［334］王治，邓超. 聚合物水泥防水涂料发展概述［J］. 新型建筑材料，2009，36（10）.

［335］徐峰. 聚合物水泥防水涂料应用中几个问题的研究［J］. 新型建筑材料，2009，36（5）.

［336］李玉海，周晓敏. 用于聚合物水泥防水涂料中的新型 VAE 乳液性能初析［J］. 中国建筑防水，2010，增刊（1）.

［337］李玉海，周晓敏. VAE 乳液在聚合物水泥防水涂料中的应用研究［J］. 防水与施工. 2009（11）.

［338］周晓敏，史轶芳. 用于 JS 涂料的内增塑料 Tg 型 VAE 乳液的性能研究［J］. 中国建筑防水，2008（11）.

［339］郭青. 丙烯酸酯乳液及其防水涂料的研制及性能［J］. 化学建材，2003，19（2）.

［340］赵守佳，熊卫. JS 防水涂料体系中消泡剂的选择［J］. 中国建筑防水，2007（9）.

［341］郑高峰，郑水蓉，南博华. 聚合物水泥基复合防水涂料的研究进展［J］. 涂料工业，2005（12）.

［342］刘成楼. 提高 JS 防水涂料涂膜耐水性的研究［J］. 新型建筑材料，2007，34（9）.

［343］邓德安，吴琼燕. JS 防水涂料配方参数变化对涂膜性能的影响［J］. 新型建筑材料，2008，35（2）.

［344］董松，张智强. 聚合物水泥基复合防水涂膜的显微结构研究［J］. 化学建材，2008，24（4）.

［345］李应权，徐永模，韩立林. 低聚灰比高弹性聚合物水泥防水涂料的研究［J］. 新型建筑材料，2002（9）.

［346］李应权，游宝坤，王宝安，陈旭峰. 高性能聚合物水泥防水涂料 PMC 的技术特征［J］. 中国建筑防水，2005（12）.

［347］王振海，许渊. JSA-101 聚合物水泥防水涂料的研究与应用［J］. 化学建材，2005，21（3）.

［348］祝晓东. FJS 防水涂料在滨江商业步行街 D 区项目中的应用［J］. 科技咨询导报，2007（22）.

［349］王立华. 用反应型聚合物水泥防水涂料粘贴聚乙烯丙纶防水卷材［J］. 新型建筑材料，2007，34（3）.

［350］叶军. 反应型聚合物水泥防水涂料在奥运工程中的应用［J］. 中国建筑防水，2007（4）.

［351］邓超. 自闭型聚合物水泥防水涂料［J］. 新型建筑材料，2006（8）.

［352］沈春林，褚建军. 喷涂聚脲防水涂料及其标准［J］. 中国建筑防水，2009（1）.

［353］朱志远. 喷涂聚脲产品标准、规范及检验技术［J］. 中国建筑防水协会、京沪高速铁路股份有限公司编：高速铁路桥梁喷涂聚脲防水技术研讨会论文集，2009.

［354］王宝柱，刘培礼，刘东晖，张安智. 喷涂聚脲防水材料［J］. 中国硅酸盐学会房建材料分会防水材料专业委员会编：全国第十次防水材料技术交流大会论文集，贵阳，2008.

［355］陈酉昌. 喷涂聚脲防水涂料在铁路客运专线桥梁和隧道防水工程的应用，中国硅酸盐学会房建材料分会防水材料专业委员会编：全国第十一次防水材料技术交流大会论文集，深圳，2009.

［356］季宝，许毅，翟现明. 聚氨酯材料的降解机理及其稳定剂［J］. 聚氨酯工业，2008，23（6）.

［357］吕璐，曹一林，马跃. 端氨基聚醚的合成及应用［J］. 化学与粘合，2003（6）.

［358］叶青萱. TMXDI 在水性聚氨酯中的应用［J］. 化学推进剂与高分子材料，2005，3（5）.

［359］孙彦璞，任孝修. 低黏度水性聚氨酯预聚体［J］. 涂料工业，2003，33（4）.

［360］郁维铭. 端氨基聚醚的合成方法及其应用［J］. 聚氨酯工业，2002，17（1）.

［361］张翔宇，刘明辉，李荣光，范晓东，俞国星，田威，孙乐. 喷涂聚脲弹性体用端氨基聚醚的合成与表征［J］. 高分子材料与工程，2007，23（4）.

［362］高潮，邱少君，甘孝贤，吴洪才. 氨酯基改性的端氨基聚醚型柔性固化剂的合成及性能研究［J］. 西安交通大学学报，2003，37（4）.

［363］钟立. 异氰酸酯的合成与应用［J］. 化工进展，2000，19（4）.

［364］李英，李干佐，牟建海，徐洪奎. 添加剂对非离子十二烷基聚氧乙烯聚氧丙烯醚浊点的影响［J］. 高等学校化学学报，1998，19（9）.

［365］王延飞，沈本贤. 二甲硫基甲苯二胺的合成与表征［J］. 应用化学，2003，20（10）.

［366］陈晓东，周南桥，张海. TDI 与 DMTDA 为硬链段的浇注型 PU 弹性体的合成与性能研究［J］. 塑

料工业，2008，36（6）.

[367] 李再峰，梁自禄，田慧，张田林. 新型芳香二胺扩链剂 DMTDA 的"原位"扩链反应动力学研究 ［J］. 聚氨酯工业，2004，19（3）.

[368] 杨娟，王贵友，胡春圃. 不同硬段含量脂肪族聚脲的结构与性能研究 ［J］. 高分子学报，2003（6）.

[369] 杨娟，王贵友，胡春圃. 扩链剂对脂肪族聚氨酯脲和聚脲弹性体结构与性能的影响 ［J］. 化学学报，2006，64（16）.

[370] 杨娟，王贵友，胡春圃. 改性二胺合成新型脂肪族聚脲弹性体 ［J］. 华东理工大学学报，2003，29（5）.

[371] 谢瑞广，丘哲明，王斌，薛宁娟. 中温固化树脂基体的研究 ［J］. 玻璃钢/复合材料，2004（3）.

[372] 李再峰，张彤，牛淑妍，徐春明. FTIR 法研究 3，5-二甲硫基-2，4-/2，6-二氨基甲苯二胺扩链剂的扩链动力学 ［J］. 光谱学与光谱分析，2003，23（6）.

[373] 刘彦东，赵希娟，潘美，郑旗，仲晓林. 适用于混凝土基面聚脲封闭底涂的性能研究 ［J］. 2009（2）

[374] 余建平. 高速铁路混凝土桥面防水基层处理剂与应用 ［J］. 中国建筑防水协会、京沪高速铁路股份有限公司编：高速铁路桥梁喷涂聚脲防水技术研讨会论文集，2009.

[375] 张晓峰，刘海蓉，张平，周青. 聚脲喷涂弹性体喷涂工艺研究 ［J］. 上海涂料，2009，47（5）.

[376] 鲍俊杰，许戈文，刘都宝，张海龙. 水性聚脲的合成与性能研究 ［J］. 化学建材，2009，25（5）.

[377] 吴士慧. 上海东方雨虹聚脲/聚氨酯防水涂料生产线设计要点 ［J］，中国建筑防水，2009（8）.

[378] 史立彤. 喷涂聚脲施工和防水工程应用技术 ［J］. 中国建筑防水协会、京沪高速铁路股份有限公司编：高速铁路桥梁喷涂聚脲防水技术研讨会论文集，2009.

[379] 崔晓明. 喷涂聚脲防水涂料技术及其应用 ［J］. 上海涂料，2009，47（5）.

[380] 庄敬. 聚脲喷涂设备的发展和展望 ［J］. 上海涂料，2009，47（5）.

[381] 庄敬. 喷涂聚脲设备技术综述 ［J］. 中国建筑防水协会、京沪高速铁路股份有限公司编：高速铁路桥梁喷涂聚脲防水技术研讨会论文集，2009.

[382] 陈酒昌. 聚脲弹性体喷涂技术在建筑及基础设施防护工程中的应用 ［J］. 新型建筑材料，2009（2）.

[383] 廖有为，曹树印，钟萍，李健，雷磊. 喷涂聚脲涂料在混凝土结构表面保护领域的应用研究 ［J］. 中国硅酸盐学会房建材料分会防水材料专业委员会编：全国第十次防水材料技术交流大会论文集，贵阳，2008.

[384] 田凤兰. 京津城际铁路桥面中间部位喷涂聚脲防水层系统施工 ［J］. 中国建筑防水，2009（5）.

[385] 余建平. 单组分无溶剂聚氨酯和单组分聚脲 ［J］. 中国硅酸盐分会房建材料分会防水材料专业委员会编：全国第十次防水材料技术交流大会论文集，贵阳，2008.

[386] 周华林. 桥梁防水技术与喷涂聚脲若干问题探讨 ［J］. 中国建筑防水协会、京沪高速铁路股份有限公司编：高速铁路桥梁喷涂聚脲防水技术研讨会论文集，2009.

[387] 望雪林，柯万春. 喷涂聚脲防水涂料在京津城际轨道交通中的应用 ［J］. 上海涂料，2009，47（5）.

[388] 周玉生. 喷涂双组分聚脲技术在奥体会议中心配套工程的应用 ［J］. 中国建筑防水，2008（1）.

[389] 望雪林，柯万春. 聚脲防水涂料在京津城际轨道交通工程中的应用 ［J］. 铁道标准设计，2007（12）.

[390] 吴轶娟. 京津铁路客运专线桥梁防水简述 ［J］. 中国建筑防水，2008（5）.

[391] 熊山. 喷涂型聚脲弹性体在地铁车站防水工程中的应用 ［J］. 地下工程与隧道，2008（2）.

[392] 王宝柱，刘培礼. 关于聚脲热点问题的探讨 ［J］. 中国建筑防水，2009（12）.

[393] 郁维铭. 聚氨酯及聚脲防水涂料技术综述 ［J］. 防水与施工，2009（11）.

[394] 宋银河，元哲. 橡化沥青非固化防水涂料及其应用技术（中国硅酸盐学会房建材料分会防水材料专业委员会. 全国第十三届防水材料技术交流大会论文集 ［L］）. 绍兴，2011.

［395］徐立. 橡化沥青非固化防水涂料介绍.（中国硅酸盐学会房建材料分会防水材料专业委员会. 全国第十三届防水材料技术交流大会论文集［L］），2011.5.

［396］廖有为，吴志高，徐风. 新型 PMMA 防护涂料技术及应用进展［J］. 中国涂料，2010（7）.

［397］杨金鑫，张伶俐，周子鹄，陈文广，梁秋明，李国荣. MMA 防水涂料的制备及其施工工艺［J］. 中国硅酸盐学会房建材料分会防水材料专业委员会：全国第十三届防水材料技术交流大会论文集，绍兴，2011.5.

［398］毕磊，肖亮，金红光，孙红斌. 喷涂聚脲在济南奥体中心工程中的应用［J］. 21 世纪建筑材料，2009，（2）.

［399］慈洪涛. 直接用于金属底材的 100％固体含量的脂肪族聚脲涂料［J］. 现代涂料与涂装，2006，（3）.

［400］高志亮，范晓东，田威，周志勇，刘国涛. 喷涂聚脲弹性体的研究进展［J］. 中国胶粘剂，2008，17（5）.

［401］葛晓. 聚天冬氨酸酯聚脲的合成及其在地坪涂料中的应用［J］. 中国涂料，2007，22（10）.

［402］葛晓，孙凌，张宪康. 新一代喷涂聚脲路面标线涂料［J］. 涂料工业，2006，36（3）.

［403］黄微波. 喷涂聚脲弹性体的性能［J］. 上海涂料，2006，44（9）.

［404］黄微波. 喷涂聚脲弹性体结构与性能的关系——脂肪族 SPUA 材料［J］. 上海涂料，2006，44（6）.

［405］黄微波. 喷涂聚脲弹性体技术——聚脲化学反应原理［J］. 上海涂料，2006，44（4）.

［406］黄微波，陈国华，卢敏，张效慈. 聚脲柔性减阻材料的制备及性能［J］. 高分子材料科学与工程，2007，23（3）.

［407］黄微波，吕平. 绿色材料——喷涂聚脲的技术原理［J］. 房材与应用，2000，28（2）.

［408］兰平艾. 润滑防腐涂料的研制［J］. 表面技术，2009，38（4）：78～79，85.

［409］廖有为，车轶才，赵舒超，曹树印，贺光辉. 聚脲弹性涂料在皮卡车车厢表面的应用［J］. 材料保护，2004，37（2）.

［410］刘培礼，胡松霞，王宝柱，崔洪犁. 慢速喷涂聚脲弹性体的研究进展［J］. 聚氨酯工业，2008，23（3）.

［411］陆爱阳，赵德信. 《喷涂聚脲防水涂料》国标编制中的一些问题浅谈［J］. 上海涂料，2008，46（12）.

［412］吕平，陈国华，黄微波. 新型聚天门冬氨酸酯合成脂肪族聚脲涂层［J］. 高分子材料科学与工程，2007，23（3）.

［413］苏琴. 发展中的中国聚脲工业［J］. 上海涂料，2008，46（9）.

［414］王宝柱，黄微波，杨宇润，陈酒姜，徐德喜，刘东晖，刘培礼. 喷涂聚脲弹性体技术的应用［J］. 聚氨酯工业，2000，15（1）.

［415］王海荣，张海信. 聚脲弹性体防腐蚀涂料的开发［J］. 腐蚀与防护，2006，27（10）.

［416］王海荣，张海信. 聚脲弹性体防腐蚀涂料在海上钢结构中的应用研究［J］. 新型建筑材料，2006，（8）.

［417］姚凯，金树军，郁维铭. 聚脲型道路标线涂料的研制［J］. 聚氨酯工业，2008，23（3）.

［418］郁维铭. 100％固含量聚氨酯和聚脲涂料［J］. 化学推进剂与高分子材料，2007，5（2）.

［419］钟鑫，孙慧. 喷涂聚脲弹性体涂料及其应用领域［J］. 聚氨酯工业，2007，22（5）.

［420］钟鑫，杜根洲，蒋玉涛，宋伟霞. 喷涂聚脲防腐蚀弹性涂料［J］. 现代涂料与涂装，2007，10（2）.

［421］美国 Graco（固瑞克）公司：高性能涂料/聚氨酯泡沫喷涂设备资料.

［422］美国 Graco（固瑞克）公司：http：//www.graco.com.cn/.

［423］GAMA（卡马）机械公司：http：//www.gama-China.com/indes.htm.

［424］北京京华派克聚合机械设备有限公司：http：//www.jhpk.net/.

［425］北京金科聚氨酯有限责任公司：http：//www.jkpu.com/newEbizl/EbizPortalFG/portal/html.

［426］北京东盛富田聚氨酯设备制造有限公司：http：//dongshengfut ian. cn. alibaba. com/.

［427］河田防水科技（上海）有限公司：JETSPRAY 喷涂工艺资料.

［428］河田防水科技（上海）有限公司：http：//www. shanghai-kawata. com/.